EDEL-
STEINE
PERLEN
JADE

Paul E. Desautels

EDEL-STEINE PERLEN JADE

Fotos von Lee Boltin

Ott Verlag Thun

Franckh'sche Verlagshandlung Stuttgart

Schutzumschlag von Edgar Dambacher unter Verwendung einer Aufnahme von Uwe Höch
Den Schmuck stellte uns freundlicherweise die „Schmuckschatulle“, Inh. R. Grupp, Stuttgart-Mitte, zur Verfügung
Mit 130 Farbfotos, 28 Schwarzweißfotos und 33 zeitgenössischen sowie 12 technischen Zeichnungen
(Fotohinweise siehe Seite 246)
Aus dem Amerikanischen übersetzt von
Claudia Schinkievicz
Fachliche Bearbeitung durch Dr. Helmut Bögel
Titel der Originalausgabe: The Gem Kingdom,
erschienen 1971 bei Macdonald and Co. (Publishers) Ltd.,
49/50 Poland Street, London W. 1.
SBN 356.039102
Bearbeitet und herausgegeben durch The Ridge Press, Inc., New York

Ott Verlag, Thun und Franckh'sche Verlagshandlung,
W. Keller & Co., Stuttgart/1973

Für Ott Verlag, Thun: ISBN 3-7225-6229-5
Für die Franckh'sche Verlagshandlung, W. Keller & Co., Stuttgart: ISBN 3-440-04033-X
Printed in Italy / Imprimé en Italie / LH 21 dö
Satz: IBV Lichtsatz KG, Berlin / Reproduktion, Druck und Buchbinder: Officine Grafiche A. Mondadori, Verona

Edelsteine – Perlen – Jade

Vorwort

Über die Edelsteine ist im Laufe der Zeit eine lange Reihe von Büchern entstanden. Manche wollen die Edelsteine in erster Linie verherrlichen, andere geben sachliche Informationen und wieder andere unterhalten oder verwirren den Leser. Edelsteine sind etwas Faszinierendes – soviel ist sicher – und solange sie das sind, wird es Bücher geben, die diese Faszination weitergeben wollen.

Im allgemeinen haben die Autoren das Bestreben, Fakten und Legenden zu trennen. Und es gibt sehr viele, Fakten wie Legenden: über die Edelsteine, die Juwelen und die Edelsteinkunde, über das Schneiden und Schleifen, das Fassen, das Bestimmen und schließlich über die Geschichte der Edelsteine und den Handel mit diesen Dingen. Der Vielfalt entsprechend versuchen die meisten Bücher, sich auf spezielle Gebiete zu beschränken, zumal es unmöglich erscheint, alles in einem einzigen Werk unterzubringen. So gibt es Bücher über Diamanten, über Jade, über die Edelsteinbearbeitung, über das Juwelierwesen, über Opal, über Bernstein, über Edelsteinkunde und natürlich auch Nachschlagewerke. Diesen entnimmt man vornehmlich die Daten der Edelsteine, Tatsachen über die Entstehung und dergleichen, versehen mit kurzen Kommentaren. Und so gibt es kein Buch, das die gesamte Naturgeschichte und Technologie der Edelsteine zum Inhalt hat. Jedes neue Werk wird mit Interesse erwartet: Was wird es wohl bringen?

Dieses Buch beabsichtigt nicht, die Edelsteine unter einem oder einigen Gesichtspunkten zu betrachten, sondern versucht vielmehr das ganze weite Feld unter möglichst vielen Aspekten wenigstens zu berühren. Es will das uralte Interesse des Menschen an schönen Steinen zeigen, und die sehr wechselnde Bedeutung, die den Edelsteinen im Laufe der menschlichen Geschichte zukam. Weiterhin ist auf die vielfältigen Eigenschaften, auf die Vorkommen, die Bestimmung und Unterscheidung, und nicht zuletzt auf die Verarbeitung der Edelsteine einzugehen. Da es sich um Dinge von hohem Wert handelt, spielen künstliche Steine und Ersatzstoffe eine nicht geringe Rolle, zumal seit eine fortgeschrittene Technologie die exakte Nachahmung der Natur erleichtert bzw. überhaupt erst ermöglicht hat. Neue Materialien, neue Werkzeuge und neue Erfahrungen im Schleif- und Juwelierwesen verbesserten die Verfahren der Verarbeitung und damit auch deren glitzernde Produkte. Die Mode, in ihrem ständigen Wechsel, hält die Edelsteinschleifer, die Goldschmiede, die Juweliere in steter Spannung. Die großen Sammlungen von antikem Schmuck, von riesigen Schätzen an Kronjuwelen und die Berichte über vielfache Umarbeitung bekannter großer Steine und ihrer Fassungen zeugen von der gradlinigen Entwicklung dieses uralten und stets hochgeschätzten Kunsthandwerks.

Alle diese Dinge sind in diesem Buch, in gewissem Umfang wenigstens, angesprochen. Die generelle Geschichte der Edelsteine (Kapitel 1) befaßt sich mit dem Gebrauch der Steine als Schmuck, als Talisman, als Tauschobjekt, in der Medizin, als Geldanlage, und schließlich als wunderbares Mittel, den persönlichen Reichtum zur Schau zu stellen. Die chemischen und physikalischen Eigenschaften (Kapitel 2) werden im Sinne der wissenschaftlichen Edelsteinkunde, unter steter Berücksichtigung geschichtlicher Aspekte, besprochen. Edelsteine sind in den meisten Fällen Mineralien. Es sind also die Erfahrungen und Untersuchungsmethoden dieser Wissenschaft zu beachten und nicht nur die speziell für die Edelsteinkunde entwickelten Kenntnisse und Verfahren. Nicht geringe Aufmerksamkeit erfordern auch die künstlich hergestellten Edelsteine, die Imitationen und die z. B. durch Färben oder Brennen veränderten natürlichen Steine (Kapitel 3). Die wichtigsten Edelsteine einschließlich der Perlen und des Bernsteins, aber auch Schmucksteine und mineralische Rohstoffe für kunstgewerbliche Arbeiten werden samt ihren Fundorten ausführlich besprochen (Kapitel 4 und 5), darüber hinaus in einem eigenen Abschnitt einige besonders interessante Vorkommen (Kapitel 6). Es gibt eine unterschiedliche Einschätzung einmal der allgemein bekannten Edelsteine, die unter anderem den Gesetzen der Mode gehorchen und demzufolge Handelsobjekte sind, und zum zweiten solcher, die nur der Sammler und Liebhaber schätzt. Daher sind die Edelsteine in zwei Gruppen getrennt behandelt (Kapitel 4 und 5). Es folgt ein Überblick über das Schneiden, Schleifen und Polieren, sowie der Verfahren, z. B. Cabochons, facettierte Steine usw. herzustellen (Kapitel 7). Nebenbei zeigt sich hier, daß das, was jahrtausendelang ausschließlich Beruf und Handwerk war, in jüngster Zeit vor allem in den Vereinigten Staaten von zahllosen Amateuren mit großem Erfolg betrieben wird.

Juwelen sind undenkbar ohne die Edelmetalle Gold, Silber, Platin und deren Legierungen. Diesen Dingen, daneben auch Fragen des Stils, ist ein eigener Abschnitt gewidmet (Kapitel 8). Manche Edelsteine und viele Schmuckstücke haben die Jahrhunderte überdauert, in privaten Sammlungen z. T., vor allem aber in den Staats- und Kronschätzen. Einige werden kurz gestreift (Kapitel 9).

Einer der eigentümlichsten Schmuck- und Edelsteine – gleichzeitig aber wichtiges Rohmaterial für die Werkzeuge der Vorzeit – ist der Jade (Kapitel 10). Er ist Begleiter des Menschen von der jüngeren Steinzeit bis in die Hochkulturen, also wohl durch 7000 Jahre. Besonders in zwei räumlich vollkommen getrennten Kulturkreisen regte der Jade sowohl in künstlerisch-ästhetischer Hinsicht wie auch in der Fertigkeit der Bearbeitung zu Höchstleistungen an: in China und in Mittelamerika. Eine Geschichte des Jade ist gleichzeitig eine grundlegende Einführung in jegliche Beziehungen zwischen Mensch und Stein.

Wie sich Zuneigung zwischen Mensch und Edelstein auch gestalten wird, es ist zu hoffen, daß dieses Buch ein hilfreicher Führer sein mag. Dem Leser, der viel oder auch wenig von Edelsteinen weiß, soll ein Einblick in diese uralte, aber doch sich ständig erneuernde Geschichte geboten werden. Die Abbildungen sind sorgfältig ausgewählt und sollen den Text so gut wie möglich visuell erweitern.

Autor und Fotograf haben den Wunsch, Herrn Dr. Georg Switzer für die kritische Durchsicht des Textes zu danken (selbstverständlich ohne ihm die Verantwortung für allenfalls verbliebene Irrtümer anlasten zu wollen), ferner Herrn Dr. Joel Arem für die Assistenz bei den fotografischen Aufnahmen und Herrn Ken Kay für seinen Einsatz bei der Lösung technisch-fotografischer Probleme.

Paul E. Desautels

1 7000 Jahre Edelsteine

Als die Spanier während der Eroberung Mexikos in den königlichen Palast zu Tetzcoco eindrangen, bot sich ihnen ein überwältigender Anblick. Sie standen in „... einem Hof, flankiert von zwei Gerichtsbauten. Im Hauptgebäude, Gericht Gottes genannt, befand sich ein mit Türkisen und anderen Edelsteinen besetzter Thron aus reinem, massivem Gold. Auf einem Sitz gegenüber sahen sie einen menschlichen Schädel, gekrönt von einem pyramidenförmigen Riesensmaragd und überragt von einem Federbusch aus glänzenden Federn und Edelsteinen... Teppiche... mit eingearbeiteten Goldringen schmückten die Wände, und über dem Thron befand sich ein Baldachin aus bunten Federn, in dessen Mitte Gold und Juwelen herrlich strahlten..." So nachzulesen in Prescott's *Conquest of Mexico*.

Freilich hätten die Spanier in fast allen königlichen Palästen der Welt ähnliche Schätze entdecken können, denn Edelsteine waren schon lange vor der Eroberung Mexikos ein Zeichen von Reichtum und Macht gewesen. Weltliche und geistliche Herrscher und Würdenträger haben zu allen Zeiten weder Geld noch Mühe gescheut, um Edelsteine und edle Metalle in ihren Besitz zu bringen.

Uralte Belege für den Handel mit Edelsteinen fanden sich in den Gräbern der ägyptischen Könige – lange vor dem Auszug der Kinder Israels – wie etwa der Lasurstein oder Lapislazuli, von dem nirgendwo in den Ländern des Vorderen Orients ein natürliches Vorkommen bekannt geworden ist. In den Dashur Pyramiden z. B. wurden Gegenstände aus Gold und Lapislazuli gefunden, die vor fast vier Jahrtausenden, in der Zeit vor der XII. Dynastie, entworfen worden waren. Der intensiv blauviolette Stein, oft mit goldglänzenden Pyritkörnchen gesprenkelt, war in der Antike als „sappheiros" bekannt, nicht zu verwechseln mit dem, was wir heute als Saphir bezeichnen. Er kam aus dem Tal des Oxus, dem jetzigen Koktscha-Tal, in der Provinz Badakschan in Afghanistan. Die seit wenigstens 5000 Jahren in Betrieb stehenden Gruben sind mit die ältesten der Welt überhaupt – abgesehen von den Feuersteinbergwerken der Jungsteinzeit. Die archäologischen Forschungen zeigen also, daß es schon vor über 5000 Jahren Handelsstraßen für Edelsteine gab.

Ebenso lang ist in Ägypten der Türkis bekannt, der schon während der ersten Dynastie, also vor fast 5000 Jahren, im Wadi Meghara auf der Halbinsel Sinai gewonnen wurde. Im Grab des Königs Djer aus dieser Zeit bei Abydos in Oberägypten fanden sich neben reichlich anderem Schmuck vier mit Türkisen besetzte Armbänder. Spätere ägyptische Berichte geben eine detaillierte Schilderung der Ausbeutung der Kupfer- und Türkisvorkommen auf der Sinai-Halbinsel. Das größte Unternehmen fand unter Ramses IV. in Hammamat statt, als eine Expedition von über 8000 Mann in die Bergbaugebiete aufbrach. Das Hauptproblem war die Versorgung: allein zur Beförderung von Wasser und Lebensmitteln wurden 500 Esel benötigt.

Das Interesse des Menschen an Edelsteinen erwachte jedoch nicht erst damals; es läßt sich noch viel weiter zurückverfolgen. In Spanien und in Südwestfrankreich schnitzten die Künstler der Eiszeit aus der Kulturstufe des Aurignacien – vor etwa 30 000 Jahren – Schmuckgegenstände und vor allem Abbilder ihrer Jagdbeute, wie Höhlenbär, Mammut, Rentier und andere

Vorhergehende Seiten: Frühe zentral- und südamerikanische Kunstgegenstände. Zeremonielles goldenes Hackmesser und Ohrscheiben, mit Türkis eingelegt, Collier aus goldenen Perlen; Peru. Anhänger aus Jade mit 2 Alligator-Köpfen; Costa Rica.

Tiere aus Knochen, Horn, Elfenbein und Stein. Die Geschichte, die Technologie und die Lehre von den Edelsteinen beruhen auf der Tatsache, daß gewisse Arten natürlichen Materials aus dem einen oder dem anderen Grund ausgesucht und zur Herstellung von Kult-, Kunst- oder Schmuckgegenständen verwendet und besonders geschätzt wurden. Weit überwiegend sind es Mineralien, die man als „Edelsteine" bezeichnet und verwendet, doch werden traditionsgemäß auch nicht mineralische Stoffe im Zusammenhang damit genannt und behandelt: Korallen, Bernstein, die Perlen, Knochen und Elfenbein, Jet (Gagat) und dies und jenes andere Material.

Seit sich die Menschen der Vorzeit mit Schmuck befaßten, wuchs das Interesse am Erwerb von Edelsteinen. Durch die Jahrhunderte hindurch waren Edelsteine nicht nur königliche Geschenke, Zeichen des Reichtums, Bestechungsmittel, sondern auch Anlaß zu Diebstahl und Mord, ja sogar zum Sturz manchen Staatswesens. Edelsteine dienten vielerlei Zwecken: dem Schmuckbedürfnis, der Geldanlage, als Zeichen der Macht, als besondere, persönliche Geschenke. Sie wurden zu religiösen Symbolen, zu Talismanen, zu Tauschgegenständen, sie fanden Anwendung in der Medizin, und waren schließlich das einfachste Mittel, Reichtum zur Schau zu tragen. Sogar die Freuden des Paradieses wurden in der Literatur mit Hilfe ihrer Namen und Eigenschaften beschrieben. So ist es kein Wunder, daß es ebenso viele Legenden wie wahre Geschichten über die Edelsteine gibt, und eine faszinierende Literatur, die die verschiedensten Seiten des menschlichen Daseins vom Anbeginn an berührt.

Die antiken Edelsteine

Die Türkisvorkommen und die hohe Wertschätzung dieses Steins waren kaum auf Ägypten beschränkt. Bei vielen Völkern verschiedener Zeiten war der zarte, blaugrüne, dekorative Stein sehr beliebt. Unter den großen Schätzen, die aus den Gräbern von Monte Alba in Oaxaka (Mexiko) zutage kamen, befanden sich auch Türkise. Unter den etwa auf 1400 nach Christus datierten Funden war ein mit einem Mosaik kleiner Türkistafeln verzierter Menschenschädel. Ein großes Collier besteht aus drei Kränzen Goldkügelchen, je drei Perlen – und drei Korallenreihen und vierzehn Reihen Türkise, aufgereiht zwischen zwei durch goldene Fäden miteinander verbundenen Goldstäben. Prächtige, zeremoniellen Zwecken dienende Messer aus Jaguarknochen sind mit Türkisen eingelegt. Der Wert, den die Untertanen des großen Aztekenherrschers Montezuma dem Türkis beimaßen, ist von den Spaniern auch schriftlich überliefert: Er sandte an Fernando Cortez, in dem er einen Gott zu erblicken glaubte, Geschenke aus Türkis, der normalerweise kultischen Handlungen vorbehalten blieb. Darunter befand sich eine Maske, ein Zepter und Ohrringe, alle in Mosaikform verarbeitet.

Rivalen für Türkis waren seit alten Zeiten Bernstein und Jade. Bernstein, ein schönes, wenn auch weiches versteinertes Harz, ist seit der Antike auf der ganzen Welt beliebt. In Grabhügeln in England, in der Nähe von Stonehenge bei Salisbury, fand man mehrreihige Halsketten aus Bernstein, die auf das Jahr 2000 v. Chr. zurückgehen. Wahrscheinlich wurde der Bernstein auf dem Seeweg in die Mittelmeerländer gebracht.

Gegenüber: Blattgoldbelegte Verzierung einer Harfe aus Sumer.

Links: Einer der kleinen mumienförmigen Särge des ägyptischen Königs Tutanchammon (ca. 1350 v. Chr.); Gold, mit Edelsteinen eingelegt.

Unten: Goldarmband aus der gleichen Periode mit symbolischer und dekorativer Edelstein-Einlegearbeit.

In der Bronzezeit wurde er in ganz Europa gehandelt. Grabbeigaben aus Bernstein, der nachweislich von der südlichen Ostseeküste stammt, wurden in den Königsgräbern von Mykene (1500 v. Chr.) gefunden. Etwa 600 Jahre später wird Bernstein als „elektron" von dem Dichter Homer, zum ersten Mal in der Literatur, als Schmuck erwähnt: In der Odyssee bietet Eurymachos der Penelope als Geschenk eine Halskette aus „elektron" an. Es ist allerdings nicht ganz sichergestellt, ob unter dem elektron Homers nicht Weißgold zu verstehen ist. Als die Römer anfingen, sich mit Bernstein zu schmükken, wurde er zum Modestein. Empört berichtet ein römischer Schriftsteller aus dem ersten Jahrhundert v. Chr., eine kleine geschnitzte Bernsteinfigur koste mehr als ein gesunder, tüchtiger Sklave. Halsbänder und grobe Kunsterzeugnisse aus bearbeitetem Bernstein, der gleichfalls von der Ostsee kommt, wurden im Kaukasus und in der Krim ausgegraben. Da sie zusammen mit Eisengegenständen gefunden wurden, sind sie wesentlich jünger als die Bernsteinplättchen aus Stonehenge. Immerhin entstanden sie um die Zeit Christi. Die Phönizier, jene großen Handelsleute und Seefahrer, die nach Cornwall zu den Zinnbergwerken segelten, sollen bis in die Ostsee gekommen sein, um dort Bernstein zu suchen. Mehrere Jahrhunderte lang, vor und nach Christus, wurden in Tyros Perlenketten aus Bernstein von der Ostsee in die Gräber gelegt. Die Verbreitung dieses kostbaren Materials in der gesamten Alten Welt ist, bis zu einem gewissen Grad, zweifelsohne den Phöniziern zu verdanken. Bei den Galliern im alten Frankreich war die Koralle ebenso beliebt wie der Bernstein. Für diese Völker war das Meeresprodukt relativ leicht zugänglich, da sehr schöne Korallen sowohl in der Nähe von Hyères an der französischen Mittelmeerküste als auch bei den liparischen Inseln auf der Höhe der sizilianischen Küste gewonnen wurden. In seiner etwa um 300 v. Chr. verfaßten Abhandlung über Edelsteine gibt der griechische Schriftsteller und Schüler des Aristoteles, Theophrastus, eine perfekte Beschreibung der Natur der Koralle: „... ist steinartig ... Sie hat eine rote Farbe und eine zylindrische, wurzelähnliche Form. Sie wächst im Meer." Bei vielen späteren Autoren herrschte, bis herauf ins 18. Jahrhundert, Verwirrung über die wahre, tierische Natur und sogar über die Herkunft der Korallen.

Die Koralle ist nicht das einzige Meeresprodukt, das seit alten Zeiten als Schmuck geschätzt wurde. Neben goldenen und mit Edelsteinen besetzten Schmuckstücken, die man am Monte Alban in Mexiko entdeckte, fand man auch eine große Anzahl Perlen. Die bedeutendste war fast so groß wie eine Murmel, tropfenförmig, und ihr Glanz war, wiewohl sie 500 Jahre in der Erde gelegen hatte, ziemlich gut erhalten. Sie muß eine der größten und schönsten Perlen der Welt gewesen sein.

Die oft wiederholte Geschichte, Kleopatra hätte im ersten Jahrhundert vor Christus die Perle dazu benützt, um Mark Antonius zu beeindrukken, ist bekannt. Man erzählt, sie habe eine äußerst kostbare Perle in Essig aufgelöst und diesen getrunken. Sie dürfte aber die Perle ganz hinuntergeschluckt haben, denn jede Flüssigkeit, die eine Perle so schnell hätte auflösen können, würde mit ihren Eingeweiden kurzen Prozeß gemacht haben. Dieses kostspielige Hobby betrieb nicht allein Kleopatra. Der wahn-

Ägyptisches Armband mit Lapislazuli, Jaspis und anderen Steinen in Gold.
Rechts: Gewandfibel aus Bronze, Ring aus Gold und Brosche, alle mit Granaten verziert, aus Gallien.

sinnige römische Kaiser Caligula (1. Jahrhundert n. Chr.) stand gleichfalls im Ruf eines Perlenschluckers. Diese Geschichten zeigen, welch hohen Wert die Römer um die Zeitwende den Perlen beimaßen. Der Aufwand für ihre Erwerbung wurde zu einer Manie, die Preise stiegen bis auf – umgerechnet – 1 000 000,– DM. Diese Summe soll Julius Caesar für eine einzige Perle bezahlt haben.

Türkis, Bernstein, Koralle, Perlen und Lapislazuli sind weiche, leicht zu verarbeitende Edelsteine. Aber auch harte Steine waren in der Frühzeit geschätzt und verbreitet, wie z. B. der Granat. Die bei russischen Ausgrabungen im Kaukasus gefundenen Granaten dürften auf dem Handelsweg aus Indien gekommen sein. Aus der gleichen Quelle stammen wahrscheinlich die Granate, die in römischen, altenglischen, keltischen, etruskischen und byzantinischen Ausgrabungen gefunden wurden. Ein in Sutton Hoo, England, entdecktes Grab, das man für das Grab des Königs Redwalds von Ost-Anglien um 600 n. Chr. hält, barg reichen Granatschmuck. Darunter befand sich ein Schwert, dessen goldener Griff mit Granaten besetzt war. Auch einige der ältesten ägyptischen Schmuckstücke enthalten Granate. Man vermutet ferner, daß der „nophek", der vierte von den zwölf Edelsteinen des Amtsschildes Aarons, des Hohenpriesters in Jerusalem (500 v. Chr.), ein Granat gewesen ist.

Smaragd wird genau so früh erwähnt, wie die anderen Edelsteine auch. Im ältesten Buch der Welt – dem Papyrus Prisse in der Nationalbibliothek in Paris – findet sich die Behauptung: „Aber gute Worte sind schwerer zu finden als der Smaragd, denn von Sklaven wird er in den Felsen entdeckt..." Das Buch wurde vor etwa viertausendfünfhundert Jahren geschrieben, die Stelle aber aus einem um die tausend Jahre älteren Schriftstück übernommen. Der Papyrus bezieht

Türkis war in Peru durch Jahrhunderte in Gebrauch. Goldene Halskette mit Türkisperlen aus dem Lambayeque-Tal an der Nordküste von Peru; Zeit: zwischen 1000 und 1450 n. Chr.

sich auf den Smaragd, der aus ähnlichen Bergwerken, wie jenen in Djebel Zabara in Oberägypten kommt. Es gibt dort heute noch viele Zeugnisse eines früheren regen Bergbaus. Die Hügel sind von Schürfen und Stollen durchlöchert und die Ruinen von Steintempeln und Häusern reich an Objekten, die um 1650 v. Chr. datiert werden. Es scheint, als sei die Smaragdgewinnung dort mehrere tausend Jahre betrieben worden, dann waren die alten Bergwerke aufgelassen worden und für Jahrhunderte in Vergessenheit geraten, bis man sie zu Beginn des 19. Jahrhunderts wieder entdeckte. Die schlechte Qualität der wenigen, damals gefundenen Smaragde erklärt die Stillegung der Gruben.

Spanische Konquistadoren lernten im frühen 15. Jahrhundert zum ersten Mal die Smaragde Columbiens kennen, als ihnen die Eingeborenen einige als Geschenke brachten. In der neuen Welt war die Gewinnung von Smaragd schon lange bekannt. Ein in Mate Esmeraldas, Equador, ausgegrabenes prähistorisches Grab enthielt einen verarbeiteten Smaragd. Es war ein feiner, sechsseitiger Kristall von strahlend grüner Farbe, der an jedem Ende abgerundet war und zwei Bohrungen aufwies; ein Stück von großem Reiz.

Magische und mystische Edelsteine

Eine Geschichte, die der berühmte amerikanische Edelsteinforscher Dr. George Kunz um die Jahrhundertwende zu erzählen pflegte, bezieht sich auf einen Wortwechsel zwischen dem Kaiser Karl V. und seinem Hofnarren: „Welche Eigenschaft hat der Türkis?" fragte der Monarch. „Nun", antwortete der Narr, „sollten Sie von einem hohen Turm fallen und einen Türkis am Finger tragen, so würde der Türkis unversehrt bleiben." Diese Anekdote verrät deutlich Zweifel an der magischen Kraft der Edelsteine, zu einer Zeit, als ihnen übernatürliche Eigenschaften allgemein zugeschrieben wurden.

Offensichtlich ist der Glaube an die mystische Wirkung der Edelsteine nicht auf eine bestimmte Zeit oder Kultur beschränkt, sondern in jeder Gesellschaft wach. Seit jeher wird den Edelsteinen eine religiöse oder mythologische Bedeutung zugeschrieben.

Zum Beispiel werden die Zeichen des Tierkreises mit zwölf bestimmten Edelsteinen in Verbindung gebracht. Die Juden und die frühen Christen sahen eine Beziehung zwischen gewissen Edelsteinen und den zwölf Stämmen Israels sowie zu den zwölf Aposteln. Allerdings lassen sich diese Steine auf Grund der alten hebräischen Namen nicht mehr mit Sicherheit identifizieren. Jüdische Frühkabalisten vermuteten, daß zwölf Steine, in die jeweils ein Anagramm des Namen Gottes eingraviert ist, eine mystische Macht auf die zwölf Engel ausübten und zwar: der Rubin für Malchediel, der Topas für Asmodel, der Karfunkel für Ambriel, der Smaragd für Muriel, der Saphir für Herchel, der Diamant für Humatiel, der Hyazinth für Zuriel, der Achat für Barbiel, der Amethyst für Adnachiel, der Beryll für Humiel, der Onyx für Gabriel und der Jaspis für Barchiel. Außerdem bestand eine mystische Beziehung zwischen Edelsteinen und den zwölf Monaten des Jahres, den zwölf Teilen des menschlichen Körpers, den zwölf Rängen der Dämonen usw. Die zwölf Geburtssteine spielen heute noch eine Rolle.

Die Herkunft des Bernsteins. Kopie der ältesten bekannten Karte (1677) von Samland mit Bernsteinfischern und Bernsteinminen.
Unten links: Darstellung von Bernsteinfischern, der Karte entnommen.
Unten rechts: Bernstein tropft von einem Baum. Holzschnitt aus dem 15. Jahrhundert.

Tierkreiszeichen	
Granat	*Wassermann*
Amethyst	*Fische*
Heliotrop	*Widder*
Saphir	*Stier*
Achat	*Zwillinge*
Smaragd	*Krebs*
Onyx	*Löwe*
Karneol	*Jungfrau*
Chrysolith	*Waage*
Aquamarin	*Skorpion*
Topas	*Schütze*
Rubin	*Steinbock*

Die zwölf Apostel	
Jaspis	*Petrus*
Saphir	*Andreas*
Chalcedon	*Jakobus d. Ä.*
Smaragd	*Johannes*
Sardonyx	*Philippus*
Sarder	*Bartholomäus*
Chrysolit	*Matthäus*
Beryll	*Thomas*
Topas	*Jakobus d. J.*
Chrysopras	*Thaddäus*
Hyazinth	*Simon*
Amethyst	*Judas*

Geburtssteine	
Januar	*Granat*
Februar	*Amethyst*
März	*Aquamarin oder Heliotrop*
April	*Diamant*
Mai	*Smaragd*
Juni	*Mondstein, Perle oder Alexandrit*
Juli	*Rubin*
August	*Peridot oder Sardonyx*
September	*Saphir*
Oktober	*Opal oder Turmalin*
November	*Topas oder Citrin*
Dezember	*Türkis oder Zirkon*

Zu Beginn des 5. Jh. n. Chr. beschäftigte sich der heilige Hieronymus, dem die immer wiederkehrende Zahl zwölf aufgefallen war, mit dem Zusammenhang zwischen den zwölf Edelsteinen im Amtsschild des jüdischen Hohenpriesters, den zwölf Monaten des Jahres und den zwölf Zeichen des Tierkreises.

Der Begriff und die Bedeutung der zwölf „Geburtssteine" war zu jener Zeit noch nicht festgelegt. Vielmehr wurden den einzelnen Steinen – anscheinend je nach Bedarf – bestimmte Eigenschaften zugeschrieben. So sollte etwa der Amethyst gegen Vergiftung helfen, der Achat ansprechend und überzeugend wirken, der Blutstein als Schutz gegen Betrug, die Koralle für die Weisheit, der Malachit, um Hexerei abzuwehren usw.

Der Brauch, eine Beziehung zwischen einem Edelstein und dem Geburtsmonat des Trägers herzustellen, ist verhältnismäßig jung. Im 18. Jh. wurde er jedoch bei den Juden in Polen immer geläufiger, wohl als Folge des lebhaften Interesses für die Erforschung der Bedeutung der zwölf Originalsteine am Amtsschild des Hohenpriesters. Man pflegte für jeden Monat einen bestimmten Stein auszusuchen. Der einzelne konnte alle Monate den Schmuck wechseln, zwölf verschiedene Steine in einem Jahr tragen und damit die Eigenschaften aller erhalten. Allmählich ging man dazu über, nur denjenigen Stein zu tragen, der den Monat der eigenen Geburt bezeichnete, wobei der Träger dann mit dessen Eigenschaften besonders ausgestattet wurde.

Nicht immer führte man den Einfluß des Steins auf die Substanz selbst zurück, sondern oft auch auf die Art, wie der Stein geschnitten oder gra-

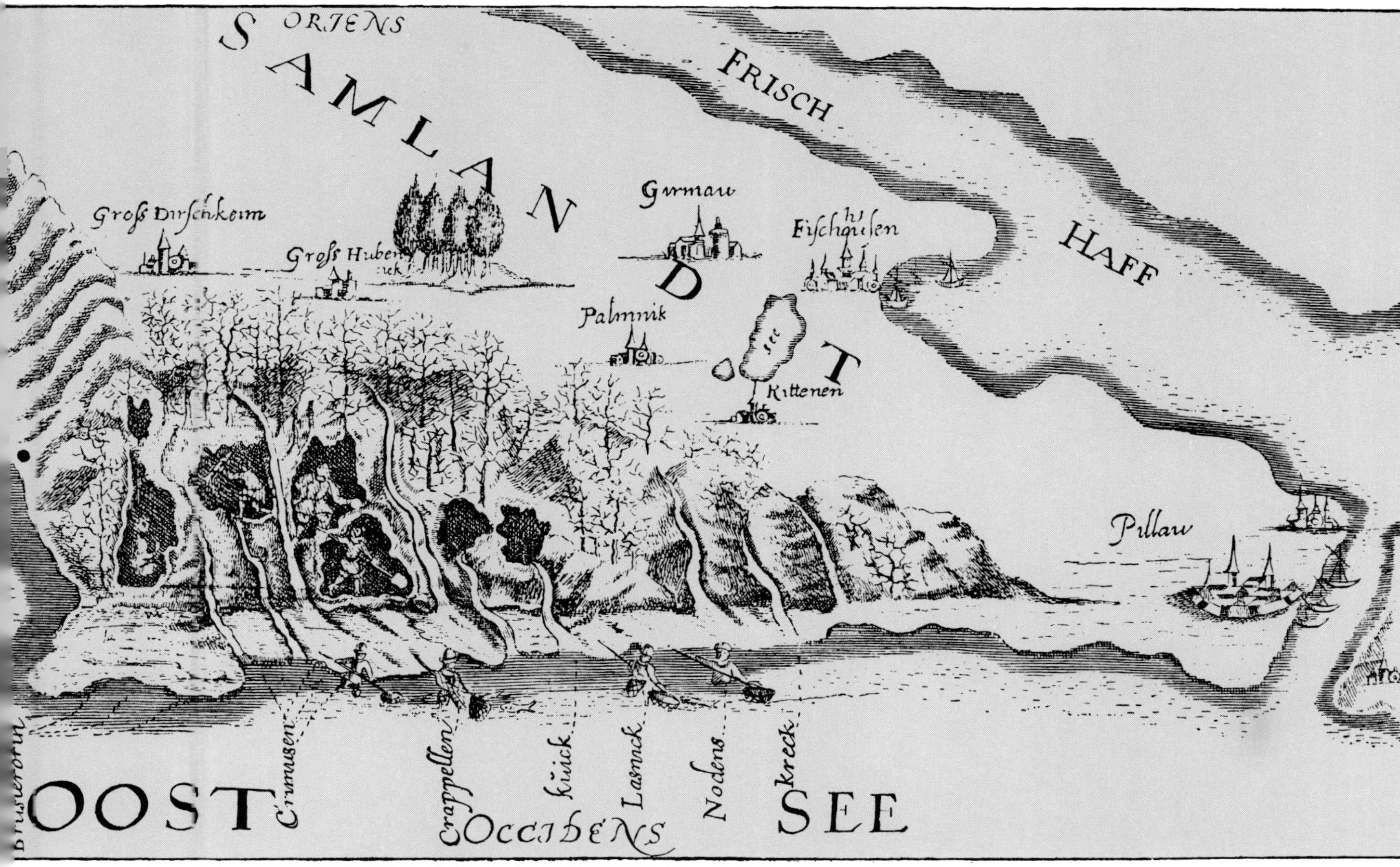
ORIENS
SAMLANDT
FRISCH HAFF
Gross Dirschkeim
Gross Huben
Germau
Fischhausen
Palmnik
See
Kittenen
Pillaw
Crappellen
Lasnick
Nodens
Kreck
OOST SEE
OCCIDENS

Nichtmineralische Edelsteine. Polierte Bernsteinplatte mit eingeschlossenem Insekt, Ostseeküste. Zeichnung eines ästigen Korallenstocks, 19. Jh. Amerikanische Perlen: Long Island Sound (A), New Jersey (B), Tennessee (D), Ohio (E), Austernschale (C).

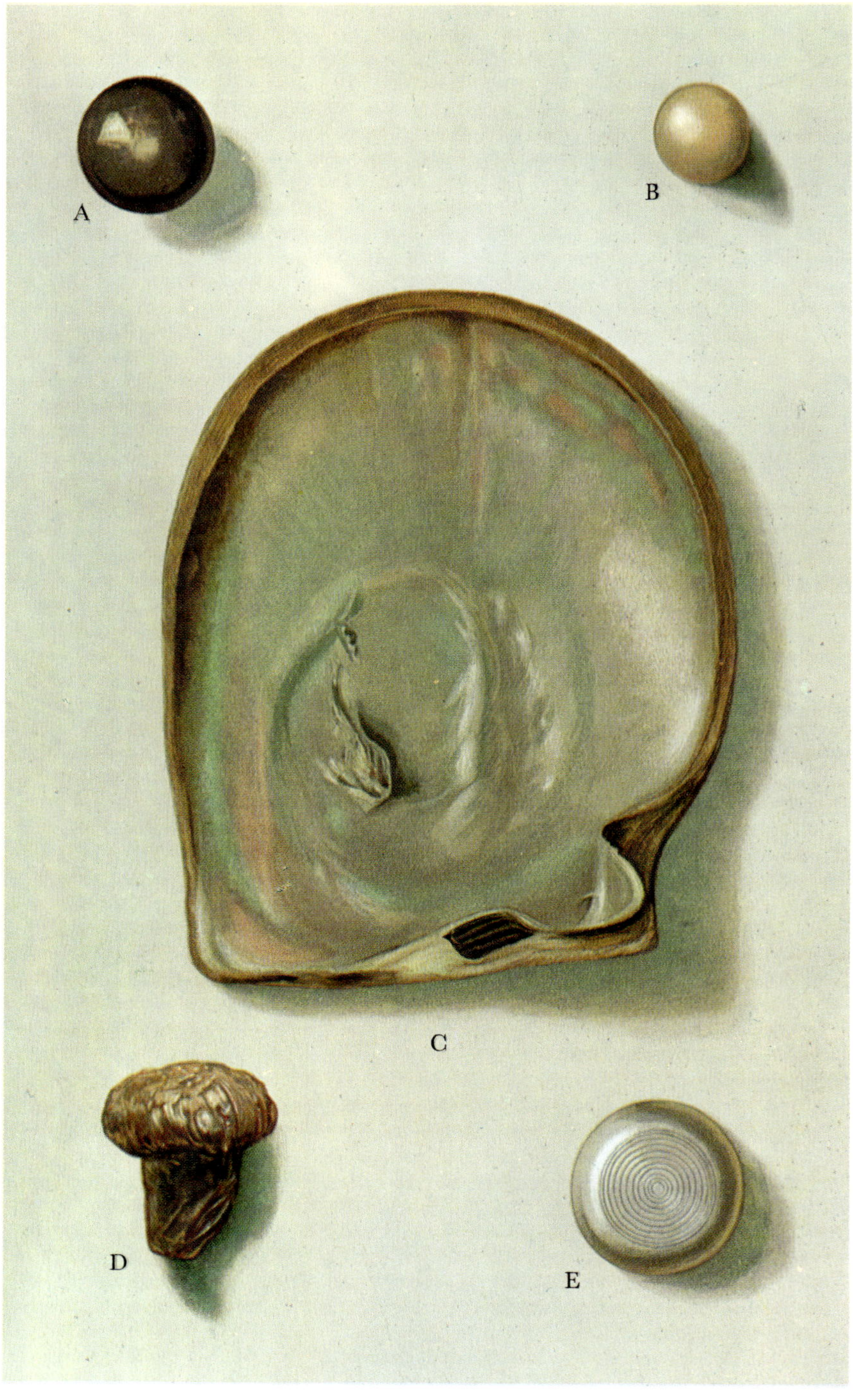

viert war. Im Mittelalter wurde der magische Charakter gravierter Edelsteine nicht in Zweifel gezogen. Ein italienisches Manuskript aus dem 14. Jh. berichtet: „Gut ist ein Stein, worauf Du eine Schlange mit einem Raben auf dem Schwanz eingraviert oder abgebildet findest. Wer diesen Stein trägt, wird eine hohe Stellung einnehmen und Ehre genießen. Auch schützt er gegen die unangenehme Wirkung der Hitze." Dies scheint eine zwar ungewöhnliche, jedoch praktische Verbindung von Einflüssen zu sein. In „*The Curios Lore of Precious Stones*" erwähnt George Kunz andere Beispiele aus einem Buch des 13. Jh.: „Ein auf einem Beryll eingravierter Frosch wird die Macht haben, Feinde zu versöhnen und Freundschaft wiederherzustellen, wo ein Zwist geherrscht hat. Ein Löwe oder ein Schütze auf einem Jaspis hilft gegen Gift und heilt das Fieber. Ein Stier auf einem Pras (Chrysopras) soll gegen Hexerei schützen und die Gunst der Richter sichern. Die Gestalt eines Löwen, eingraviert auf einem Granat, schützt Ehre und Gesundheit, heilt den Träger von jeder Krankheit, bringt ihm Ehren und hält bei Reisen jede Art Gefahr von ihm fern."

Die medizinischen Wirkungen der Edelsteine

Der feste Glaube an den mystischen Charakter der Edelsteine ging in alten Zeiten Hand in Hand mit dem Vertrauen in ihre medizinischen Eigenschaften. Der Name „Jade" entstand, zum Beispiel, aus einem naiven Glauben an die Macht des Steins. Die spanischen Eroberer Mexikos schätzten die Jadestücke, die sie von den Indianern erhielten, als ein Mittel gegen Nierenleiden. Deswegen wurden sie „piedras de ijada" – „Seitensteine" – oder Nierensteine genannt. Aus ijada kommt das Wort Jade. Ähnliche Ansichten über die heilenden oder anderen Eigenschaften der Edelsteine verbreiteten sich und leben mancherorts noch heute fort.

Es gab zwei Arten schützender Steine: solche, die eingenommen oder an Körperteile angebracht wurden, und solche, deren einfaches Vorhandensein bereits Krankheiten abwehrte oder heilte. Zweifelsohne waren sie zu ihrer Zeit wirksam, denn die Suggestionskraft bei der Heilung bestimmter psychosomatischer Störungen war damals genauso gegeben wie heute. Zwischen der Anwendung eines Edelsteines bei der Behandlung von Krankheiten und dem Gebrauch eines harmlosen und wirkungslosen Placebos, wie es heutzutage manchmal in der Medizin praktiziert wird, besteht nur ein geringer Unterschied.

In seinem großen, siebenunddreißigbändigen Werk *Historia naturalis* zweifelte Plinius der Ältere (23–79 n. Chr.) die Heilkraft der Edelsteine an. Dennoch schrieb er die alten Überlieferungen getreulich nieder, die in Einklang mit den abergläubischen Vorstellungen seiner römischen Landsleute standen. Möglicherweise gehen so manche abergläubischen Vorstellungen, die sich bis in das heutige Schrifttum hinziehen, davon aus: So lehrten die Alten, daß, ihrer stofflichen Zusammensetzung ungeachtet, rote Steine, wie Hämatit, Karneol, Granat, Rubin, Spinell und der rotgefleckte Heliotrop gegen aller Art Blutungen und Entzündungen gut seien. Der Amethyst verdankt seinen Namen einem griechischen Ausdruck, der „nicht zu vergiften" (oder: „gegen die Trunkenheit") bedeutet. Grüne Steine waren für Augenkrankheiten zu

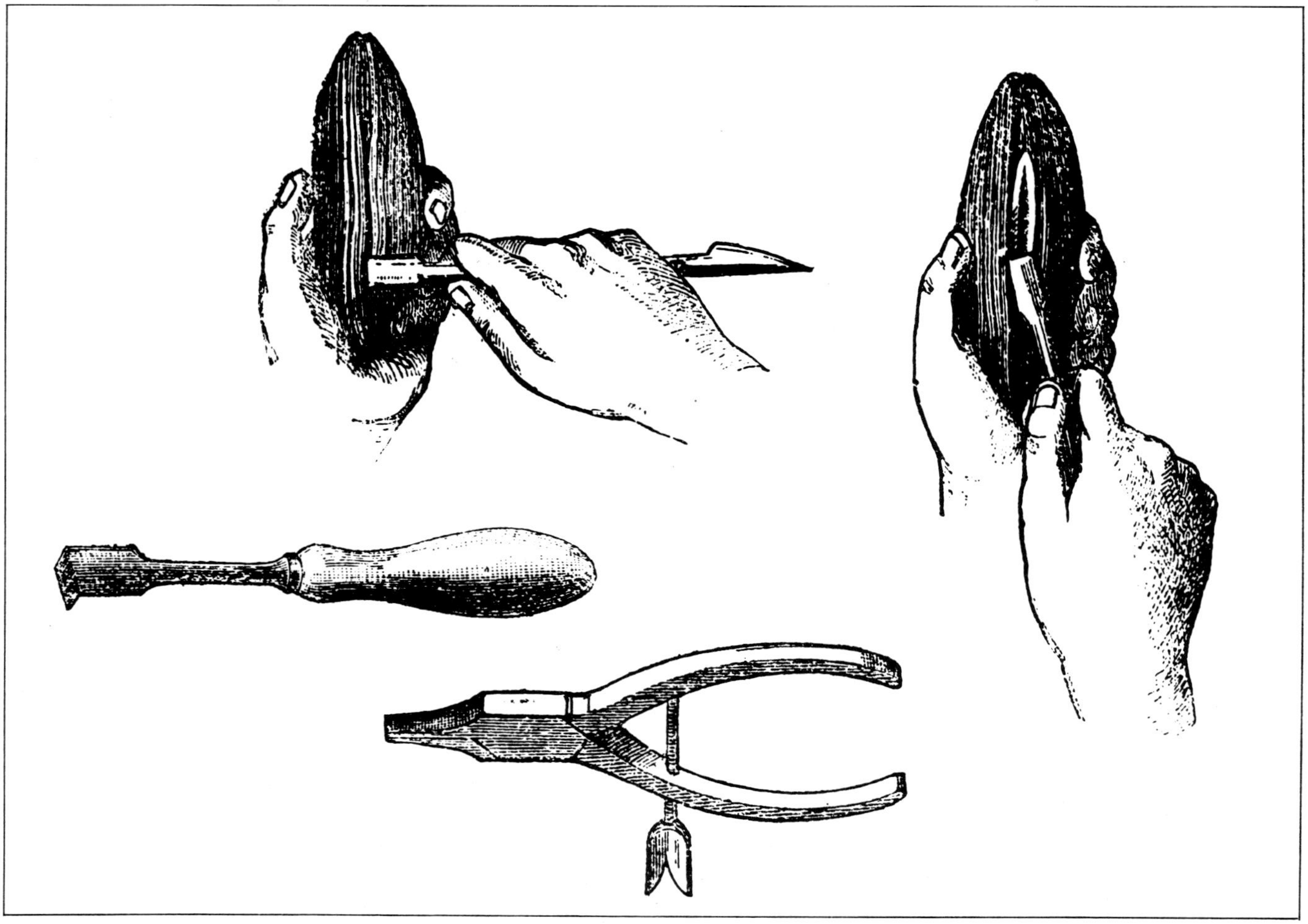

gebrauchen. Der Smaragd hatte sogar noch eine weitere Fähigkeit: ein spanischer Arzt aus dem 16. Jh. behauptete, er hätte damit die Ruhr geheilt. Der Patient mußte einen Smaragd tragen, der den Bauch berührt, und einen zweiten zum Mund führen. Zweifelsohne war diese Kur nur Wohlhabenden zugänglich.

Auch innerlich fanden die Edelsteine Anwendung. Zu den universellsten Heilmitteln zählte der Bernstein, der sowohl einfach durch sein Vorhandensein wie auch durch innere Anwendung und äußerliche Berührung mit dem Körper wirkte. In seinem 1502 verfaßten Werk *Speculum lapidum* berichtet Camillus Leonardus, daß Bernstein „den Ausfluß aus dem Bauch auf natürliche Weise zurückhält; ein wirksames Mittel gegen alle Halsreizungen ist; gut gegen Gift. Wird er auf die Brust einer schlafenden Frau gelegt, bringt er sie dazu, alle ihre Sünden zu beichten. Er festigt lose Zähne und sein Qualm verjagt giftige Insekten". Leonardus und spätere Autoren schreiben dem Bernstein alle Eigenschaften eines modernen Antibiotikums und noch einige weitere zu.

Vom Malachit als starkem lokalem Betäubungsmittel bis zum Saphir, der Geschwüre heilen sollte, fanden sich Edelsteine oder auch die Kombination mehrerer Steine praktisch für jede Krankheit. Natürlich gab es auch Erklärungen für die häufigen Mißerfolge. In seiner *Arcula gemmea* warnte 1653 Thomas Nicols: „Seid vorsichtig bei der Anwendung der Edelsteine in der Medizin, es sei denn, ihr seid ihrer Echtheit sicher, denn sie sind oft falsch."

Wie der Glaube auch gewesen sein mag, sicherlich war es tröstlich zu wissen, daß es in der Erde

Gegenüber: Werkzeug zur schonenden Öffnung von Perlmuscheln, entworfen von dem Gemmologen G. F. Kunz.
Unten: Henry Philip Hope, bekannt als Eigentümer des Hope-Diamanten, besaß auch die 5 cm lange und ca. 90 g schwere Hope-Perle.
Rechts: Perlenhändler aus dem 15. Jahrhundert.

Stoffe gab, deren man sich bedienen konnte, um die stoffliche und die geistige Umwelt zu beeinflussen.

Das Amtsschild und die Bibel

Die Mythologie der Edelsteine hat sich zum guten Teil um das mit Edelsteinen besetzte Amtsschild entwickelt, das Aaron, der Hohepriester des Tempels in Jerusalem mehrere Jahrhunderte vor Christus trug. Freilich steht bei der sehr unterschiedlichen Auslegung der Bibel und den Unsicherheiten in den Übersetzungen keineswegs fest, ob das „Amtsschild" wirklich eine mit Edelsteinen besetzte Platte war. Der fragliche Gegenstand wird auch als Tasche gedeutet, oder auf noch andere Weise. Im Grunde genommen gehört daher alles, was im folgenden berichtet wird, in das Reich der Legenden, oder ist symbolisch zu verstehen. Rabbinische und auch frühchristliche Schriften enthalten wunderbare Geschichten über Edelsteine, in Verbindung mit Abraham, Noah und anderen biblischen Figuren. Auch die religiöse Legende der Mohammedaner mit ihren verschiedenen Himmeln aus Edelsteinen leistete ihren Beitrag dazu.
Die Spekulationen und die Berichte über das Amtsschild und die ihm entgegengebrachte Ehrerbietung spielten eine außerordentliche Rolle. Die Edelsteine des Amtsschildes sind in der Bibel aufgezählt, z. B. im 2. Buch Mose, 28, 17. Auch an anderen Stellen wird übrigens von Steinen berichtet, so in Hesekiel 28, 13 von 9 Edelsteinen, die das Gewand des Königs von Tyrus schmückten. Und im Neuen Testament sind in der Offenbarung, Kapitel 21, Vers 19 bis 20 die

Unten: Einzelner kubischer Kristall von Lasurstein („Lapislazuli") mit 2 1/2 cm Durchmesser, aus Badakschan, Afghanistan.
Gegenüber: Amtsschild des Jüdischen Hohenpriesters und die dazu verwendeten Edelsteine, Darstellung aus dem 19. Jahrhundert.

Nummer des Steines	Hebräische Bezeichnung	Übersetzungen				Mögliche Identifizierung der Steine	Stämme der Juden
		Septuaginta ca. 250 v. Chr.	Josephus ca. 90 n. Chr.	Vulgata ca. 400 n. Chr.	Authorized Version 1611		
1	*Odem*	*sardion*	*sardonyx*	*sardius*	*sardius*	*Karneol*	*Ruben*
2	*Pitdah*	*topazion*	*topazion*	*topazius*	*topaz*	*Peridot*	*Simeon*
3	*Bareketh*	*smaragdos*	*smaragdos*	*smaragdus*	*carbuncle*	*Smaragd*	*Levi*
4	*Nophek*	*anthrax*	*anthrax*	*carbunculus*	*emerald*	*Granat*	*Juda*
5	*Sappir*	*sappheiros*	*jaspis*	*sapphirius*	*sapphire*	*Lapislazuli*	*Issachar*
6	*Yahalom*	*iaspis*	*sappheiros*	*jaspis*	*diamond*	*Bergkristall*	*Zabulon*
7	*Leshem*	*ligurion*	*liguros*	*ligurius*	*ligure*	*Zirkon*	*Joseph*
8	*Shebo*	*achates*	*amethystos*	*achates*	*agate*	*Achat*	*Benjamin*
9	*Ahlamah*	*amethystos*	*achates*	*amethystus*	*amethyst*	*Amethyst*	*Manasse*
10	*Tarshish*	*chrysolithos*	*chrysolithos*	*chrysolithus*	*beryl*	*Citrin*	*Nephtali*
11	*Shoham*	*beryllion*	*onyx*	*onychius*	*onyx*	*Onyx*	*Gad*
12	*Yashpheh*	*onychion*	*beryllos*	*beryllus*	*jasper*	*Jaspis*	*Aser*

Gems and Precious Stones.

1. Carneian. *East Indies.*
2. Peridot. *Levant.*
3. Emerald.
4. Ruby. *Burma.*
5. Lapis-lazuli. *Persia.*
6. Onyx. *East Indies.*
7. Sapphire. *Ceylon.*
8. Banded Agate. *East Indies.*
9. Amethyst.
10. Topaz. *Ceylon.*
11. Bery. *Ceylon.*
12. Jasper. *Persia.*
13. Asteria. *(starsapphire)* *Ceylon.*
14. Moonstone. *Kandy, Ceylon.*
15. Sunstone. *Norway.*
16. Alexandrite. *Kandy, Ceylon.*
17. Alexandrite. *Kandy, Ceylon. (by artificial light)*
18. Cat's Eye, Precious. *Chrysoberyl variety. Ceylon.*
19. Precious Garnet *(Pyrope.)* *Arizona.*
20. Chrysoprase. *Silesia.*
21. Quartz. *(Rock Crystal.)* *Arkansas.*
22. Bloodstone. *(Heliotrope)* *East Indies.*
23. Tourmaline. *Paris, Maine.*
24. Almandite Garnet. *India.*
25. Pearl. *(Oriental) Ceylon.*
26. Turquoise. *New Mexico.*
27. Demantoid. *(Green Garnet)* *(Bobrowska Garnet, Uralian Emera[illegible]* *Ural Mountains, Russia.*
28. Essonite. *(Cinnamon Garnet)* *Ceylon.*
29. Spanish Topaz. *(decolorized [illegible]* *Spain.*
30. Hope Blue Diamond.
31. Tiffany Yellow Diamond. *(weight 125⅜ carats) S[illegible]*
32. Fire Opal. *Mexico.*

Unten: Jüdischer Hoherpriester mit dem edelsteinbesetzten Amtsschild, Abbildung aus „Vestitut sacerdotum hebraicorum", 1680.
Gegenüber: Früher Versuch, die Konstellation der Gestirne, die Stämme Israels und bestimmte symbolische Edelsteine in Beziehung zu bringen.

zwölf Grundsteine der Mauer des himmlischen Jerusalem genannt: jeder trägt den Namen eines Apostels und den eines Edelsteins.

Studiert man die verschiedenen Aufzählungen von Edelsteinen und vergleicht die alten Übersetzungen, so ist – gleichviel ob das Amtsschild nun Legende ist oder nicht – eines sicher: die wirkliche Art der Steine, die es enthielt, wird sich nicht identifizieren lassen. Dies zeigt ein Blick auf die verschiedenen Übersetzungen sofort (Tabelle Seite 26).

Nun zur Geschichte des Schildes selbst: es soll ein älteres gegeben haben, das verlorenging, als die Juden in die babylonische Gefangenschaft gerieten. Nach der Wiederaufrichtung des Reiches der Juden sei ein neues Schild angefertigt worden, eine genaue Kopie des alten, etwa um 500 v. Chr. Die hebräischen Inschriften auf den Edelsteinen sollen dabei durch chaldäische ersetzt worden sein. Während der Eroberung und der Zerstörung Jerusalems durch Titus fielen die Tempelschätze der Juden in die Hände der Römer und wurden im Triumphzug durch Rom geführt. Nach der Plünderung Roms durch Geiserich im Jahre 455 hätten die Vandalen, so wird weiter berichtet, das Amtsschild nach Konstantinopel gebracht. Dort kam es in die Hände Kaiser Justinians, der ihn später den Juden zurückgegeben haben soll. Im Jahre 615 eroberten die Perser Jerusalem und nahmen das Amtsschild mit, verloren es jedoch 20 Jahre später nach einer Niederlage an die Araber. Damit scheint es dann endgültig zu verschwinden. – Wie eingangs erwähnt, sind dies jedoch alles nur Erzählungen. Es wurde bereits gesagt, daß die in der Bibel verwendeten Edelsteinnamen mit den jetzt gebräuchlichen nicht in Übereinstimmung zu

Planisphère pour servir à l'explication de l'Apocalypse
Portes du Nord
Portes du Midi
Portes d'Orient
Sphère des fixes ou des Chérubins
Chandelier à 7 Branches
Système Planétaire
Arche Céleste
Autel
Python
Ville Sainte
Eridan
le Lion
le Verseau
le Taureau
les Gémeaux
l'Ecrevisse
la Balance
le Scorpion
le Sagittaire
le Capricorne
les Poissons
le Bélier
la Vierge
Domicile de Mercure
Domicile de Vénus
Domicile de Mars
Domicile de Jupiter
Domicile de Saturne
Domicile du Soleil
Domicile de la Lune
Etoile Royale
Méduse
6 Heures
S. Mathieu
S. Marc
S. Luc
Dieu des Perses
7 Filles d'Atlas
Exaltation du Soleil
666
Nephtali. Chrysolite. Cérès.
Juda. Beryllé. Jupiter. Cybelle.
Issachar. Topaze. Mercure.
Manassès. Chrysopase. Apollon.
Ephraim. Hyacinthe. Venus.
Tribu de Gad. Amethiste. Minerve.
Siméon. Jaspe. Neptune.
Ruben. Saphir. Junon.
Zabulon. Calcedoine. Vesta.
Benjamin. Emeraude. Diane.
Dan. Sardonix. Mars.
Aser. Sardoine. Vulcain.

bringen sind. In jeder Übersetzung tauchen, wie die Tabelle Seite 26 zeigt, andere Reihenfolgen und zum Teil auch andere Namen auf.

Jeder einzelne Stein aus dem Amtsschild wird aber auch mit dem Namen eines der zwölf jüdischen Stämme in Beziehung gebracht. Aus den verschiedenen Interpretationen und Deutungen ergibt sich dann eine Ordnung der zwölf Stämme, wie sie ebenfalls in der erwähnten Tabelle verzeichnet sind.

Der jüdische Historiker Josephus (37–95 n. Chr.) berichtet von dem zweiten Amtsschild, wie er ihn – angeblich – in Gebrauch gesehen hat. In seiner Beschreibung schildert er voller Stolz die Macht der vom Hohenpriester getragenen Edelsteine, welche die Gegenwart Gottes bei den Opferfesten anzeigten, oder sogar den Sieg bei Schlachten voraussagten. Er war auch bestrebt, den Verlust dieses wertvollen Gegenstandes 200 Jahre vor seiner Zeit als Folge einer Unzufriedenheit Gottes mit den Israeliten darzustellen. Fast vierhundert Jahre später schrieb dann der Bischof von Konstanz dem edelsteingeschmückten Amtsschild des Hohenpriesters sogar wirkliche Orakelfähigkeit zu. Durch Verfärbung könnten die Steine den herannahenden Tod als Folge einer Krankheit oder auch als Strafe für sündhaftes Verhalten ankündigen, während ihre leuchtende Reinheit lobenswertes Betragen widerspiegelte. Im Mittelalter entwikkelten sich aus diesen Ideen, dem Geist der Zeit entsprechend, abergläubische Vorstellungen über die Wirkung der Edelsteine in Verbindung mit der Sternkunde, der Medizin und der Alchemie, in großem Umfang. Noch im Zeitalter der Mondflüge werden in den USA kreuzförmige Staurolithe als Glückssteine verkauft.

Der Anfang der Edelsteinkunde

Abgesehen von wenigen Ausnahmen sind Edelsteine nichts anderes als durch besondere Eigenschaften gekennzeichnete Mineralien. Ursprünglich bestand der Reiz der Edelsteine in der Farbe und der Form, in der Härte und dem Glanz, und in der Seltenheit. Ihre wahre Natur wurde erst mit der Entwicklung der mineralogischen Wissenschaften erkannt. So dauerte es Jahrhunderte, bis man in der Lage war, die Edelsteine nach mineralogischen Gesichtspunkten zu unterscheiden, richtig zu benennen und ihren Wert festzulegen. Im Laufe dieser Zeit wurden viele Vorkommen erschlossen und eine riesige Menge von Edelsteinen überflutete die Hauptkulturzentren, Angebot und Nachfrage anregend.

Viele archäologische Funde zeugen von einem allgemeinen, wenn auch beschränkten Wissen über Edelsteine, lange bevor sie in der frühen Literatur erwähnt wurden. Dieses Wissen verbreitete sich durch die Handelswege.

Theophrastus unternahm etwa 320 v. Chr. den ersten Versuch einer Beschreibung und Klassifizierung der Edelsteine. Sein Werk, wie auch das seines Lehrers Aristoteles ist nur teilweise erhalten. Die Schrift des Plinius, besonders der 36. und 37. Band der *Historia naturalis* enthalten das erste, wichtige Verzeichnis der Edelsteine. Sie entsprechen ganz dem Wissen der Zeit und geben Aufschlüsse über den Stand der damaligen Mineralienkunde. Die Mineralien wurden benannt, unterschieden und kritisch betrachtet. Eine erste Einteilung wurde geschaffen: nach den Metallen, die man daraus gewinnen konnte, nach ihrer wirtschaftlichen und medizinischen Verwendung, nach ihrer natürlichen Erschei-

Unten: Abraham Gottlob Werner; veröffentlichte 1774 das grundlegende Werk: „Von den äußerlichen Kennzeichen der Foßilien".
Ganz unten: George Frederick Kunz; weltberühmter amerikanischer Gemmologe und Mitarbeiter bei Tiffany auf dem Höhepunkt seiner Laufbahn (1906).

nungsform. Der „Grundstein" der Mineralogie war gelegt. Ungerechtfertigterweise diente die *Historia naturalis* als Vorlage zu einer eher mystischen Beschäftigung mit dieser Wissenschaft, einer Vermischung von Wirklichkeit und Mythos, die ihren Höhepunkt im Mittelalter erreichte. Plinius' Berichte über den Bernstein sind ein gutes Beispiel dafür. Er bestritt ausdrücklich, daß es sich dabei um die festgewordenen Tränen der Heliaden handele, jener Schwestern des Phaeton, die den Tod ihres Bruders beweinten und von Jupiter in Pappeln verwandelt wurden. Ebenso entschieden wandte er sich gegen die Demostratus zugeschriebene Geschichte, nach welcher der Bernstein (oder „lyncurius") der erstarrte Urin des Luchses sei. Plinius begnügte sich nicht nur damit, diese Mythen zu zerstören, sondern bemühte sich auch um Erklärungen und behauptete, daß „electrum", oder Bernstein, der festgewordene Saft von Bäumen sei, der durch Stürme ins Meer getragen und am Ufer abgerollt werde. Er war der Wahrheit nahegekommen: Im Mittelalter hingegen wurde der Bernstein wieder zum Luchs-Urin, etwa bei Hildegard von Bingen (12. Jh.). Andererseits schrieb Plinius jedoch dem Bernstein eine Reihe mystischer Eigenschaften zu, wie die Heilung des Fiebers, der Blindheit, der Taubheit usw.

Mit der Zeit schritt das Wissen langsam voran. Der arabische Gelehrte Avicenna (980–1037) berichtete über die medizinischen Anwendungen der Mineralien und schuf ein erstes System. Ein anderer arabischer Gelehrter verfaßte etwas früher das dem Aristoteles zugeschriebene „Steinbuch". Viele andere Schriftsteller, die meist nur die Werke ihrer Vorgänger studierten, jedoch zur Sache nichts Neues brachten, trugen dazu bei, daß jedem Edelstein magische Eigenschaften zugeschrieben wurden, ja sogar gar nicht existierende Edelsteine für besondere Zwecke erdacht werden konnten. Die Notizen über Edelsteine, die Evax, ein König von Arabien, an Kaiser Nero schickte, die Berichte Isidors, des Erzbischofs von Sevilla, im Jahre 620 n. Chr. und des Bischofs von Rennes, Marbodus, im 12. Jh. waren typische Beiträge zur Edelsteinkunde.

Auch Albertus Magnus stellte derartige Spekulationen über Mineralien an; in seinem etwa 1260 geschriebenen Buch *De mineralibus et rebus metallicis* ist zu lesen, daß zwar die „Steine, also, keine Seele" haben, jedoch mit „himmlischen Eigenschaften" versehen seien. Dies war noch in Einklang mit den allgemeinen Vorstellungen der Menschen über Alchemie und Mystik. 1556 veröffentlichte Georg Bauer, besser bekannt unter dem Pseudonym Agricola, sein berühmtes Werk *De re metallica libri XII* (Zwölf Bücher vom Bergbau), das die Mineralogie, die Bergbaukunde und die Kenntnisse vom Gebrauch der Erze auf einen modernen Stand brachte. Agricola war der erste Geowissenschaftler der Neuzeit, der kritische Überlegungen über das Mineralreich anstellte. Er ordnete die Mineralien danach ein, ob sie erdig, salzartig, brennbar oder metallartig waren. Diese vier Gruppen wurden nach den unterschiedlichen Eigenschaften der Mineralien weiter unterteilt. Dies war der Anfang der heutigen, nach chemischen Gesichtspunkten vorgenommenen, Klassifizierung der Mineralien. Wie viele seiner Vorgänger war Agricola auch von den regelmäßigen, geometrischen Formen natürlicher Kristalle fasziniert. Nach Agricola machte die Mineralogie rasche Fortschritte. 1663 schrieb Hieronymus Cardanus über die Natur und die Formen der Edelsteine. Er suchte nach dem Grund für die geometrischen Formen der Kristalle und betrachtete sie als die Folge einer auf die Kristalle einwirkenden Kraft, die sie in bestimmte Formen zwänge. Am Ende des 16. und zu Beginn des 17. Jh. züchteten Caesalpinus, Gesner und Kentmann Kristalle im Labor und untersuchten sie. Auch viele andere begannen, sich mit Mineralien, Edelsteinen und Kristallen zu befassen und kamen der Wahrheit immer näher. Aber es gab Rückschläge: zu Beginn des 17. Jh. versuchte Peter von Arles immer noch die sieben Metalle mit sieben Edelsteinen und den sieben Planeten in Beziehung zu bringen, z. B. gilt der Mond als Symbol für Silber und Bergkristall usw.

Mitte des 17. Jh. nahm Nicolaus Steno die ersten Messungen an Kristallen vor. Er war der Entdekker des Gesetzes über die Konstanz der Winkel zwischen den Kristallflächen.

1774 veröffentlichte Abraham Gottlob Werner aus Freiberg in Sachsen seine Abhandlung über die Unterscheidung und Einordnung der bekannten Mineralien: „Von den äußerlichen Kennzeichen der Foßilien". Die Unterscheidung und systematische Einteilung der Mineralien nach Farbe, Härte, Entzündbarkeit usw. war logisch aufgebaut und Werners Schüler, die aus ganz Europa kamen, trugen weithin zur Verbreitung seiner Lehre bei. Heute unterscheidet man die Mineralien nur nach ihren chemischen und physikalischen Eigenschaften.

Um die Mitte des 18. Jh. fand die Chemie Eingang in die Mineralogie. Der Übergang von Aberglauben, Mythos und Mutmaßung zur zuverlässigen Beobachtung von Tatsachen und zu überprüfbaren Informationen war erfolgt.

Die Edelsteine in unserer Zeit

Gebrauch und Bedeutung der Edelsteine haben sich zwar im Laufe der Geschichte geändert, immer aber waren sie hochgeschätzt, und daran hat sich bis heute nichts geändert. Im Edelstein verbinden sich hoher Wert und kleines Format. Sie lassen sich leicht transportieren, verstecken und zu Geld machen. In Krisenzeiten und bei Geldentwertungen wurden große Vermögen oft durch Edelsteine gerettet. Der Grundbesitz mag von einer Revolution zerschlagen werden, ein geheimer Schatz von Edelsteinen kann jedes politische System überleben. Edelsteine spielen daher eine bedeutende Rolle als Geldanlage. Mit dem Bevölkerungszuwachs und dem zunehmenden Wohlstand vieler Länder der Welt steigt die Zahl der Edelsteinkäufer, ebenso wie der Interessentenkreis für Gemälde und andere Kunstwerke, viel schneller als das Angebot, so daß die Preise in die Höhe getrieben werden.

Abgesehen von ihrer Funktion als Ware oder Investition werden die laufend in den Handel gebrachten Edelsteine zum großen Teil zu Schmuck oder kunstgewerblichen Gegenständen verarbeitet. Gefaßt bleiben sie durch die Zeiten hindurch reizvoll, auch wenn sich der Stil ändert.

Die Beliebtheit, der sich viele farbige Steine, die sogenannten Sammlersteine, in den USA erfreuen, gab der Edelsteinindustrie neue Anregungen.

Der lebhafte Edelsteinhandel wie auch die Sammlertätigkeit erweckt den Wunsch nach Information, denn die Kenntnisse über die Edelsteinkunde sind nicht sehr verbreitet. Der Käufer muß sich auf den ehrlichen, angesehenen Juwelier verlassen, wie der Patient auf den berühmten Chirurgen. Glücklicherweise jedoch ist das grundlegende Wissen über Edelsteine und Juwelen leicht aufzufassen, während für technische Fragen nach wie vor der Juwelier und der Goldschmied zu Rate gezogen werden sollten. Nicht mehr den Reichen und Mächtigen vorbehalten, sind Edelsteine und Edelsteinkunde jedermann zugänglich geworden.

Unter anderem, um das Ansehen des Edelsteinhandels zu wahren, wurden verschiedene Verbände gegründet:

Deutschland: Deutsche Gemmologische Gesellschaft, Idar-Oberstein (Idar-Oberstein ist das Zentrum des Deutschen Edelsteinhandels und der Verarbeitung). *Schweiz*: Gemmological Association of Switzerland, Aarau. *Frankreich*: Association Française de Gemmologie, Paris. *Großbritannien*: The Gemmological Association of Great Britain, London. *Holland*: Nederlandsch Genootschap Voor Edelsteenkunde, Wassenaar. *Südafrika*: Federation of South African Gem & Mineralogical Societies, Swartkops, Cape Province. *USA*: Gemological Institute of America, Los Angeles 49, California; American Gem Society, California.

KRAUS & SLAWSON GEMS
HANDBOOK
KIMAX

2 Die Eigenschaften der Edelsteine

Die Edelsteinkunde beschäftigt sich mit der Erforschung der Edelsteine. Da es sich meist um Gegenstände von hohem ideellen und materiellen Wert handelt, mag es schwerfallen, sie nüchtern, vom rein wissenschaftlichen Standpunkt aus, zu betrachten. Fragen über Herkunft und Eigenschaften erwecken vielleicht weniger Interesse als Mutmaßungen über ihren Wert, der sich indes erst nach Beantwortung dieser Fragen zuverlässig abschätzen läßt. So sind die Handelswerte von Topas und Rauchquarz, die einander ähneln, sehr verschieden. Es ist also wesentlich, die Identität etwa des Topases festzustellen, bevor man einen Preis dafür angibt.
Fehlbestimmungen waren früher verbreitet, mancher Irrtum wurde weltbekannt: Zwei „Rubine", die zu den bedeutendsten der Welt gehörten, der Black Prince's Ruby und der Timur-Rubin, sind in Wahrheit Spinelle und damit weniger „wert". Wegen ihrer eigenartigen Geschichte und ihrer wichtigen Rolle im britischen Kronschatz und ihrer Größe gehören sie trotzdem zu den berühmtesten Edelsteinen.
Die Edelsteinkunde unterscheidet sich wesentlich von der Edelsteinschleiferei, die sich mit der Technik des Schneidens, des Schleifens, mit den Schliffarten usw. beschäftigt. Im Laufe der Jahrhunderte haben Schneider, Schleifer und Kunsthandwerker ihre Techniken und ihr Gerät immer verfeinert. Die Kunst des Schleifens und Schneidens stützt sich auf die Ergebnisse der Edelsteinkunde: bevor ein Stein bearbeitet wird, muß bekannt sein, wie seine Eigenschaften am besten auszunützen sind.
Die Begriffe in der Edelsteinkunde sind etwas verschwommen. So versteht man im Deutschen unter „Edelstein" sowohl das rohe, in der Natur gefundene Mineral, als auch den verarbeiteten Stein. Anders im Englischen: „gemstone" ist das Edelsteinmineral, „gem" der geschliffene Stein, „jewel" der zum Schmuck verarbeitete Edelstein, im Deutschen „Juwel", oft aber kurz „Stein" genannt. Der Ausdruck „Halbedelstein" für weniger wertvolle Steine verschwindet erfreulicherweise allmählich. Häufig wird „Brillant" gleich „Diamant" gesetzt; dies ist aber völlig falsch, denn Brillant bezeichnet nur eine Schliffart.
Wann werden nun bestimmte natürliche Mineralien zu „Edelsteinen"? Die Antwort lautet: Dann, wenn man daraus Steine schneiden kann, die zumindest einige der folgenden Eigenschaften, wie hohen Glanz, Schönheit der Farbe, Beständigkeit, Seltenheit und Tragbarkeit aufweisen. Als sehr wichtig kommt dazu der modische Gesichtspunkt. In der Regel entspricht ein Stein nur teilweise diesen Anforderungen, denn nur wenige, wie etwa der Diamant weisen jene Attribute in gleichem Maße auf. Der verhältnismäßig zerbrechliche Opal, der abgesehen vom atemberaubend schönen Farbenspiel wenig bietet, ist trotzdem ein geschätzter Edelstein. Aus manchen Mineralien, wie dem tiefblauen Tansanit, werden prächtige Edelsteine geschliffen, aber sein beschränktes Vorkommen haben die Chancen im Handel stark beeinträchtigt. Die Seltenheit mindert dabei nicht den Wert eines Steins als Edelstein an sich, es muß aber doch ein gewisses Angebot gegeben sein. Andererseits bleiben trotz ausreichendem Vorkommen manche reizvolle Edelsteine, z. B. die Spinelle, hinter anderen zurück, wie etwa dem Turmalin, der ähnliche schmückende Eigenschaften aufweist. Andere wiederum, wie Fluorit und Sphalerit, die

Vorhergehende Seiten: Die sichere Bestimmung der Edelsteine erfordert weitgespannte Erfahrung mit ungeschliffenen Edelsteinen, mit geschliffenen Steinen und mit manchmal sehr teuren Geräten, sowie Kenntnis der Literatur. In der Mitte der Tafel ein großer, ungeschliffener Topas.

geschliffen sehr schön und vom Sammler gepriesen sind, sind zu weich, brechen oder spalten zu leicht, oder haben andere Schwächen, die ihren Handelswert beeinträchtigen. Oft sind die Gesetze, die den Wert eines Edelsteins bestimmen, recht undurchsichtig. Jedenfalls wurden Länder und Kontinente erforscht, Kriege geführt, Reichtümer gewonnen und verloren – alles auf der Suche nach jenen außergewöhnlichen Mineralbruchstücken.

Da Edelsteine – bis auf einige bemerkenswerte Ausnahmen – Mineralien sind, die man in der Erdkruste findet, gelten die Gesetze und Methoden der Mineralogie und Geologie auch für sie. Jeder erfahrene Mineraloge kann sehr schnell zum kundigen Edelsteinfachmann werden, da er mit den Bestimmungsmethoden vertraut ist und die physikalischen und chemischen Grundeigenschaften der natürlichen Stoffe kennt. Ein Mineral ist ein natürlicher Stoff bestimmter chemischer Zusammensetzung und bestimmter physikalischer Eigenschaften, die ihn von anderen Stoffen unterscheiden, und ein Bestandteil der festen Erdrinde.

Aus verschiedenen Gründen zählen daher die durch die Lebenstätigkeit der Organismen entstehenden natürlichen Stoffe nicht zu den Mineralien.

So sind, zum Beispiel, Bernstein und Jet, die pflanzlicher Herkunft sind, ebensowenig Mineralien wie Korallen und Perlen, die tierische Produkte sind. Traditionsgemäß werden sie aber wegen ihrer Schönheit und Seltenheit zu den Edelsteinen gezählt.

Die Eigenschaften der Edelsteine, nämlich Schönheit, Glanz und Beständigkeit, ergeben sich unmittelbar aus ihrer chemischen Zusammensetzung und aus ihrem inneren Aufbau. Manchmal werden Wert und Reiz durch natürliche Wachstumsanomalien und durch Verunreinigungen erhöht. Andererseits können Verwachsungen ihre Brauchbarkeit vermindern. Daher ist die Kenntnis aller Eigenschaften der Mineralien unentbehrlich, um Edelsteine richtig zu schätzen und verstehen zu lernen.

Chemische Zusammensetzung: Wir wissen, daß das Universum aus einer relativ niedrigen Zahl von Grundstoffen, ungefähr hundert chemischen Elementen, besteht. Einige ihrer Namen, wie etwa Gold, Silber, Kupfer, Schwefel und Sauerstoff, sind uns wohlbekannt. Weitere, wie Beryllium, Zirkonium und Bor klingen weniger vertraut. Eine kleine Zahl von Elementen, es mögen 25 sein, liefert die „Grundsubstanz" aller bedeutenden Edelsteine, während andere, als Spurenelemente vorhanden, für die Färbung oder andere besondere Erscheinungen sorgen.

Alle Mineralien, wie auch künstliche Verbindungen, sind auf die sie zusammensetzenden Elemente zurückzuführen. Jedes Element besteht aus einer bestimmten Art winziger Teilchen, den für es charakteristischen Atomen. Jede Atomart nun, z. B. die des Elementes Silicium oder des Elementes Sauerstoff, hat ihre charakteristische Größe und eine gewisse, begrenzte Fähigkeit zur Verbindung mit anderen Atomen. In der Natur verbinden sich bei unterschiedlichen Bedingungen die Elemente in verschiedenen, aber gesetzmäßigen Verhältnissen miteinander und bilden die Mineralien. Einige Mineralien bestehen übrigens nur aus einem Element: etwa der Diamant oder der Schwefel. Da die Erdkruste aus 46,5 % Sauerstoff und 27,5 % Silicium besteht, ist es kein

Drei Edelsteine unterschiedlicher Farbe und Zusammensetzung aus der Sammlung am Smithsonian Institut.
Oben: Zirkon von 103 ct., Treppenschliff, Indochina.
Unten links: Spinell von 46 ct., Brillantschliff, Ceylon.
Unten rechts: Spodumen von 69 ct., quadratisch, Brasilien.

Wunder, daß die meisten Mineralien diese beiden Elemente enthalten. Aquamarin, Smaragd, Turmalin, Topas, Zirkon, Olivin (Peridot) und Granat werden „Silikate" genannt und enthalten als Hauptbestandteile Silicium und Sauerstoff. Rubin, Saphir, Chrysoberyll und Spinell sind „Oxide", mit Sauerstoff als Hauptbestandteil. Wie schon erwähnt, kann sich jedes Atom nur mit bestimmten Anzahlen anderer Atome verbinden. Im Laufe der letzten Jahrhunderte erkannten die Chemiker die verschiedenen Verbindungsmöglichkeiten und entwickelten sehr genaue Methoden, sie im Labor zu untersuchen. Dort kann man unzählige Verbindungen von Elementen herstellen, beziehungsweise die Zusammensetzung vorhandener Verbindungen, und solche sind ja auch die Mineralien, aufklären, „analysieren". Die Analyse des Minerals Zirkon, beispielsweise, zeigt zunächst, daß diese Verbindung aus den Elementen Zirkonium (Zr), Silicium (Si) und Sauerstoff (O) besteht, sodann, daß Zr – Sr – O im Verhältnis 1 : 1 : 4 zueinander stehen. Die Zusammensetzung des Minerals in kurzer Form, als „Formel" geschrieben, lautet dann $Zr\,[SiO_4]$.

Entsprechend lautet die Formel für Aquamarin $Be_3Al_2\,[Si_6O_{18}]$ – Beryllium-Aluminium-Silikat, diejenige des Chrysoberylls: $BeAl_2O_4$ – Beryllium-Aluminium-Oxid.

Dies scheint ganz einfach, aber nun stellt sich heraus, daß die chemischen Formeln des Rubins und des Saphirs identisch sind: Beide sind Aluminiumoxide, Al_2O_3. In absolut reinem Zustand ist diese Verbindung farblos. Rubin ist aber rot und Saphir hell- bis tiefblau; Rubin und Saphir sind Spielarten, „Varietäten" des gleichen Minerals. Rubin enthält Spuren des Elementes Chrom, die ihm seine rote Farbe verleihen. Die Farbe des Saphirs dagegen rührt von winzigen Eisen- und Titanspuren her. Zweifelsohne haben in diesem Fall die bei der Bildung des Minerals hinzugekommenen fremden Bestandteile erfreuliche Folgen gehabt.

Die innere Struktur der Edelsteine: Bei der Entstehung einer festen Verbindung, sei es einer künstlichen oder eines Minerals, treten die Teilchen unter bestimmten Bedingungen zusammen, nachdem sie vorher in Gasform oder in Lösung frei beweglich waren. Sind die Teilchen ungeladen, nennt man sie Atome, sind sie geladen, heißen sie Ionen. Das Zusammentreten erfolgt nun nicht regellos, wenigstens in der weitaus größten Anzahl der Fälle, sondern streng gesetzmäßig, infolge der Eigenschaft der Teilchen, andere nach Art und Zahl nur in begrenztem Umfang an sich zu binden. So versammeln sich beim Eindampfen einer Lösung von Kochsalz, NaCl, positive Natrium-Ionen und negative Chlor-Ionen streng im Verhältnis 1 : 1, und zwar in drei aufeinander senkrecht stehenden Richtungen immer abwechselnd ein Na und ein Cl. Es entsteht so ein sehr regelmäßiger Körper, ein sogenanntes Kristallgitter, in dem die auffallendste Eigenschaft der Kristalle, die ebenmäßige äußere Form, von vornherein schon festgelegt ist.

Die Zahl der möglichen geometrischen Muster für die Kristallgitter ist erstaunlich gering; es hat sich herausgestellt, daß alle vorkommenden Gitter auf nur vierzehn einfache Grundformen, auf die vierzehn Translationsgruppen oder Bravaisgitter, zurückzuführen sind.

In einem solchen Gitter können nun einzelne Bausteine, also zu der betreffenden Verbindung gehörige Atome oder Ionen, durch andere ersetzt werden, sofern diese fremden Teilchen die gleiche Größe wie die zu ersetzenden haben; sie müssen in die Struktur passen. Wesentlich größere oder kleinere, wenn auch chemisch ähnliche Teilchen, werden nicht aufgenommen. So kann z. B. Mangan oder Magnesium durch Eisen ersetzt werden und umgekehrt, oder Silicium durch Aluminium. Gerade die Fähigkeit des Aluminiums, das Silicium zu „vertreten", macht die ungeheure Vielfalt der Silikatmineralien, zu denen ja viele Edelsteine gehören, überhaupt erst möglich.

Kristalle: Da der Innenbau der festen Mineralien so regelmäßig ist, müßte man – und dies ist häufig auch der Fall – diese Ordnung auch von außen feststellen können. Wächst ein Kristall ohne äußerliche Störung, weist er zum Schluß als Begrenzungsebene Flächen auf, die parallel zu den Gitterflächen im Inneren verlaufen. Mißt man die Winkel, die die äußeren Flächen ein und derselben Kristallart miteinander bilden, so zeigt sich, daß diese Winkel unveränderlich, konstant, sind. Dies gehört zu den Aufgaben der Kristallographie. Da die Edelsteine im allgemeinen einen hohen Grad an Reinheit aufweisen und sich normalerweise in der Erdkruste unter günstigen Bedingungen gebildet haben, erweisen sie sich häufig als durchsichtige, wohlgestaltete Kristalle mit guten Außenflächen. Manchmal ist ihre Form so schön, mit so regelmäßigen, glänzenden Flächen versehen, daß sie den Eindruck erwecken, als seien sie schon geschnitten und geschliffen. In der Größe schwanken sie von mikroskopischen Individuen zu einzelnen Riesenkristallen, die mehrere Tonnen wiegen. Gute, klare, reine Edelsteinkristalle sind jedoch, bis auf die Quarzkristalle, nur selten sehr groß. Mit ganz wenigen Ausnahmen haben alle festen Stoffe den beschriebenen, regelmäßigen Aufbau und werden daher als „kristallin" bezeichnet. Die moderne Kristallographie untersucht diese Konfigurationen mit Hilfe von Röntgen-Strahlen. Weiterhin beschäftigt sie sich auch mit der Morphologie, d. h. der äußeren Form und Symmetrie der Kristalle.

Seit langem ist bekannt, daß alle Kristalle sich in 32 verschiedene Kristallklassen einteilen lassen, die wiederum in 6 Kristallsysteme gruppiert werden. Alle Klassen eines Systems haben gemeinsame Symmetriemerkmale. Die 6 Systeme sind folgende: das kubische, das tetragonale, das hexagonale, das orthorhombische, das monokline und das trikline. Oft kann man die Edelsteinmineralien schon durch die Zugehörigkeit zu einem der Kristallsystème identifizieren und voneinander unterscheiden. Beryll und seine Spielarten, wie Smaragd und Aquamarin, ist ebenso wie Korund und seine Varietäten, Rubin und Saphir, hexagonal. Spinell ist kubisch, ebenso Diamant und Granat, während Topas orthorhombisch und Zirkon tetragonal ist.

Alle Eigenschaften eines Edelsteins, wie er aussieht, sich verhält, wie er auf das Schneiden und Schleifen reagiert, hängen unmittelbar von seiner chemischen Zusammensetzung und seinem inneren Aufbau ab.

Die optischen Eigenschaften

Licht ist eine Erscheinung, die sich leichter in ihrer Wirkung als in ihrer Natur fassen läßt. Die Wirkung des Lichtes ist genauso verschieden wie die Dinge, worauf es fällt. Jeder Stoff hat seine eigene, einzigartige Zusammensetzung und Struktur und reagiert auf eigene Weise auf das Licht. Wenn man das Wort Licht gebraucht, denkt man gewöhnlich an sichtbares Licht, das jedoch nur einen sehr kleinen Teil der elektromagnetischen Strahlen umfaßt. Viele Stoffe, und vor allem nun die Edelsteine, verändern das Licht, das auf sie fällt und das sie zurückwerfen. Diese Wechselwirkungen zwischen Edelsteinen und sichtbarem Licht erzielen oft phantastische Effekte. Die wesentlichen dieser Erscheinungen sind die Farbe, der Glanz, der Asterismus und die Chatoyance, das Feuer der Edelsteine und die Lumineszenz.

Farbe: Die Farbe, oder auch ihr Fehlen, ist die auffallendste Eigenschaft eines Edelsteines. Die Farbe eines festen Körpers hängt grundsätzlich davon ab, wie er die verschiedenen Wellenlängen des Lichts, denen er ausgesetzt ist, hindurchläßt, absorbiert, d. h. verschluckt, oder reflektiert, zurückwirft. „Weißes" Licht besteht aus einer ganzen Reihe von Wellenlängen oder Farben. Wenn es auf einen festen Körper fällt, kann ein Teil dieser Farben absorbiert werden. Diejenigen Wellenlängen, die dann noch von der Oberfläche des Steins zurückgeworfen oder reflektiert werden, kehren nun zum Beobachter in einer anderen Farbe als weiß zurück, da ja, wie gesagt, einige „Farben", einige Wellenlängen, dem einfallenden Licht entzogen wurden. Gehen alle Wellenlängen des sichtbaren Lichtes durch den Edelstein hindurch, so erscheint dieser farblos. Werden alle Wellenlängen absorbiert, so wird kein Licht reflektiert oder hindurchgelassen und der feste Körper sieht schwarz aus. Bei einer teilweisen, aber gleichmäßigen Absorbtion aller Lichtwellen erscheint der Stein trübweiß bis milchig oder grau. Eine charakteristische Eigenschaft der allermeisten Mineralien und damit auch der Edelsteine, ist die Erscheinung, daß ein und dasselbe Mineral in z. T. sehr verschiedenen Farben auftreten kann, was naturgemäß die Bestimmung nicht gerade erleichtert.

Ein Mineral, das auf Grund eigener Zusammensetzung und Struktur farbig ist, wird „idiochromatisch", eigenfarbig, genannt. Der Peridot z. B. ist idiochromatisch, weil er immer grün ist und wegen seiner chemischen und physikalischen Eigenschaften nichts anderes als grün sein kann. Beryll dagegen kann gelb, grün (Smaragd), blaugrün bis fast farblos (Aquamarin), oder sogar rosa sein. Absolut reiner Beryll ist farblos und wird erst infolge ganz geringer Verunreinigungen farbig. Korund, der rot als Rubin, blau als Saphir bekannt ist, wurde schon genannt. Mineralien mit veränderlicher Farbe, die von Verunreinigungen, manchmal auch von Baufehlern abhängt, sind „allochromatisch", fremdfarbig. Idiochromatische und allochromatische Farben sind eine Folge einer Wechselwirkung zwischen dem Licht und dem Bau der Atome, aus denen das Mineral besteht, bzw. die die Verunreinigungen zusammensetzen. Farbträger in Mineralien sind vor allem die Schwermetalle wie Kupfer, Eisen, Mangan, Chrom, Nickel, Kobalt, Vanadium und Titan, seien sie nun Hauptbestandteil oder Verunreinigung. Diese Farbträger geben dem Edelstein eine ziemlich konstante Farbe, die jedoch unter bestimmten Bedingungen, wie etwa durch Glühen des Steines oder radioaktive Einwirkung, verändert werden kann.

Interferenzfarben: Einige Edelsteine, wie etwa der Mondstein, sind „pseudo-chromatisch",

Gegenüber: Alle Mineralien neigen zu einem bestimmten Habitus und zu bestimmten Kristallformen, an denen sie erkannt werden können. Auf dieser 80 Jahre alten Tafel ließen sich die einzelnen Steine auch ohne die Beschriftung ohne weiteres identifizieren.

d. h. ihre Farben hängen weder von der eigentlichen Zusammensetzung noch von Verunreinigungen ab. Sie sind vielmehr die Folge eines lagigen oder schichtigen Aufbaus des betreffenden Minerals. Man nennt diese Erscheinung auch „Farben dünner Blättchen". Nach demselben Prinzip entstehen die Farben des Regenbogens oder eines Ölflecks auf regennasser Straße. Wenn ein Lichtstrahl unter einem bestimmten Winkel auf die dünne Ölschicht fällt, wird ein Teil davon von der oberen Fläche des Öls unmittelbar reflektiert, während ein weiterer in die dünne Schicht eindringt und wiederum an der Berührungsfläche zwischen Öl und Wasser reflektiert wird. Dieser zweite Teil des Strahls, der durch die Ölschicht zurückkommt, läuft parallel zum ersten Teil weiter. Er erfährt jedoch eine Verzögerung, da er eine etwas größere Entfernung zurücklegen mußte. Dies bedeutet, daß die Wellen beider Teile des Strahls sozusagen nicht mehr im gleichen Schritt miteinander sind; sie interferieren. Der „aus dem Schritt geratene Strahl" trifft das Auge des Beobachters in einer anderen „Wellenlängenmischung" als der ursprüngliche Strahl, bzw. in einer anderen Farbenzusammenstellung. Die von den interferierenden Strahlen erzeugte Farbe hängt vom Einfallwinkel des Lichtstrahls und von der Stärke der Schicht ab. Ist sie zu dick oder zu dünn, gehen die Interferenzeffekte verloren.

Der Mondstein ist ein gutes Beispiel für den durch Interferenz erzeugten Schillerglanz. Er enthält wechselweise sehr dünne Lamellen von Albit und Orthoklas. Wenn ein Lichtstrahl auf sie fällt, erhalten sie durch Interferenz den bekannten wogenden, bläulichen Schimmer, der besonders schön bei als Cabochon geschliffenen Steinen auftritt. Auch das schillernde Farbenspiel auf Metallen oder metallisch glänzenden Mineralien ist eine Interferenzfarbe, erzeugt durch die Bildung sehr dünner Häutchen verschiedener Oxide, die die Oberfläche der betreffenden Substanz überziehen.

Das Opalisieren: Obwohl den Interferenzfarben ähnlich, entsteht das bunte Farbenspiel im Opal, das Opalisieren, infolge eines anderen Prozesses. Dieser wurde erst vor kurzem verständlich, als man in der Lage war, bis zu 40 000fach vergrößerte Aufnahmen mit dem Elektronenmikroskop zu machen. Diese Aufnahmen zeigen, daß der Edelopal aus Kieselsäurekugeln (SiO_2) besteht, die reihenweise in Netzen mit relativ gleichmäßigen Zwischenräumen angeordnet sind. Jedoch ist diese Ordnung bei weitem nicht so streng geregelt wie im Kristallgitter; der Opal ist nämlich eines der wenigen Beispiele für nicht kristalline, „amorphe" Mineralien. An diesen Kugelreihen werden nun die auffallenden Lichtstrahlen abgelenkt und zeigen dann wiederum Interferenz-Erscheinungen. Die Größe und der Abstand der Kieselsäurekugeln und die jeweilige Lage der Lichtquelle, des Opals und des Beobachters verursachen auffallende Unterschiede in der Wahrnehmung der pseudochromatischen Farben.

Die Lichtbrechung: Neben den bisher genannten optischen Eigenschaften ist für die Edelsteine noch ein anderer Lichteffekt von Bedeutung: Kristalle können wie Glas, Wasser und andere durchsichtige Stoffe das Licht beugen, brechen, oder deutlicher gesagt, die Richtung eines durchgehenden Lichtstrahles ändern. Alle Linsen, sei es in Fernrohren oder Brillen, basieren auf dieser Eigenschaft. Durch die Brechung

Sapphir.
Rubin.
Spinell.
Smaragd.
Aquamarin.
Alexandrit.
Topas.
Hyacinth.
Chrysolith.
Almandin.
Amethyst.
Demantoid.

Links: Entstehung der Interferenzfarben (Farben dünner Blättchen) am Beispiel einer dünnen Ölhaut auf Wasser. Rechts: Ein Brillant muß so geschliffen sein, daß möglichst viel Licht wieder zurückgeworfen wird. Gegenüber: Altes Polarisationsmikroskop, Mitte des 19. Jahrh., eines der ersten Instrumente zur Untersuchung durchsichtiger Mineralien im polarisierten Licht.

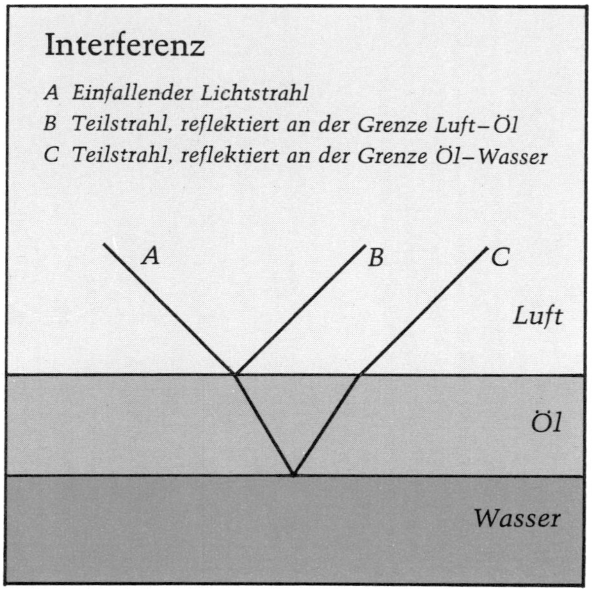

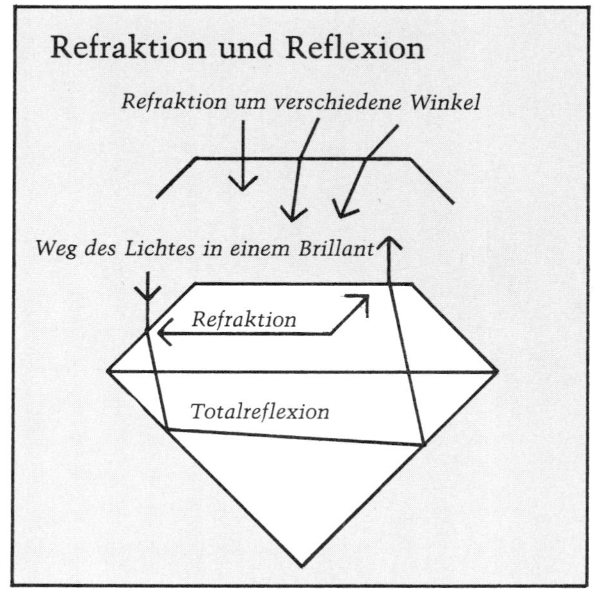

der Lichtstrahlen täuscht die Linse das Auge, das gesehene Bild scheint größer oder kleiner, näher oder ferner als es das unbewaffnete Auge wahrnehmen würde.

Das von einem Stoff, z. B. Luft, in einen anderen, z. B. Glas, übertretende Licht wird an der Grenze beider gebrochen. Je größer der Dichteunterschied zwischen beiden Medien, desto stärker ändert sich die Richtung des Lichtstrahles. Alle Kristallarten, die nicht dem kubischen System angehören, haben nun sogar die Eigenschaft, das Licht gleichzeitig in zwei Richtungen abzulenken. Der einfallende Lichtstrahl wird dabei in zwei verschiedenartig ausgebildete, „polarisierte" Lichtstrahlen aufgespalten; diese Erscheinung nennt man Doppelbrechung. Sie ist besonders deutlich beim Kalkspat wahrzunehmen, der daher auch, sofern in durchsichtigen Stücken vorliegend, Doppelspat genannt wird. Jede Mineralart hat eine ihr eigentümliche einfache Lichtbrechung oder Doppelbrechung, die gemessen werden kann und ein wichtiges Erkennungsmerkmal ist.

Dispersion: Die Brechung des Lichtes kann interessante Farbeffekte hervorrufen. Das Brechungsvermögen hängt weitgehend von der Wellenlänge des Lichtes ab; so wird etwa Blau mehr gebrochen als Rot. Dies bedeutet, daß ein Strahl weißen Lichtes, das sich aus allen Farben zusammensetzt, durch extreme Brechung in alle Regenbogenfarben zerlegt werden kann. Diese Erscheinung heißt Dispersion. Mineralien haben ein unterschiedliches Dispersionsvermögen. Am auffallendsten ist es beim Diamant, der ein blendendes Spiel zerlegter Farben, das sogenannte Feuer, entwickelt, sobald ein gewöhnlicher Lichtstrahl darauffällt und entsprechend gebrochen wird. Diese Eigenschaft wird durch die Schliffart ganz bewußt ausgenützt. Dem Rutil und dem Sphen fehlen die meisten Eigenschaften des Diamanten, ihr Dispersionsvermögen aber läßt sich mit seinem messen. Quarz und Glas hingegen sind kein guter Ersatz für Diamanten, denn ihr Dispersionsvermögen ist sehr gering. Anders beim Zirkon: infolge seines hohen Dispersionsvermögens wird er als Ersatz für Diamant benützt, zumal er auch hinreichende Härte aufweist.

Pleochroismus: Bei vielen doppelbrechenden Edelsteinen ist ein weiterer Farbeffekt bemerkbar. Der Lichtstrahl, der durch Doppelbrechung in zwei Strahlen zerlegt wird, sendet beide Teile in verschiedene Richtungen durch den Kristall. Jeder Teilstrahl unterliegt einer von seiner Richtung im Kristall abhängigen, verschieden starken Farbabsorbtion. Um diesen Effekt wahrzunehmen, betrachtet man eine Lichtquelle durch einen derartigen Kristall und dreht ihn dabei: man sieht, wie sich die Farbe, oder zumindest die Farbtiefe, ändert. Diese Erscheinung nennt man Dichroismus, wenn bei einem solchen Versuch zwei verschiedene Farben sichtbar werden, oder allgemeiner, Pleochroismus. Turmalin, kräftig gefärbter Rubin und vor allem der Cordierit („Dichroit", als Edelstein auch Iolith genannt) zeigen besonders deutlichen Pleochroismus. Bei diesen Edelsteinen muß die Richtung, in die der Schliff gelegt wird, auf diese Erscheinung abgestimmt werden.

Manchmal wäre ein aus einem natürlichen Turmalinkristall der Länge nach geschnittener Edelstein im ganzen zu blaß, während er eine reizvolle Farbe aufweist, wenn er senkrecht zur Längsachse, „über den Kopf" geschliffen wird.

Durchsichtigkeit und Glanz: Hier handelt es sich um Reaktionen auf das Licht, die im Grunde entgegengesetzt sind. Die Durchsichtigkeit eines Edelsteins ist nichts anderes als die Vollständigkeit, mit welcher das Licht hin-

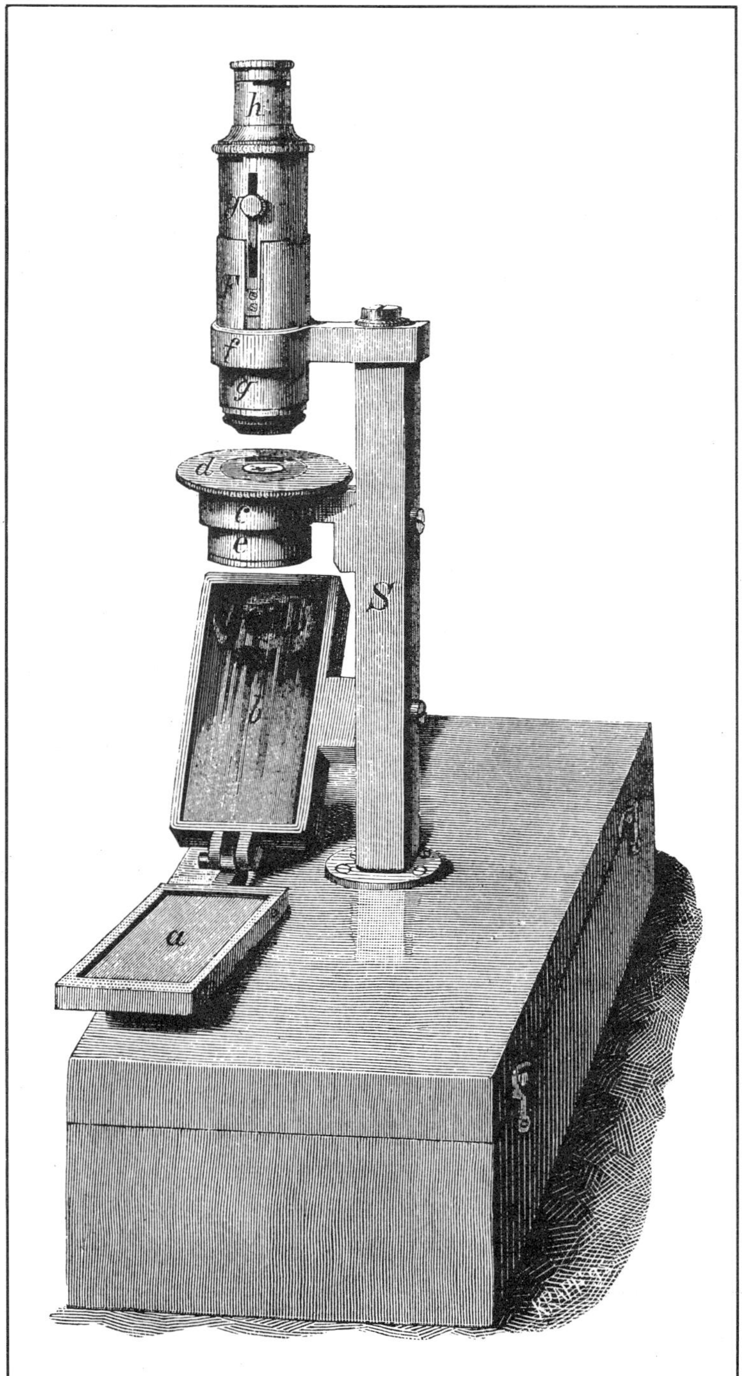

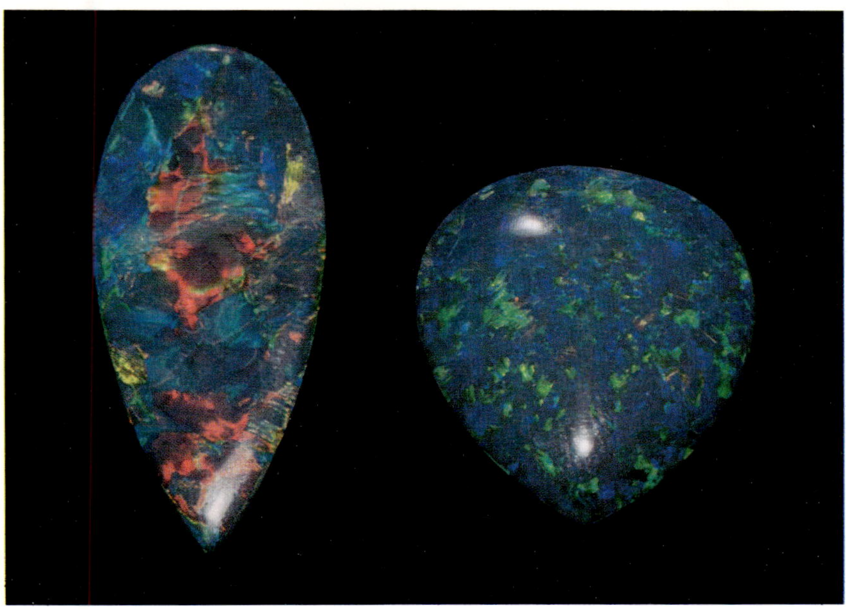

Lichtwirkung. Gegenüber: Peristerit aus Ontario, Kanada, eine Plagioklas-Varietät, zeigt Farben dünner Blättchen als Folge lamellaren Aufbaus.
Oben links: Das Feuer des Diamanten, verursacht durch die Dispersion des weißen Lichtes.
Oben rechts: Der 330karätige Star of Asia, ein Sternsaphir, als Beispiel für den durch feinnadelige Einschlüsse verursachten Asterismus.
Unten links: Das Farbenspiel des Opals, das „Opalisieren“, ist ein komplizierter Beugungseffekt an eigentümlichen Strukturen. Opale von 44 und 30 ct. aus Australien.

durchgeht, während der Glanz vom Lichtbrechungsvermögen abhängt. Durchsichtigkeit ist ein interessantes Phänomen, denn an sich ist es unmöglich – der Wahrnehmung unserer Sinne zum Trotz – daß irgend etwas durch einen festen Stoff geht. Wie erklärt sich außerdem, daß einige feste Körper lichtdurchlässig sind und andere nicht? In Wirklichkeit geht das Licht überhaupt nicht durch, sondern versetzt durch seine eigene Energie die Atome an der Oberfläche der festen Stoffe, auf welche es fällt, in Schwingungen, die sich von Atom zu Atom durch die ganze Struktur fortpflanzen. Wenn alle Atome regelmäßig aufgereiht sind, laufen die Schwingungen wie in einer Reihe fallender Dominosteine durch und kommen auf der anderen Seite in der gleichen Form – bei völlig durchsichtigen Substanzen – wieder heraus. Das Licht tastet sich also nicht langsam durch die Atomzwischenräume voran, als würde es seinen Weg durch ein Labyrinth suchen. Vielmehr pflanzen sich die Schwingungen mit so hoher Geschwindigkeit fort, daß die Zeit, die das Licht für den Durchgang benötigt, fast unmeßbar klein zu sein scheint, bzw. nur mit komplizierten physikalischen Methoden erfaßbar ist.

Der Glanz, eine Folge der Lichtbrechung an der Oberfläche des Steins, hängt von der Qualität und der Quantität des zurückgeworfenen Lichtes ab; dies wiederum vom Reflexions- und Brechungsvermögen und auch von der Schleifmöglichkeit des Steins. Die meisten Edelsteine haben das gleiche Reflexionsvermögen wie gewöhnliches Glas, man spricht dann von „Glasglanz". Einige, wie Zirkon und Demantoid, eine Abart des Granates, haben einen höheren Glanz, den man als Diamantglanz bezeichnet. Weiterhin unterscheidet man noch den Harz- und Fettglanz, den Perlmutterglanz und den Seidenglanz. Viele Mineralien schließlich glänzen metallisch.

Chatoyance und Asterismus: Das Wort „Chatoyance", eine Zusammensetzung der französischen Wörter *chat* (Katze) und *oeil* (Auge), ist eine angemessene Bezeichnung für eine seltsame Reflexionserscheinung. Der „Katzenaugeneffekt" ist eine streifenförmige Lichterscheinung, die wie ein glänzender Schlitz über als Cabochon geschliffene Steine bestimmter Art hinwegläuft und tatsächlich dem leuchtenden Auge einer Katze ähnelt. Der Lichtschimmer entsteht infolge vielfacher Reflexion an Tausenden von parallel zueinander verlaufenden, faserartigen Einschlüssen in dem Kristall. Seltsamerweise ist das „Katzenauge" um so schärfer und glänzender, je dünner und zahlreicher die Einschlüsse sind. Bei solchen nadeligen Einschlüssen kann es sich z. B. um Hornblenden handeln; meist sind es aber äußerst dünne, leere Kapillarröhren. Die schönsten Katzenaugen liefert der Chrysoberyll („Cymophan"), man kann die Erscheinung aber manchmal auch beim Turmalin, Rubin, Saphir, Granat, Spinell und beim Quarz feststellen.

Sind die nadeligen Einschlüsse in zwei oder drei Richtungen orientiert, vervielfacht sich die Erscheinung. Man bezeichnet sie dann als Asterismus, der besonders bei Rubinen und Saphiren beobachtet und sehr geschätzt wird. Asterismus ist also nichts anderes als Chatoyance in drei verschiedene Richtungen, wobei sich die Lichtstreifen in einem einzigen Punkt schneiden. Selbstverständlich muß der Stein sorgfältig in der geeigneten Richtung geschliffen werden, da-

Hexagonale Kristalle

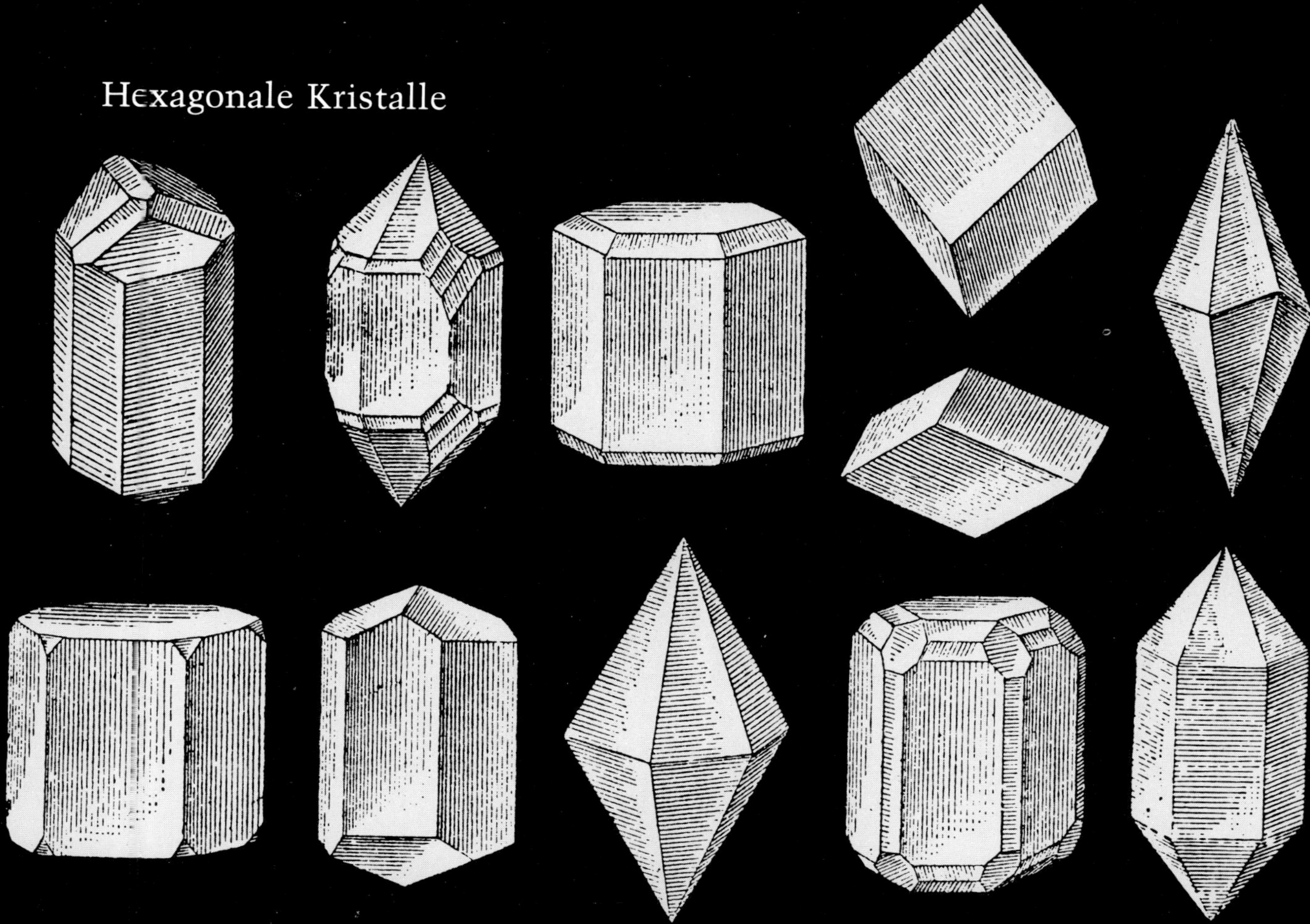

Orthorhombische Kristalle

Monokline Kristalle

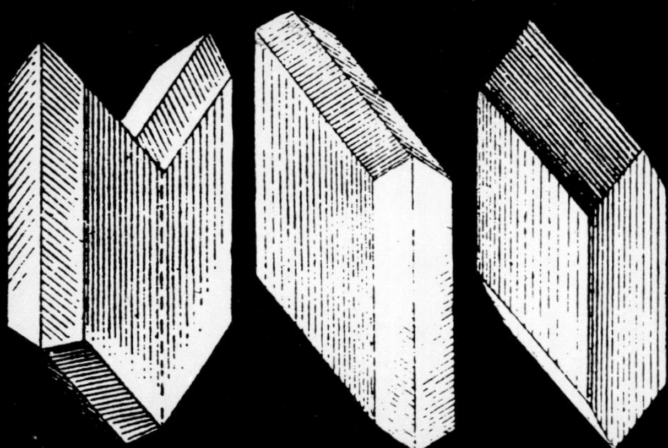

Trikliner Kristall

Tetragonaler Kristall

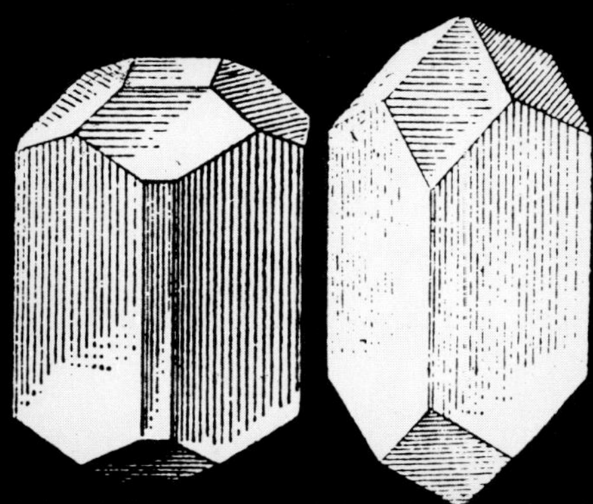

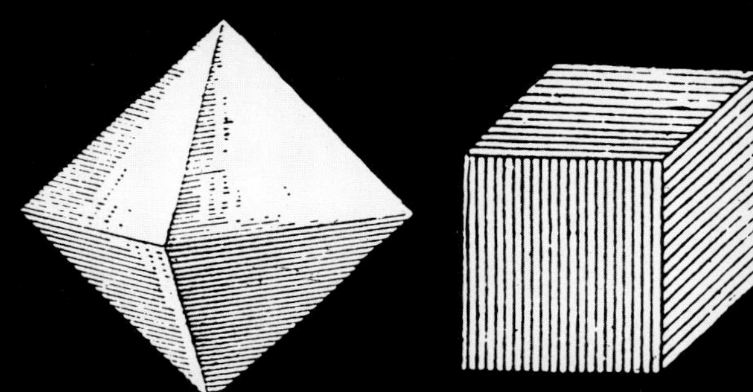

Kubische Kristalle

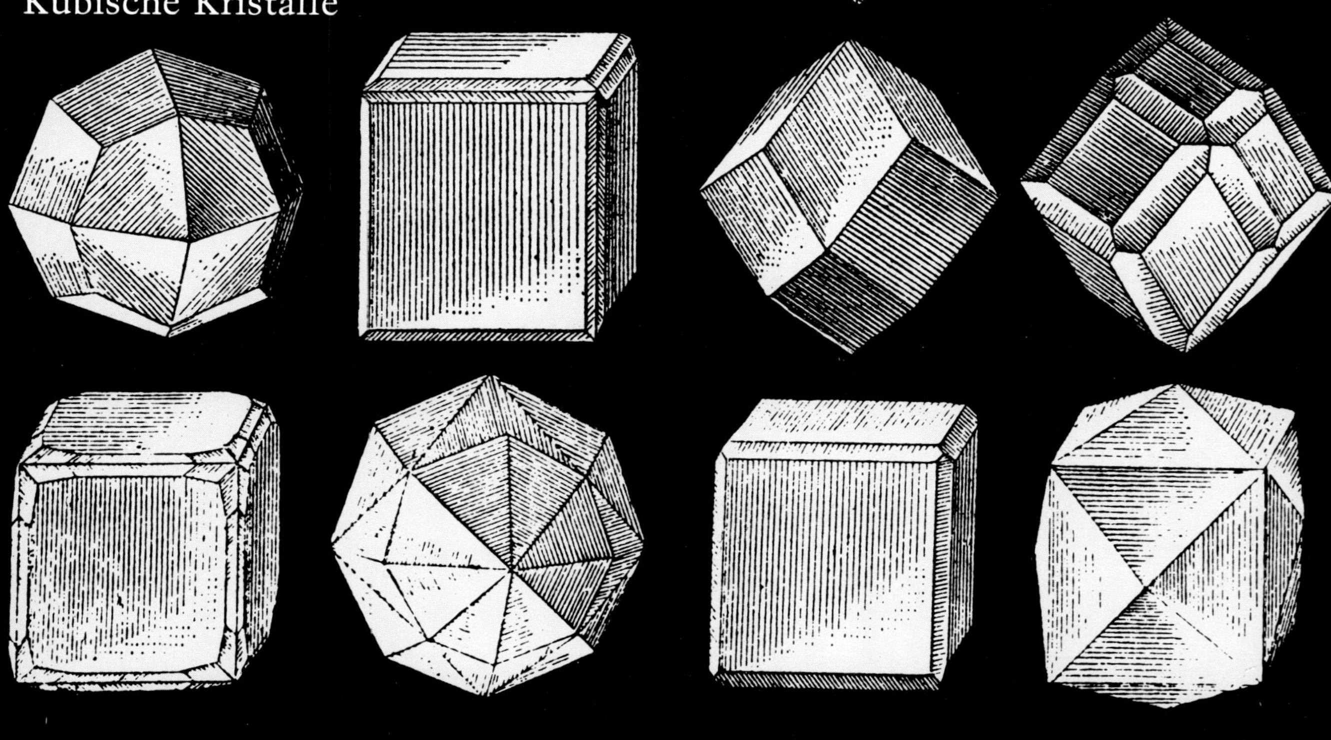

daß das Karat lediglich eine Gewichtseinheit ist, sind sie oft überrascht, daß ein einkarätiger Saphir wesentlich kleiner ist als ein einkarätiger Diamant; der Saphir hat eine höhere Dichte als der Diamant. Da bei Edelsteinen Größe und Gewicht sehr wichtige Merkmale sind, ist die „Dichte", die Meßeinheit, die beide kombiniert ausdrückt, wesentlich. Es ist schwierig, eine Vorstellung von der Dichte eines Edelsteins zu gewinnen, da Größe und Gewicht zugleich betrachtet werden müssen. Wenn wir Eisen und Holz vergleichen, sind wir uns des Unterschieds bewußt. Jedoch ist es strenggenommen nicht richtig zu sagen, daß Eisen mehr wiegt als Holz, weil ein großes Stück Holz mehr als ein kleines Stück Eisen wiegen kann. Nur beim Vergleich zweier gleicher Volumina beider Materialien kann man den Gewichtsunterschied klar und deutlich feststellen. Es wäre unpraktisch, unzählige Gewichts- und Volumenvergleiche zwischen verschiedenen festen Körpern anzustellen, daher vergleicht man sie gewöhnlich mit einem leicht erhältlichen Stoff von bekannter Dichte. Wasser ist das am meisten verwendete Medium, ihm teilt man die Dichte 1 zu. Rubin erweist sich, zum Beispiel, viermal schwerer als das gleiche Wasservolumen; seine Dichte ist daher – im Vergleich zum Wasser – 4. Der Diamant wiegt dreieinhalbmal soviel wie das gleiche Volumen Wasser. Seine Dichte beträgt also 3 1/2.

Elektrische Eigenschaften: Unabhängig von ihrer äußeren Erscheinung und Beständigkeit besitzen Edelsteine eine Anzahl anderer interessanter Eigenschaften. So ist manchmal ihr elektrisches Verhalten bemerkenswert. Museumsdirektoren und Juweliere wissen, daß sich ihre Turmaline auch in hermetisch geschlossenen Vitrinen in kurzer Zeit mit einer dicken Schicht feinen Staubs bedecken. Bei der täglichen Ein- und Ausschaltung des Lichts wird der Turmalin abwechselnd erwärmt oder gekühlt. Bei der Erwärmung lädt er sich auf und zieht die in der Luft schwebenden Staubpartikelchen schnell an. Bald erhält er einen Überzug. Diese Eigenschaft bezeichnet man als Pyroelektrizität, d. h. durch Wärme erzeugte Elektrizität.

Reibt man einen Diamant, Topas, Turmalin oder Bernstein schnell mit einem Tuch, so laden sie sich so stark auf, daß sie Papierstückchen anziehen und festhalten.

Noch bemerkenswerter ist ein anderer, 1880 in Frankreich von Pierre und Jacques Curie entdeckter elektrischer Effekt. Bei der Untersuchung der elektrischen Leitfähigkeit der Kristalle entdeckten die beiden Physiker, daß einige eine meßbare elektrische Ladung entwickeln, wenn sie gepreßt werden. Dieses Phänomen wurde später „Piezoelektrizität" genannt, nach dem griechischen Wort *piezin*, pressen. Schon 1881 vermutete ein anderer Franzose, G. Lippmann, daß es auch die umgekehrte Erscheinung geben müsse. Er nahm an, ein piezoelektrischer Kristall würde durch Aufladung eine Formänderung erfahren. Die Brüder Curie führten den Versuch mit Erfolg durch. Heutzutage wird diese wichtige Eigenschaft dazu angewandt, um mit Quarz und anderen piezoelektrischen Stoffen die Frequenzen der Rundfunksender und elektronischer Geräte konstant zu halten. Wechselstrom und piezoelektrische Kristallplatten müssen übereinstimmend arbeiten; die festgesetzte Größe und Struktur steuern den Stromwechsel so, wie die Kristallplatte ihre Form ändert. Ein solches Gerät wird Frequenzregler

Spaltstück von Calcit, die starke Doppelbrechung zeigend.
Gegenüber: Refraktometer. Das von der Oberfläche des Edelsteins reflektierte Licht wird durch ein Linsensystem zum Beobachter geleitet. Auf der Skala kann der Brechungsindex direkt abgelesen werden.

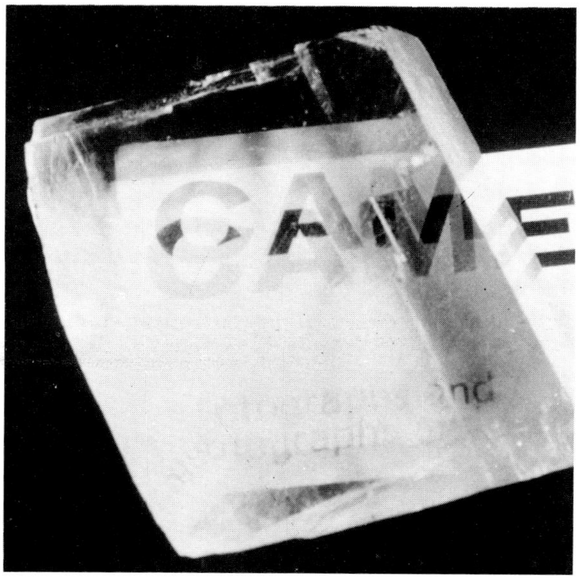

genannt. Ihm ist es zu verdanken, daß man einen bestimmten Sender immer auf dem gleichen Platz der Skala finden kann.

Feststellung der Eigenschaften eines Edelsteins

Oft hat selbst der Spezialist Schwierigkeiten, die Eigenschaften eines Edelsteins festzustellen. Ist der Stein in irgendeinem Schmuck eingefaßt, so ist es nicht leicht, Versuche mit ihm anzustellen. Nicht selten weigern sich die Besitzer, den Stein aus seiner Fassung herauslösen zu lassen, weil sie befürchten, daß er dadurch beschädigt werde. Aber auch dann, wenn der Stein nicht gefaßt ist, besteht die Gefahr, daß der Schliff durch Ritzen, Entnahme einer Probe usw. zerstört oder beschädigt würde. Aber schon die geringste Beschädigung mindert den Wert des Steins. Gewöhnlich muß sich daher die Untersuchung geschliffener Steine auf gefahrlose Tests beschränken. Leider sind es aber gerade einige der besten Untersuchungsmethoden, die ohne Zerstörung des Steins nicht angewendet werden können. In solchen Fällen müssen die Versuche mit ungeschliffenem Material angestellt werden. Sie umfassen die chemische Analyse, die Röntgen-Untersuchung zur Ermittlung des Innenaufbaus und die Feststellung der Ritzhärte nach Mohs. Zu den nichtzerstörenden Tests gehören die Feststellung des Brechungsindex', der Dichte, des Pleochroismus und die Untersuchung fremder Einschlüsse mit dem Mikroskop.

Die Härte: Wie schon erwähnt, wird der Stein durch die Härteprobe zerstört oder beschädigt, da man versucht, ihn mit einem in der Mohsschen Skala angeführten Mineral zu ritzen. Stücke der härteren Mineralien – von der Härtestufe 5 (Apatit) zur Härtestufe 10 (Diamant) sind auf kleinen Metallstiften montiert erhältlich, was die Prüfung erleichtert. Mit Sorgfalt versucht man den Stein mit einem dieser Stifte – zum Beispiel von der Härtestufe 7 – zu ritzen. Ein winziger, fast unsichtbarer Ritz genügt. Vermag die Härtestufe 7 ihn nicht zu erzeugen, versucht man es mit der Stufe 8. Entsteht jetzt ein Ritz, so liegt die Härte des Steins offensichtlich zwischen 7 und 8. Je nachdem, wieviel Kraft beim Ritzen nötig ist, kann man bei hinreichender Übung sogar schätzen, ob sie bei 7, 7 $^{1}/_{2}$ oder 7 $^{3}/_{4}$ liegt.

Brechungsindex: Wir haben schon gesehen, wie Mineralien einen Lichtstrahl brechen. Trifft das Licht die glatte Oberfläche unter einem bestimmten Winkel, so wird es beim Eintritt in den Edelstein gebrochen. Wird die Richtung des Lichtstrahls langsam geändert, so daß er in einem immer flacheren Winkel auf die Oberfläche des Steins fällt, tritt einmal der Moment ein, wo

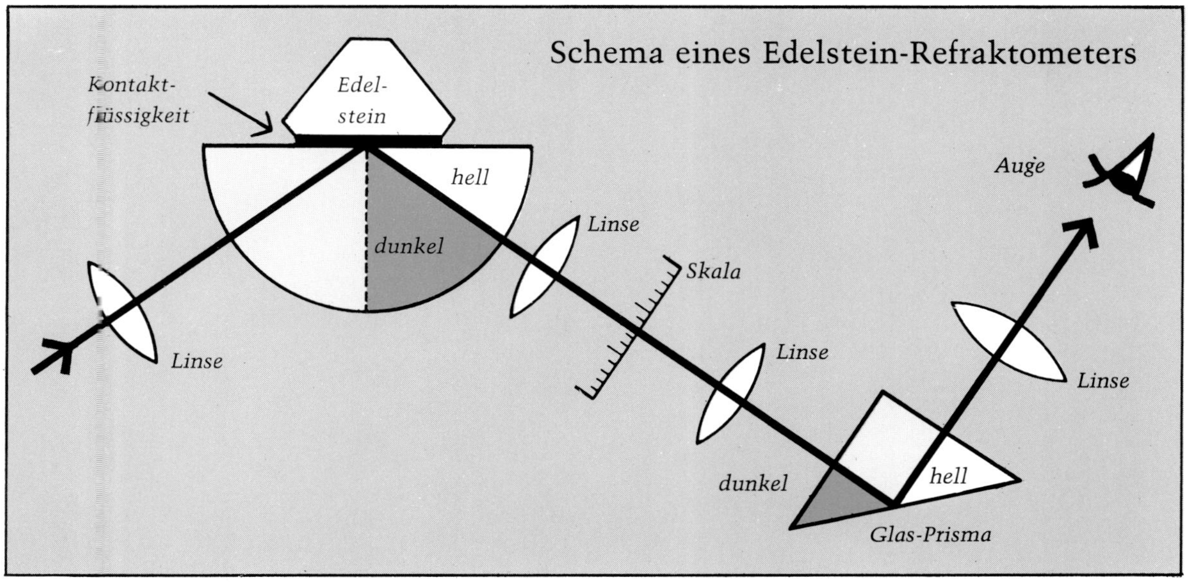

er nicht mehr genügend gebrochen wird, um in den Stein einzudringen; er streift lediglich die Oberfläche. Ist der Einfallswinkel noch geringer, so reflektiert der Stein den Lichtstrahl total. Diesen Winkel nennt man Grenzwinkel der Totalreflexion. Er ist vom Brechungsindex des Edelsteins abhängig. Um ihn einfach und schnell zu messen, wurde ein Gerät mit eingebauter Skala entwickelt, auf welchem man das Brechungsvermögen oder den Brechungsindex direkt ablesen kann, das Refraktometer (wovon es verschiedene Modelle gibt). In dem Gerät ist eine polierte Halbkugel aus Glas mit sehr hohem Brechungsvermögen montiert, auf welche man eine polierte Fläche des Edelsteins legt. Ein Tropfen einer hochlichtbrechenden Flüssigkeit sorgt für einwandfreien Kontakt. Nun läßt man einen Lichtstrahl durch die Glashalbkugel auf den Edelstein fallen. Jeder Strahl, der in das Glas unter einem Winkel eindringt, der noch zur Brechung führt, geht in den zu messenden Kristall hinein, wird damit aus dem Stahlengang des Gerätes herausgebrochen und geht verloren. Das Licht, das unter einem Winkel kleiner als der Grenzwinkel eindringt, wird in das Meßgerät reflektiert, trifft das Okular, und seine Bahn erscheint auf der Skala als heller Streifen. Das Gerät mißt also an sich den Grenzwinkel der Totalreflexion. Dieser Winkel kann einfach auf den Brechungsindex umgerechnet werden, der aus praktischen Gründen auf der Skala bereits umgerechnet ist und somit direkt abgelesen werden kann. Die Messung ist präzis genug, um als sicheres Erkennungsmerkmal zu gelten, und man braucht dann nur eine Tabelle der Brechungsindizes der Edelsteine nachzusehen, um herauszufinden, um welchen Stein es sich handelt.

Daneben gibt es andere, weniger praktische Methoden zur Feststellung der Brechzahl. Eine der besten besteht in der Verwendung einer Reihe von Flüssigkeiten mit bekanntem Brechungsindex. Wird der Edelstein in eine Flüssigkeit von

Links: Diagramm, das die Entstehung der Dispersion als Folge der verschieden starken Brechung des kurzwelligen (violetten) und des langwelligen (roten) Anteils eines Lichtstrahls zeigt.
Rechts: Die Erscheinung des Katzenauges (Chatoyance) entsteht durch Reflexion des Lichtes an zahllosen regelmäßig angeordneten Einschlüssen im Kristall.
Gegenüber: Alte Balkenwaage.

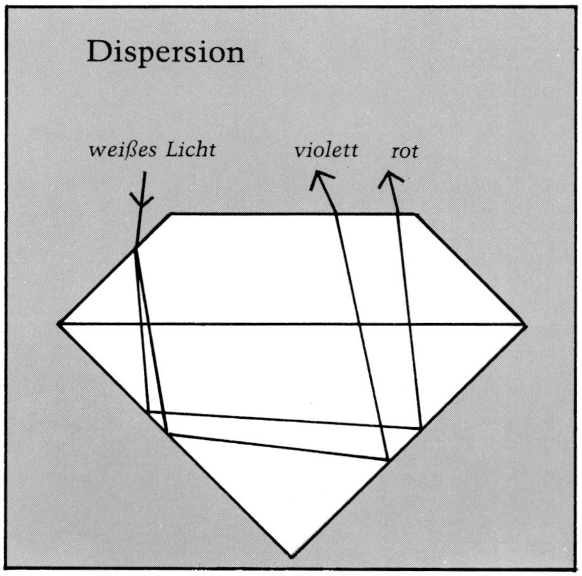

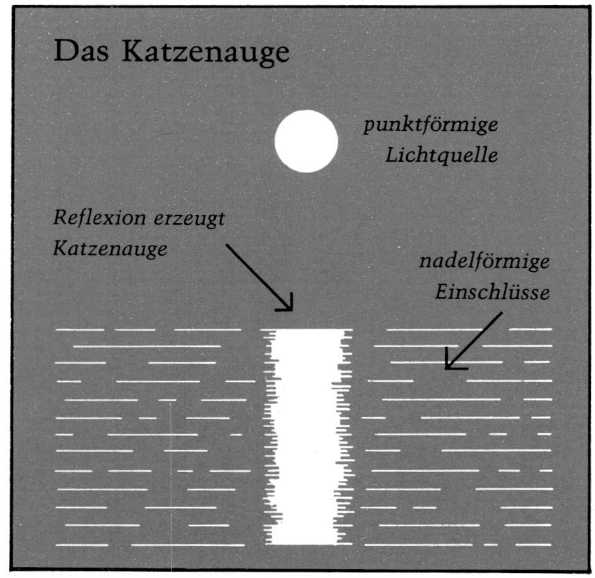

gleicher Brechzahl getaucht, scheint er zu verschwinden, da er keine andere Lichtbrechung erzeugt als die Flüssigkeit, d. h. wir sehen ihn nicht, weil er sich dem Licht gegenüber genau so verhält, wie die Flüssigkeit selbst. Geeignete Probeflüssigkeiten, etwa Nelkenöl (Brechzahl 1,54), um Quarz (1,54) zu testen, Kassia-Öl (1,60) für Topas (1,61) und Methylenjodid (1,74) für Spinell(1,72–1,73) sind leicht zusammenzustellen. Obwohl einige dieser Flüssigkeiten teuer und schwer erhältlich und manchmal so unbeständig sind, daß sie oft erneuert werden müssen, hat diese Methode ihre Vorteile. Man kann sie nämlich auch für sehr kleine Edelsteinfragmente anwenden und kommt ohne die glatten, beim Refraktometer erforderlichen geschliffenen Flächen aus. Verschwindet ein Edelstein in einer Flüssigkeit mit geeigneter Brechzahl, so bleiben die Risse, Flecken und Einschlüsse dennoch sichtbar. Deshalb ist diese Methode gleichzeitig geeignet, den Stein daraufhin zu prüfen, welcher Schliff am günstigsten ist. Auch ermöglicht sie eine leichtere Untersuchung der Natur der Einschlüsse.

Dichte: Die meisten Edelsteine und Edelsteinproben sind groß genug, um genau gewogen zu werden. Erinnern wir uns, daß man unter Dichte oder spezifischem Gewicht das Gewicht des Edelsteins im Vergleich zu dem des gleichen Wasservolumens versteht. Im 3. Jh. vor Chr. entdeckte der griechische Mathematiker Archimedes eine Methode zur Feststellung des spezifischen Gewichts. Er beobachtete, daß ein Gegenstand weniger wiegt, wenn man ihn ins Wasser taucht, und daß der Gewichtsverlust dem Gewicht der Wassermenge entspricht, die er verdrängt. Mit anderen Worten: der Gewichtsverlust entspricht dem Gewicht einer volumengleichen Menge Wassers. Man wiegt das zu untersuchende Stück und stellt dann mit Hilfe eines Meßzylinders fest, welche Menge, welches Volumen an Wasser, die Probe ver-

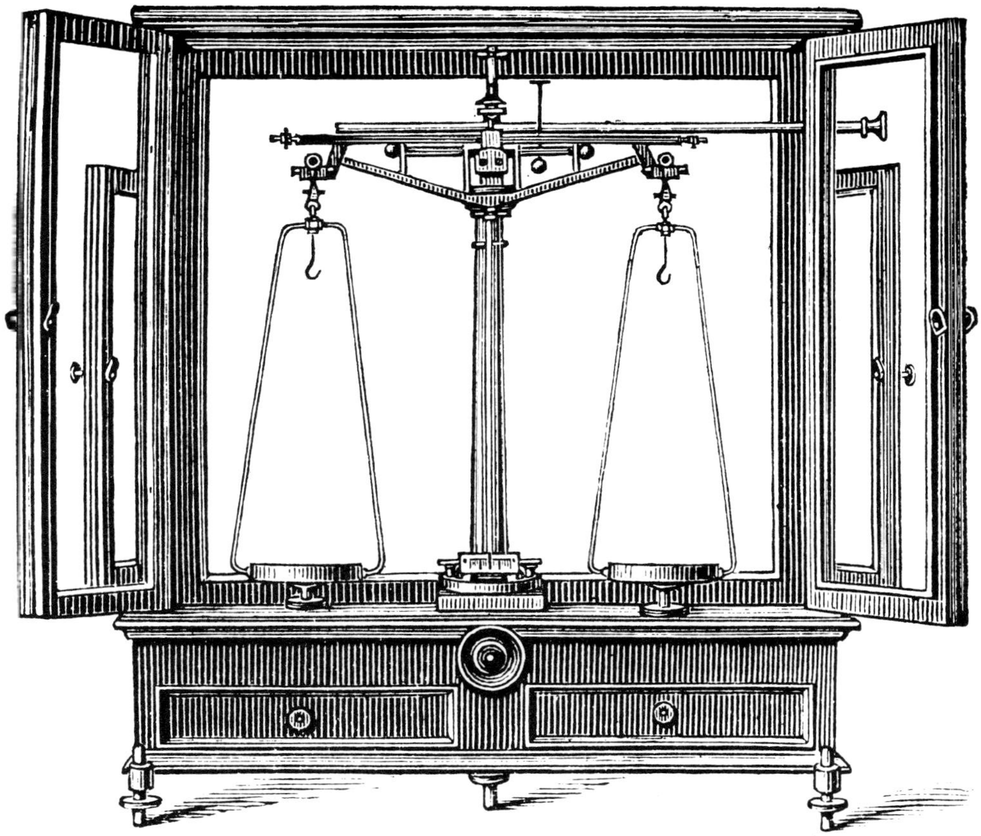

drängt. Dann teilt man das Gewicht (in Gramm) durch das Volumen (in Kubikzentimeter); das Ergebnis ist das spezifische Gewicht, bzw. die Dichte.

Ein Beispiel: Ein Kristall wiegt 14,05 g und verdrängt 5,3 ccm Wasser, 14,05 : 5,3 = 2,65. Diese Dichte hat der Quarz. Exakter läßt sich die Dichte mit einer der Waagen, wie sie auf Seite 58/59 abgebildet sind, bestimmen.

Natürlich hängt die Genauigkeit der Messung von der Präzision der Waage und des Meßzylinders ab. Für größere Edelsteine oder Kristallbruchstücke ist dieses Verfahren hinreichend genau.

Wie der Brechungsindex läßt sich auch die Dichte eines Edelsteins oder eines Fragments mit Hilfe von Flüssigkeiten herausfinden. Man benötigt hierzu Flüssigkeiten bekannter Dichte. Ist ein Stein dichter als die Flüssigkeit, sinkt er, ist er weniger dicht, schwimmt er. Man kann die Dichte noch genauer bestimmen, indem man den Stein in einer dichteren Flüssigkeit schwimmen läßt, der man tropfenweise eine andere Flüssigkeit weniger hoher Dichte zuführt. Sobald die Dichte der Mischung niedriger wird als die des Steins, sinkt dieser ab. Dann mißt man rasch mit einem Hydrometer die Dichte der Mischung, bevor Verdunstung eintritt; sie entspricht derjenigen des Steins.

Pleochroismus: Wie schon erwähnt, kann man an doppelbrechenden Edelsteinen unterschiedliche Farben beobachten, wenn man sie aus verschiedenen Richtungen betrachtet. Meist lassen sich Dichroismus und Pleochroismus wegen zu geringer Farbunterschiede mit dem bloßen Auge nicht feststellen. Mit dem Dichroskop läßt sich der Dichroismus, oder Pleochroismus, jedoch leicht beobachten. In seiner einfachsten Ausführung besteht dieses Instrument aus zwei kleinen Vierecken einer Polarisationsfolie, deren Kanten sich berühren, während die Polarisationsrichtungen der beiden Stücke im rechten

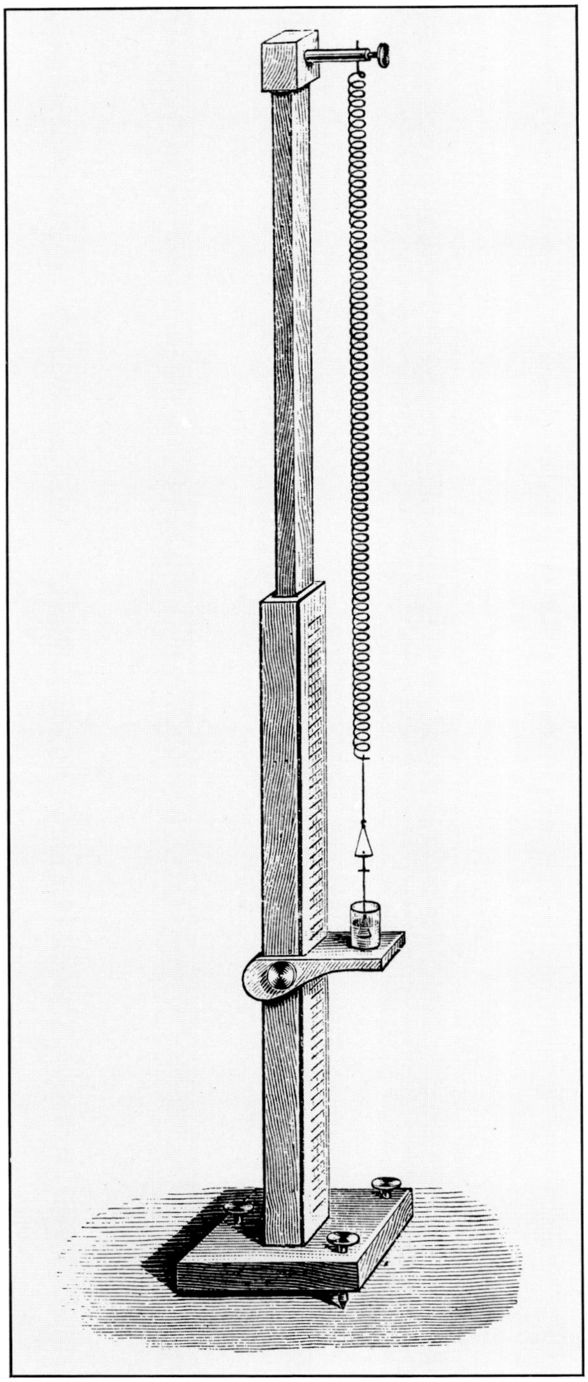

Winkel zueinander stehen. Der Edelstein wird gegen ein starkes Licht durch diese Folie betrachtet. Bei Dichroismus zeigt er, durch das eine Folienstückchen betrachtet, eine andere Farbe als im zweiten. Dreht man den Stein in verschiedene Richtungen, wird möglicherweise eine dritte Farbe sichtbar. Ein Edelstein, der Farbunterschiede aufweist, ist doppelbrechend und kann weder ein kubisches Mineral, noch Glas, noch Kunststoff sein. Bei zwei Farben handelt es sich höchstwahrscheinlich um ein tetragonales oder hexagonales Mineral. Drei Farben treten normalerweise bei orthorhombischen, monoklinen oder triklinen Mineralien auf. Mit dem Dichroskop allein lassen sich Edelsteine nicht bestimmen, doch vermittelt es zusätzliche Hinweise.

Spektralanalyse: Zur Erkennung der farbigen Edelsteine liefert das Edelsteinspektroskop oft sehr nützliche Informationen. Das Prinzip des Instruments beruht auf der Zerlegung des weißen Lichtes in seine Spektralfarben. Durch einen schmalen Spalt fällt Licht auf ein eingebautes Prisma, durch das das weiße Licht zerlegt wird. An dem der Lichtquelle entgegengesetzten Ende des Instruments erscheint auf einem Schirm ein Farbbogen, ein Band sich berührender, parallel verlaufender Streifen verschiedener Farben, von Violett und Indigo über Blau, Grün, Gelb, Orange bis Rot. Der farbige Edelstein wird nun zwischen Lichtquelle und Prisma gelegt. Wie erwartet, absorbiert er einige Farben des weißen Lichts, die nicht in das Spektroskop gelangen. Das Fehlen spezifischer Farben erzeugt im Spektrum schwarze Streifen. Diese für einige farbige Edelsteine sehr typischen Streifen sind sichere Erkennungsmerkmale.

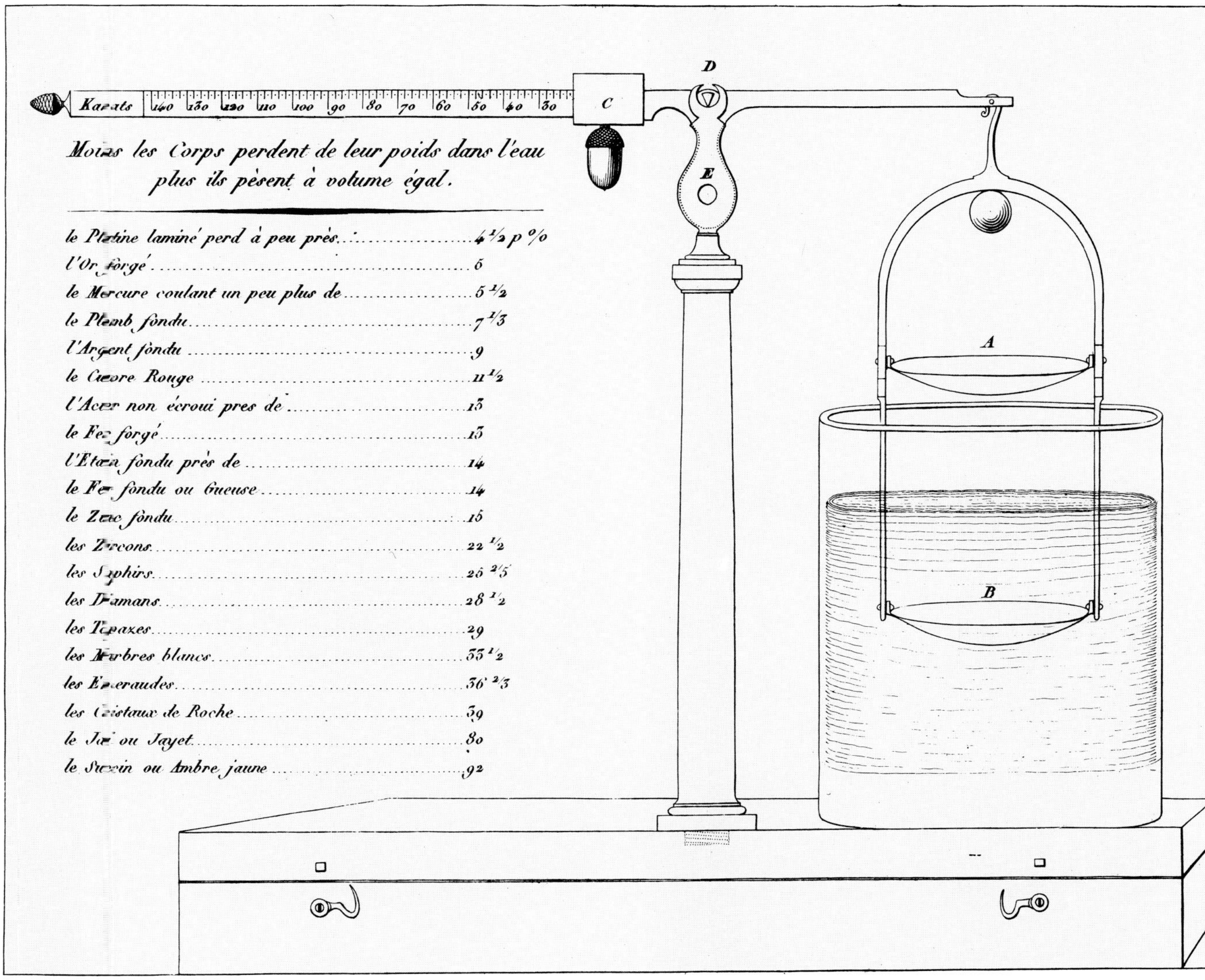

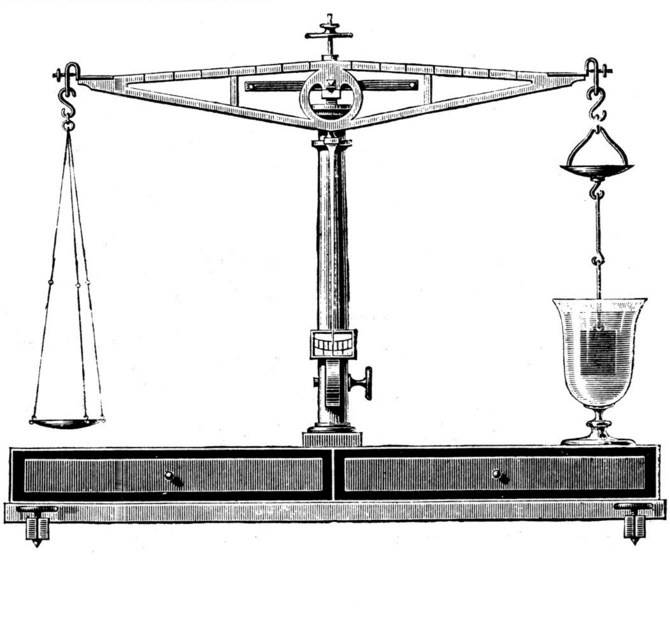

Drei verschiedene Waagen zur Bestimmung der Dichte: Bei der Federwaage (gegenüber) ist die Gewichtsminderung nach Eintauchen der Probe in Wasser an einer vertikalen Skala ablesbar.
Oben: Einschalen-Balkenwaage mit Schiebegewicht und horizontaler Skala.
Links: Normale Zweischalen-Waage mit auswechselbarer Vorrichtung zur Bestimmung der Dichte.

Einschlüsse: Oft ist der Mineraloge, der zum ersten Mal das Innere eines Edelsteins unter dem Mikroskop oder auch nur einer Lupe betrachtet, über die vielen Fremdkörper erstaunt, die er dort entdeckt. Kaulquappenartige, strichartige, runde oder elliptische Blasen sind genauso häufig wie Nadeln, Risse, winzige Kristalle, Halme, fiederige und moosartige Gebilde. Bei 10–40facher Vergrößerung unter dem Mikroskop kann man oft Einschlüsse erkennen, die nicht nur die Natur eines Edelsteines sondern auch seine Herkunft feststellen lassen. Winzige Hornblendeeinschlüsse in einem Smaragd verraten, zum Beispiel, sofort, daß er aus Rußland und nicht aus den berühmten Smaragdminen Kolumbiens kommt.

Einschlüsse sind verschiedener Natur und können auf verschiedene Weise in einen Kristall hineingeraten. So können Körnchen, Nädelchen oder Blättchen anderer Mineralien von dem Edelsteinkristall umwachsen werden. Tröpfchen der „Mutterlauge", in der der Kristall sich bildet, können eingeschlossen werden, oft zugleich mit kleinen Glasbläschen, die beweglich sind. Oft entsteht gleichzeitig mit einer Mineralart eine andere, die den größeren Kristall mit kleinen, manchmal gut ausgebildeten Kriställchen gleichmäßig durchsetzt. Auch bilden sich häufig in dem fertigen Kristall Risse und Spältchen, die mit Flüssigkeit oder nachträglich neugebildeter Mineralsubstanz gefüllt sein können. So entstehen vermutlich die „Fahnen" in Ceylonsaphiren, schwach wellige Flächen, die mit kleinen Flüssigkeitströpfchen besetzt sind. Schließlich können Wachstumsstörungen verschiedener Art das Innere der Edelsteinkristalle beeinflussen, meist eine Folge von Änderungen in der Zusammensetzung der Lösung. So entstehen z. B. Farbstreifen verschiedener Intensität; bekannt sind die der hexagonalen Kristallform folgenden Farbzonen in Saphiren aus Birma.

Die Einschlüsse, als Hilfsmittel zur Erkennung der Edelsteine bedeutsam, wurden systematisch geordnet. Man unterscheidet vier Hauptgruppen: 1. durch Wachstumsstörungen hervorgerufene Farbzonen und -punkte; 2. feste Teilchen einer anderen Mineralart, oder sogar abgesonderte Kriställchen der gleichen Art; 3. Risse oder andere Öffnungen, entweder durch änderes Material verheilt oder mit Gas oder Flüssigkeit gefüllt; 4. Hohlräume, die mit Gas, Flüssigkeit oder kleinen festen Kristallen, manchmal sogar mit allen dreien gefüllt sind.

Die Untersuchung mit Röntgenstrahlen: Röntgenstrahlen vermögen alle Kristallarten zu durchdringen. Wie Lichtstrahlen werden sie dabei gebrochen, aber, wegen ihrer sehr viel kleineren Wellenlängen, nicht infolge einer so „groben" Ursache, wie es der Materialwechsel an der Grenze zwischen Luft und Kristall ist. Vielmehr werden sie an den teilchenbesetzten Ebenen im Kristallgitter gebeugt und interferieren dann, etwa so, wie die Lichtstrahlen bei dem Phänomen der Farben dünner Blättchen (vgl. S. 42), und zwar deshalb, weil die Abstände zwischen den Gitterebenen ungefähr den Wellenlängen der Röntgenstrahlen entsprechen.

Die austretenden Strahlen werden auf einer fotografischen Platte (oder einem Film) festgehalten, jede Teilchenlage ergibt dann eine Markierung. Aus der Verteilung dieser Markierungen kann man, mit Hilfe einer mathematischen Auswertung, das Kristallgitter rekonstruieren. Die am häufigsten angewendete Röntgenuntersuchung ist die Pulvermethode. Hierzu wird in einen hohlen Metallzylinder ein Film eingelegt. In der Mitte des Zylinders ist eine bis in halbe Höhe reichende, drehbare Achse angebracht. Auf diese wird in einem Behälter, oder auch mit Kunstharz gebunden, das Mineralpulver aufgebracht. Durch ein Loch in der Zylinderwand tritt der mit Hilfe von Blenden gebündelte und zentrierte Röntgenstrahl ein und trifft auf die Probe, die sich langsam dreht. Der Hauptteil der Strahlen tritt durch eine gegenüberliegende Öffnung wieder aus. Ein Teil aber wird nun an den zahllosen Gitterflächen in den wirr durcheinanderliegenden Körnchen gebeugt, aber nur dann, wenn die Flächen in bestimmtem Winkel zum Strahl stehen. Die Flächen kommen infolge der beliebigen Lage der Körnchen und der Drehung unzählige Male in die „richtigen" Winkellagen, so daß die Strahlen ständig um genau festgelegte Winkel abgelenkt werden. Auf dem Film entstehen so im Laufe mehrstündiger Belichtung schwarze Streifen, deren Anordnung und Abstände wiederum charakteristisch für jede Mineralart sind. Die Filme werden verwahrt und können, wie Fingerabdrücke, zur exakten Identifizierung verwendet werden. Der Nachteil ist natürlich, daß das zu untersuchende Material pulverisiert werden muß. Es gibt aber auch Verfahren, ganze Kristalle röntgenographisch zu untersuchen, doch sind diese weniger handlich.

Im Laufe der Jahre haben die Mineralogen und Edelsteinkundler eine eindrucksvolle Anzahl von Instrumenten und Verfahren zur Edelstein-Untersuchung entwickelt. Immer mehr Tatsachen, Beobachtungen und Erkenntnisse wurden gesammelt, so daß unser Wissen nun ausreicht, um die allermeisten Probleme der Identifizierung und Verarbeitung zu lösen. Nur ganz seltene oder ungewöhnliche, natürliche Edelsteine bereiten dem Fachmann Schwierigkeiten. Andererseits werden die Herstellungstechniken künstlicher Edelsteine stets verbessert, so daß als neues Problem das der Unterscheidung künstlicher und natürlicher Edelsteine auftritt. Langjährige Erfahrung und umfassende Kenntnisse über natürliche Edelsteine sind also unerläßlich für denjenigen, der sie als solche erkennen möchte.

3 Ersatzsteine und Nachahmungen

Ohne Frage sind auf der ganzen Welt mehr Simili und falsche Edelsteine im Umlauf, als natürliche, einwandfrei identifizierte Steine. Seitdem der Mensch mit Edelsteinen umzugehen gelernt hat, ist das nie anders gewesen. In Plinius' *Naturgeschichte* ist der Stand der Dinge ein für allemal treffend dargestellt: „Wahrhaftig", schreibt er „gibt es auf dieser Welt keinen Betrug und keine Täuschung, die einen größeren Gewinn und Profit erbringen, als die Nachahmung von Edelsteinen". Nun gibt es zweifelsohne eintragsreichere Beschäftigungen und sicherlich ist die Aussage ungerecht denjenigen gegenüber, die mit diesem Handel zu tun haben. Meistens ist die Nachahmung von Edelsteinen auch nicht als Betrug gedacht, und wenn es doch dazu kommt, ist nicht immer der Ersatz oder dessen Hersteller, sondern oftmals eher der Käufer oder Verkäufer selber verantwortlich dafür. Nachgemachte Edelsteine finden ihren Absatz bei allen jenen, die nicht in der Lage sind, gute echte Steine zu kaufen. Auch gibt es viele Leute, die zwar den rein dekorativen Wert der Edelsteine durchaus schätzen, ihr Geld aber woanders investieren wollen.

Leider führen die billig zu erwerbenden, nachgeahmten Steine zu Unsicherheiten und dies ist auch der Grund dafür, daß teuere, natürliche Edelsteine oft nur zögernd gekauft werden, da die potentiellen Käufer das Gefühl haben, dem Juwelier ausgeliefert zu sein. Tatsächlich muß sich der Käufer, der nicht in der Lage ist, echte Steine von nachgeahmten zu unterscheiden, auf die Ehrlichkeit und die Fachkenntnisse des Juweliers verlassen.

Die Interessenten wissen natürlich, daß es zwischen echten und nachgemachten Steinen Unterschiede gibt, die der Fachmann leicht feststellen kann. Solange dieses Gefühl durch die Tatsachen bestätigt wird, wird die Nachfrage nach echten Edelsteinen groß bleiben. Zur Zeit ist es relativ leicht, Fälschungen zu erkennen. Mit der Entwicklung neuer Herstellungs- und Verarbeitungsmethoden wird aber die Identifizierung der Edelsteine und die Feststellung der Unterschiede immer schwieriger. Ein Fachmann wird wohl nicht gern zugeben, daß er nur deshalb an der Echtheit eines bestimmten Rubins anfangs zweifelte, bloß weil der Stein einfach zu schön und zu vollkommen war, um echt zu sein.

Die Frage der Edelsteinnachahmung geht über den einfachen Gegensatz zwischen echten und falschen Steinen hinaus. Es gibt allerlei Arten von Simili-Edelsteinen, angefangen bei denjenigen, die mit den echten fast identisch sind, bis zu den billigen Glas- und Plastikimitationen, die jeder Laie erkennen kann. Die einfachste Fälschung besteht darin, daß man einen wertvollen Edelstein durch einen weniger wertvollen ersetzt, der ihm sehr ähnlich ist, z. B. Rubin durch Spinell. Hinzu kommen die zusammengesetzten, die rekonstruierten, und die industriell, „synthetisch" hergestellten Edelsteine und schließlich sogar bearbeitete und veränderte natürliche Steine.

Ähnliche Edelsteine

Oberflächlich betrachtet, ähneln sich einige Edelsteine, zumindest was die Farbe betrifft. Dies erweckt den Gedanken, einen minderwertigen Stein die Rolle eines wertvolleren spielen zu lassen. Im allgemeinen täuschen solche Er-

Vorhergehende Seiten: Synthetische und gefärbte Edelsteine, Imitationen. Darunter gefärbte Achate, synthetischer Quarz, künstliche Perlen, Glas, synthetische Rubine.

satzsteine nur von der Ferne, halten aber einer näheren Betrachtung nicht stand. Einige allerdings kann nur der Fachmann entdecken. Der sehr teure und höchst bewunderte Diamant reizt besonders zur Nachahmung. Meist wird der Versuch unternommen, ihn durch den farblosen Zirkon und farblosen Saphir zu ersetzen. Farbloser Quarz wurde auch verwendet, jedoch mit weniger Erfolg. Der Zirkon ist deshalb am besten geeignet, weil er eine hohe Lichtbrechung und daher ansehnliches „Feuer" besitzt, im Gegensatz zu Saphir, Quarz und Glas. Hingegen hat Zirkon nur Härte 7 und ist obendrein spröde. Der farblose Saphir hat zwar Härte 9, ist aber am fehlenden Feuer leicht zu erkennen. Zirkon, Saphir und Quarz sind doppeltbrechend. Unter der Lupe erscheinen daher die Kanten der hinteren Facetten verdoppelt, während jede Kante des einfach lichtbrechenden Diamanten als Einzellinie zu sehen ist.

Roter Granat und roter Spinell sind gute Ersatzsteine für Rubin, lassen sich aber durch das Fehlen der Doppelbrechung leicht erkennen.

Zweifelsohne sind die meisten „Rubine", die allerlei Schmuckstücke verschiedener Qualität zieren, falsch oder künstlich. Gute rote, vor allem große Rubine sind sehr selten. Als Hauptbeispiele eines durch einen roten Spinell mit Erfolg ersetzten Rubins haben wir schon den Black-Prince's Ruby und den Timur-Rubin erwähnt. Die kombinierte Messung von Dichte, Härte und Brechungsindex würde die Wahrheit ans Licht bringen; leider können solche Messungen nicht an Edelsteinen durchgeführt werden, die in Schmuckstücken montiert sind. Die mikroskopische Untersuchung der Einschlüsse ersetzt oft andere Tests. Ein gutes Beispiel dafür ist die sogenannte „Seide", die man oft an Birma-Rubinen beobachten kann. In der Edelsteinkunde bezeichnet man mit „Seide" den schimmernden, weißlichen Schein, der durch die Lichtreflexion an einer Reihe winziger, in Winkeln von 120 Grad zueinander stehender Rutilnadeln in den hexagonalen Rubinkristallen hervorgerufen wird. Auch an Ceylon-Rubinen kann man Rutileinschlüsse beobachten; die Nadeln sind aber länger und stehen weiter auseinander. Manchmal sind winzige braune Zirkonkristalle eingeschlossen. Die mit zahlreichen Fotos ausgestatteten Arbeiten des Schweizers E. Gübelin über Einschlüsse liefern einen wertvollen Beitrag zur Erkennung der Edelsteine.

Die Liste der Ersatzedelsteine ist viel länger als diese Aufzählung einzelner Beispiele. Zu erwähnen wären grüner Turmalin als Ersatz für Smaragd, oder gelblich-brauner Citrin als Ersatz für Topas. Citrin, eine gelbbraune Variante des Quarzes, wird als „brasilianischer Topas" und mit anderen Phantasienamen auf dem Markt angeboten und ist meist sogar nicht einmal echter Citrin, sondern gebrannter Amethyst. Phantasienamen sind im Edelsteinhandel weitest verbreitet. Die schlimmsten Missetäter dieser Art sind die Saphire verschiedener Farben. Sie wurden als „orientalischer Topas", „orientalischer Smaragd", „orientalischer Aquamarin" und „orientalischer Amethyst" verkauft, je nach dem Stein, dem sie ähneln und den sie ersetzen können. Diese Bezeichnungen sind zwar nicht mehr gebräuchlich, jedoch treten zahllose andere an ihre Stelle. Wie zahlreich diese Ersatz-Steine auch sind, so kann man sie doch immer auf die eine oder die andere Weise relativ leicht erkennen.

Nachgemachte Edelsteine

Die Ägypter gelten als die ersten, denen es gelang, Edelsteine nachzuahmen. Die Entdeckung von Objekten, die auf 4700 v Chr. zurückgehen, sind sichere Beweise ägyptischer Herstellungskunst. Halsbänder und Ohrgehänge wurden damals aus einem als Fayence bezeichneten Material – das sind Quarzkörner, mit einer farbigen glasähnlichen Glasur überzogen – gefertigt. Kurz vor 1600 v. Chr. verwendeten die Ägypter echtes Glas für die gleichen Zwecke wie Fayence. Heutzutage, etwa 36 Jahrhunderte später, ist Glas in seinen verschiedenen Formen immer noch das bei der Nachahmung von Edelsteinen meistbenützte Material. Der Edelsteinhersteller von heute findet beim Glas so viele Arten, Farben und allgemeine Eigenschaften, wie er sich nur wünschen kann. Allen Gläsern fehlt jedoch etwas ganz Wesentliches: die Härte. Beim stetigen Gebrauch verschleißen die Edelsteinimitationen aus Glas, sie zeigen bald eine verkratzte Oberfläche und werden stumpf. Dennoch läßt sich viel machen, um Edelsteine aus Glas reizvoll zu gestalten; und wenn sie abgenützt sind, lassen sie sich preiswert ersetzen.

Glas besteht im Grunde aus zusammengeschmolzenem Quarzsand und Soda oder Pottasche, Kalk und Bruchglas zur Förderung des Schmelzprozesses. Man kann andere Stoffe hinzufügen, wie Bleioxid und Bariumoxid, um den Glanz und das Gewicht zu erhöhen, verschiedenartige Metalloxide zur Färbung oder Manganoxid zur Beseitigung jeder Farbe. Kobaltoxid färbt das Glas blau und Chromoxid grün.

Die besten Imitationen sind aus Straß, dessen Zusammensetzung etwas variiert, im allgemeinen aber aus zusammengeschmolzenem Quarz (38 %), rotem Bleioxid (53 %) und Kaliumkarbonat (8 %) besteht. Es ist ein glänzendes, weiches Glas mit relativ hohem Brechungsindex. Seinen Namen verdankt es dem Erfinder, dem Österrei-

Links: Korund-Schmelzbirnen und geschliffener synthetischer Stein in verschiedenen Farben, hergestellt nach dem Verneuil-Verfahren.
Unten: Zusammengesetzter Stein aus Granat und Glas, sogenannte Dublette.

cher Josef Strasser. Solche Bleioxide enthaltende Glasarten werden auch als „Flintglas" bezeichnet und sind wegen ihres hohen Brechungsindex für optische Zwecke sehr geeignet. Das billigere Flaschenglas verwendet man zur Herstellung von Modeschmuck. Es gibt mehrere Arten, Glas zu „Edelsteinen" zu verarbeiten. Man kann das noch geschmolzene Glas einfach in eine Form gießen und die abgekühlten „Steine" unmittelbar verwenden oder an der oberen Fläche schleifen. Bei besserem Material werden alle Flächen geschliffen. In manchen Fällen werden sie nach Bestellung aus einem Glasstab oder einer Platte herausgeschnitten.

Um das Aussehen der „Steine" zu verbessern, werden diese Imitationen noch weiter behandelt. Um Lagerbestände in verschiedenen Farben zu vermeiden, produzieren die Hersteller zum Beispiel einen Vorrat farbloser Glasedelsteine, deren Rückseite sie je nach Bestellung mit einer Farbe besprühen und dann mit einer spiegelnden

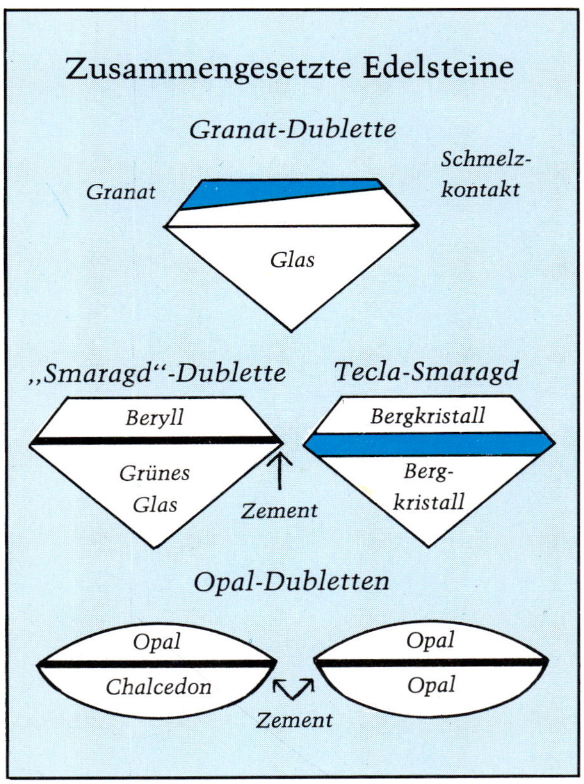

Henri Moissan, französischer Chemiker, und Zeichnung des elektrischen Ofens, in dem er die ersten synthetischen Diamanten herstellte; der Versuch gelang jedoch kein zweites Mal.
Gegenüber: Schmelztiegel mit synthetischen Rubinkristallen, darunter typische Schmuckstücke aus solchen Rubinen (1891).

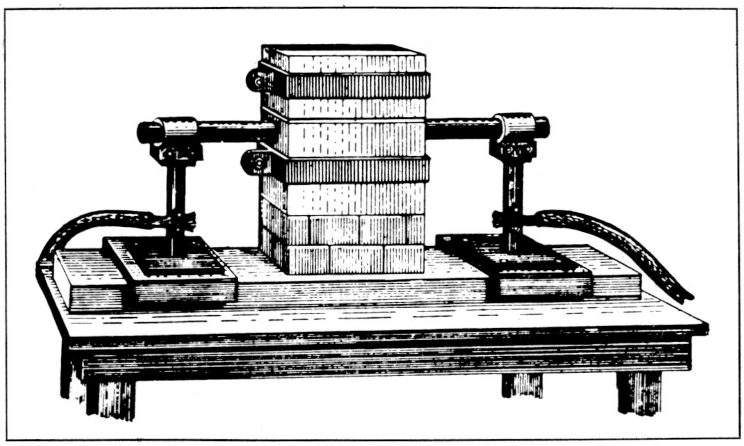

Masse bedecken. Manchmal geschieht dies auch nur, um den Glanz zu steigern. Ein älteres, ähnliches Verfahren bestand darin, bei der Fassung eine Folie hinter dem künstlichen Edelstein anzubringen.
Besondere undurchsichtige oder halbdurchsichtige Glasarten verwendet man als Ersatz für undurchsichtige Edelsteine. Es gibt sehr gute Glasimitationen von Lapislazuli, Jade und Türkis. Aventuringlas ähnelt keinem natürlichen Edelstein, wird aber als Modeschmuck geschätzt. Bei der Erstarrung einer Glasmasse mit Zusatz von Kupferoxid bilden sich winzige hexagonale Kupferplättchen, die das Licht reflektieren und ein goldenes Glitzern erzeugen.
In den letzten Jahren bieten sich zur Nachahmung von Edelsteinen eine ungeheure Anzahl von Kunststoffen an, die im allgemeinen jedoch nicht so günstig sind wie Glas, da ihnen Härte und Glanz fehlen. Dagegen sind sie wegen ihres leichten Gewichts für Dekorstoffe geeignet. Auch nehmen sie genau die Form der Schablone an und bilden, im Gegensatz zu Glas, Steine mit scharfen Kanten, so als seien sie von Hand geschliffen. Die am meisten irreführenden Kunststoffimitationen sind aus Bakelit, Araldit und anderen Harzarten, die Bernstein vortäuschen. Oft können sie nur durch empfindliche chemische Tests vom echten Bernstein unterschieden werden. Der erste Kunststoff, der in der Herstellung von Simili-Edelsteinen Verwendung fand, war Zelluloid. Große Mengen geschnitzten „Elfenbeins" wurden auf diese Weise erzeugt. Viele waren nur gegossen, andere wirklich geschnitzt. Leider ist der Stoff leicht brennbar, fast explosiv, so daß er durch Zelluloseacetat und später durch andere Kunststoffe, die einen weißen Füllstoff und Pigmente enthalten, ersetzt wurde.
Glas und Kunststoffe sind so weit davon entfernt, den traditionellen Ansprüchen an die Edelsteine: Beständigkeit und Seltenheit – zu genügen, daß sie kaum die Nachfrage nach echten Steinen beeinflussen können. Schließlich geht es ja am Edelsteinmarkt um den Handel mit Luxuswaren, und der Wunsch nach Dauerhaftem, Seltenem wird ja nicht so sehr von wirt-

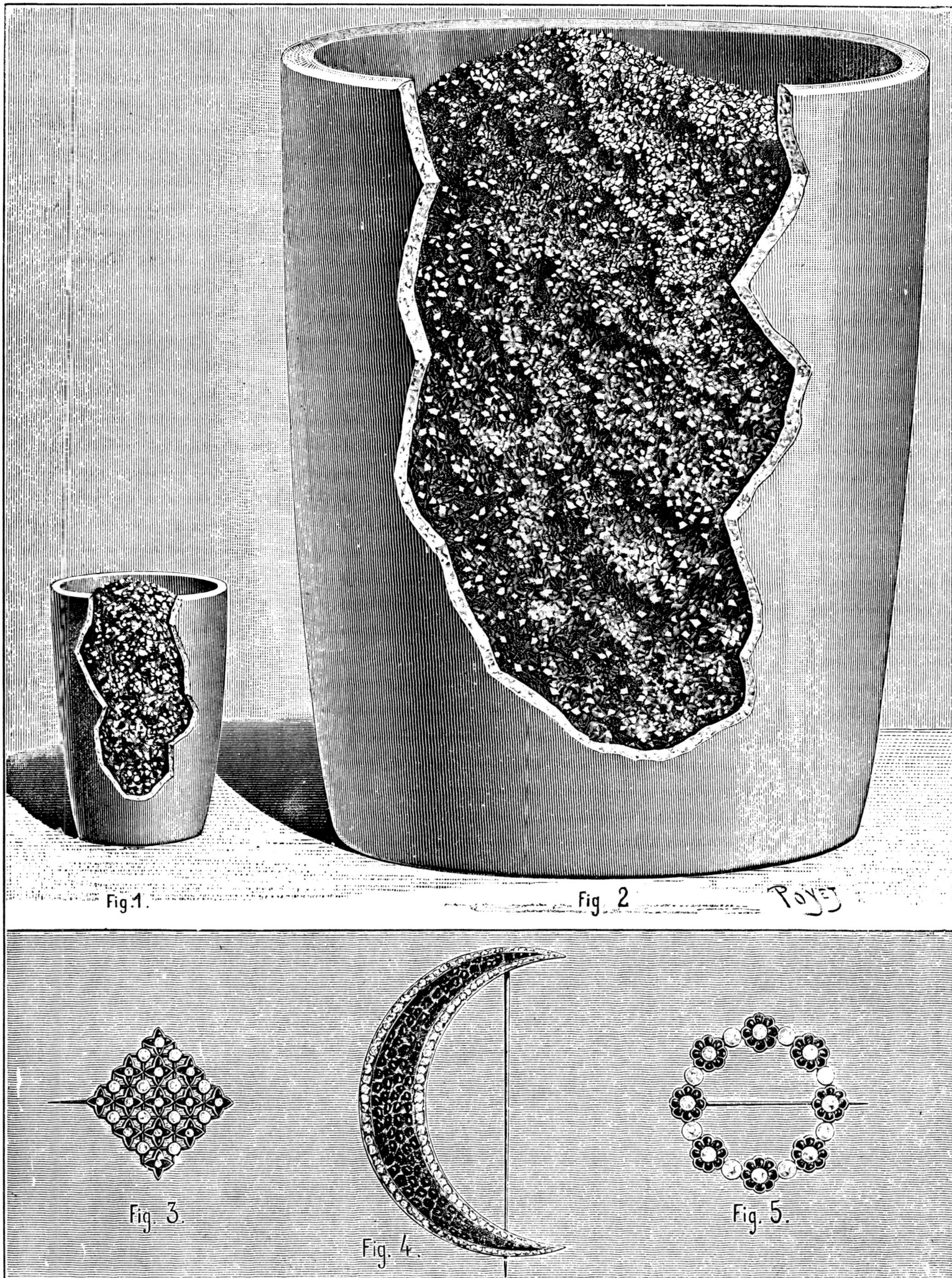

Fig. 1. Fig. 2

Fig. 3. Fig. 4. Fig. 5.

Der französische Chemiker Victor Louis Verneuil und seine Zeichnung des ersten Verneuil-Schmelzofens (veröffentlicht 1902), in welchem er synthetische Rubine und Saphire erzeugte. Unten: Einfaches Schema des Verneuil-Ofens.

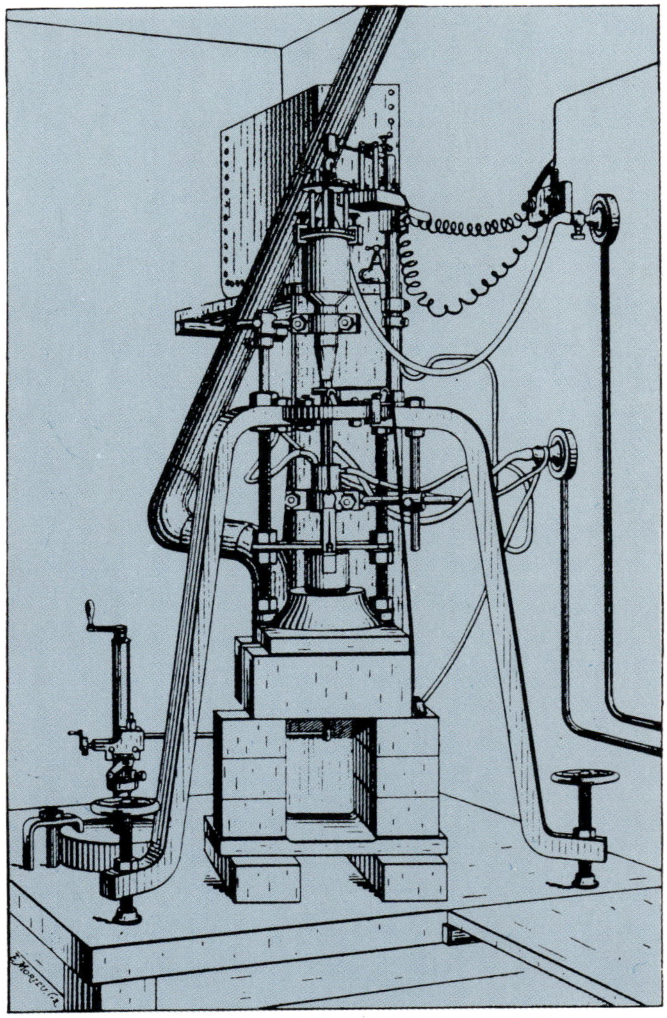

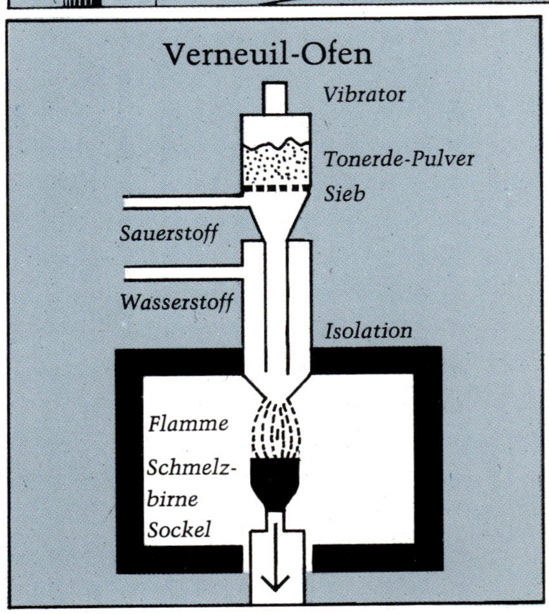

schaftlichen Überlegungen, noch vom Schein oder dem Ausmaß des Angebotes diktiert.

Zusammengesetzte Edelsteine

Um die Qualität der Simili-Edelsteine zu verbessern, wurden allerlei Montageverfahren entwickelt. So kann man Stücke von natürlichen Edelsteinen mit Imitationen zusammenkitten oder -schmelzen, und erhält so akzeptable – oder auch besonders täuschende – Steine. Der einfachste dieser Art wird „Dublette" genannt, da er aus nur zwei Stücken besteht. Dem Mangel an Härte, einem der Hauptprobleme bei der Herstellung von Imitationen, kann durch eine Kappe aus einem härteren Material abgeholfen werden. Eine typische Dublette erhält man durch das Einschmelzen einer dünnen Granatplatte in ein farbiges Glaskügelchen. Die Verbindung wird dann so geschliffen, daß der Granat die „Tafel" – das ist die oberste Schlifffläche eines Steins – bildet. Die Platte ist so dünn, daß die rote Farbe des Granats nicht in Erscheinung tritt, sondern der ganze Stein behält die Farbe der Glaskugel. Diese Art Dublette ist leicht erkennbar, andere jedoch sind es weniger und verleiten zum Betrug. Man kann zum Beispiel ein Unterteil aus grünem Glas mit einem Oberteil aus farblosem oder schwach gefärbtem Beryll zusammenkitten. Bei der Prüfung der Härte und des Brechungsindex zeigt der obere Teil des Edelsteins die für den Beryll typischen Werte, während das den ganzen Stein färbende grüne Glas ihn wie leuchtender grüner Beryll oder Smaragd erscheinen läßt. Ein Diamantoberteil auf einer farblosen Saphir- oder Spinellbasis kann mit einem Diamanten verwechselt werden. Diese Art Dublette ist nicht leicht zu erkennen, wenn die Naht in einer Einfassung gut verborgen ist. Eine täuschende Imitation ist der „Tecla-Smaragd", dessen aus hellem Beryll, Quarz, farblosem Saphir oder Spinell bestehender oberer und unterer Teil durch eine dünne Schicht aus grünem Zement verbunden ist, die dem ganzen Stein Farbe verleiht.

Opal ist für die Herstellung von Dubletten sehr geeignet, da er meist undurchsichtig ist, so daß man durch das Oberteil die Nahtstelle unmöglich sehen kann. Solange die Naht um die Kanten in einer Einfassung verborgen ist, darf sogar das Unterteil sichtbar sein. Auch wenn das Unterteil ein sehr schlechter Opal ist, entsteht kein Verdacht, da man sogar bei den besten Opalen an der Rückseite keine so hohe Qualität wie an der Vorderseite erwartet. Manchmal kann ein Unterteil aus schwarzem Glas oder einem schwarzen Stein die Farbentfaltung einer dünnen Edelopalplatte steigern. Eine Dublette, die Opal mit begrenztem Erfolg nachahmt, besteht aus einem Oberteil aus Glas oder Bergkristall, das auf eine Perlmutterplatte aus einer Ohrschnecke aufgekittet ist. Die menschliche Findigkeit hat sogar eine aus drei Teilen (Triplette) bestehende Opalimitation hervorgebracht. Dazu wird eine Opaldublette mit einer geeigneten gebogenen Quarzkappe bedeckt, die den Glanz der Farben steigert und den weicheren Opal vor Abnützung schützt.

„Tripletten" sind nicht auf Opale beschränkt. Gelegentlich findet man bei dem schon erwähnten „Tecla-Smaragd" eine zwischen Ober- und Unterteil eingefaßte Mittelschicht aus grünem Glas. Schwach gefärbte Jadecabochon-Dubletten werden leicht ausgehöhlt und das Jade-Un-

Skizzen der Apparate zur Züchtung von Kristallen aus der Schmelze (links) und nach der Czochralski-Methode (rechts). Gegenüber: Kristalle von YAG (Yttrium-Aluminium-Granat), ein schwachgefärbter, hochlichtbrechender synthetischer „Edelstein", der in der Natur nicht vorkommt.

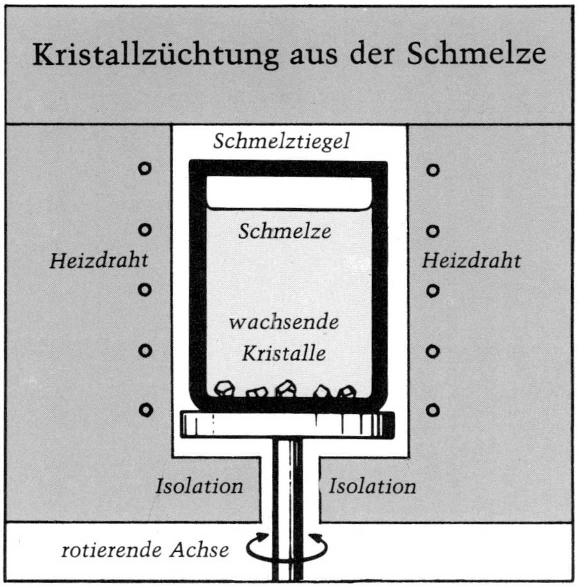

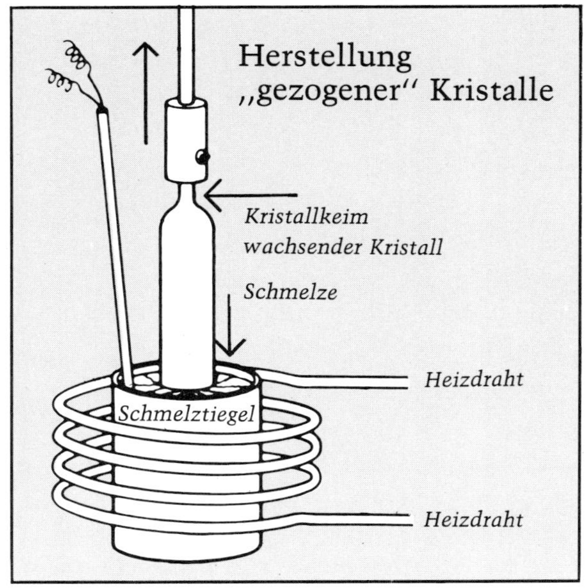

terteil mit leuchtendem grünen Zement in die Höhlung eingekittet.

Wie täuschend sie auch sein mögen, wenn man sie flüchtig betrachtet: zusammengesetzte Steine sind schon unter geringer Vergrößerung leicht als solche zu erkennen. Gewöhnlich sieht man die Nahtstellen, es sei denn, sie seien kunstvoll verdeckt. Aber auch in diesem Fall genügt ein Blick in das Innere des Steins von oben, um eine Luftblasenschicht an der Stelle zu entdecken, wo die Teile zusammengekittet oder -geschmolzen sind. Oft sind auch die Einschlüsse im Ober- und im Unterteil sehr verschieden und gehen nicht von oben nach unten über.

Rekonstruierte Edelsteine

Die einzigen gelungenen Versuche, kleine, wertlose Edelsteinfragmente zu verkäuflichen Steinen zu ergänzen, wurden mit Rubin, Beryll und Bernstein unternommen. Zu Beginn der 80er Jahre erzeugte in der Schweiz ein unbekannter Fälscher in seinem Labor ansehnliche Rubine, deren Angebot auf dem Edelsteinmarkt Verwirrung stiftete. Man entdeckte, daß sie aus zusammengeschmolzenen Stückchen natürlichen Rubins bestanden. Versuche zeigten, daß Rubinkörner erweichen, wenn man sie auf 1800° C erhitzt. In diesem Zustand lassen sie sich zusammenschweißen und werden bei der Abkühlung zu einer einzigen festen Masse. Leider wird bei 1800° C das für die Farbe ausschlaggebende Chrom ausgetrieben, so daß eine blasse bis farblose Masse entsteht. Um die Farbe wiederherzustellen, genügte es jedoch, dem „rekonstruierten" Rubin vor der Abkühlung Chromoxid zuzufügen. Sobald man die wirkliche Natur der „Genfer Rubine" entdeckt hatte, sank ihre Stellung auf dem Markt und schon um die Jahrhundertwende waren sie nicht mehr im Handel.

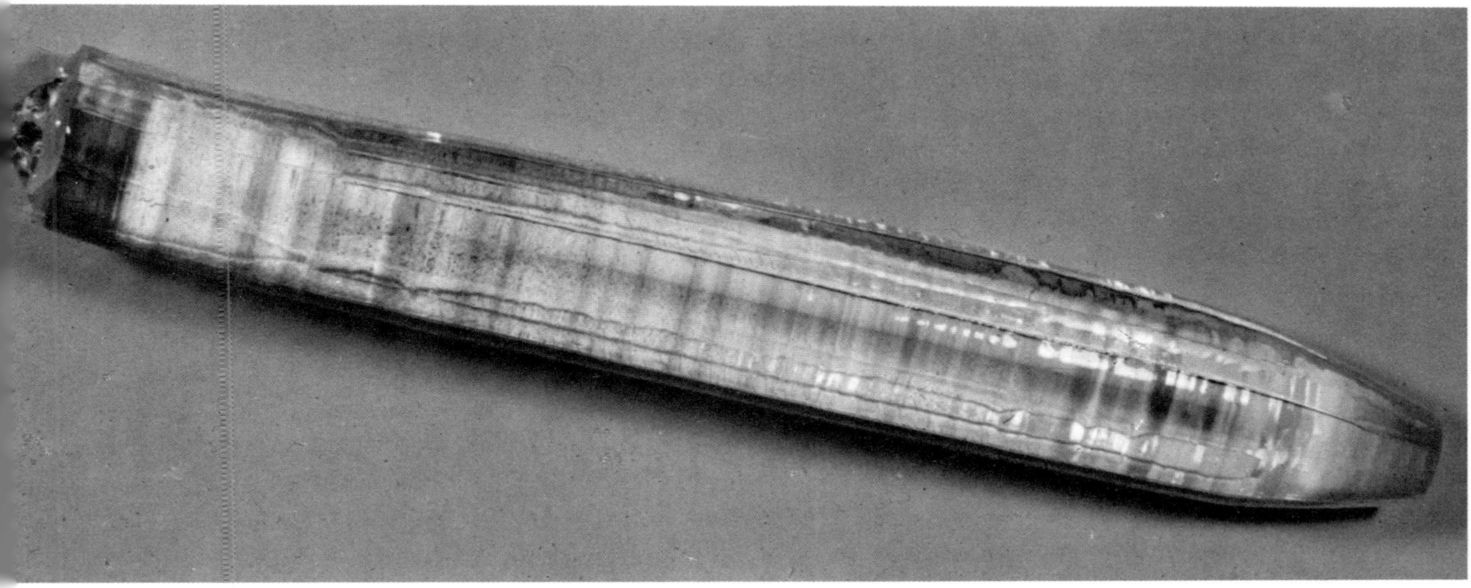

Eines längeren Erfolgs erfreute sich zusammengefügter Bernstein. Bei der Bernsteinverarbeitung fallen Reste und Bruchstücke an, die zu klein zum Schleifen oder Schneiden sind. Sie werden in einer hydraulischen Presse unter hohem Druck und bei einer Temperatur von etwa 180° C – ohne Luft – zu einer Masse zusammengepreßt, die sowohl das Aussehen wie auch die sonstigen die Eigenschaften nicht behandelten Bernsteins hat.
Versuche, Bruchstücke von Smaragd oder andersfarbigen Beryllarten zu verschmelzen, haben zu überraschenden Ergebnissen geführt. Erhitzter Beryll ergibt nach der Abkühlung echtes Glas mit Zusammensetzung des Berylls. Dieses Glas hat eine geringere Dichte und Härte und einen niedrigeren Brechungsindex als echte Berylkristalle. Wegen dieser abweichenden Eigenschaften ist es, auch wenn die Farbe stimmt, nur ein mittelmäßiger Ersatz.

Synthetische Edelsteine

Ein wichtiges Kapitel jeder modernen Edelsteinkunde sind die künstlich hergestellten Edelsteine. Diese synthetischen, industriell erzeugten Steine sind die bei weitem besten „Imitationen". Manchmal ist es sogar sehr schwierig, sie als solche zu erkennen, da sie die gleiche Zusammensetzung und die gleichen physikalischen Eigenschaften wie ihre in der Natur vorkommenden Gegenstücke aufweisen. Sie übertreffen sie teils sogar an Größe und Vollkommenheit. Ein zehnkarätiger Rubin mit einem Minimum an Einschlüssen und Flecken kommt in der Natur äußerst selten vor. Makellose Rubine von schöner Farbe und in nahezu jeder gewünschten Größe werden in der Industrie in riesigen Mengen hergestellt. Der Preisunterschied zwischen einem echten und einem synthetischen Rubin von fast gleicher Vollkommenheit

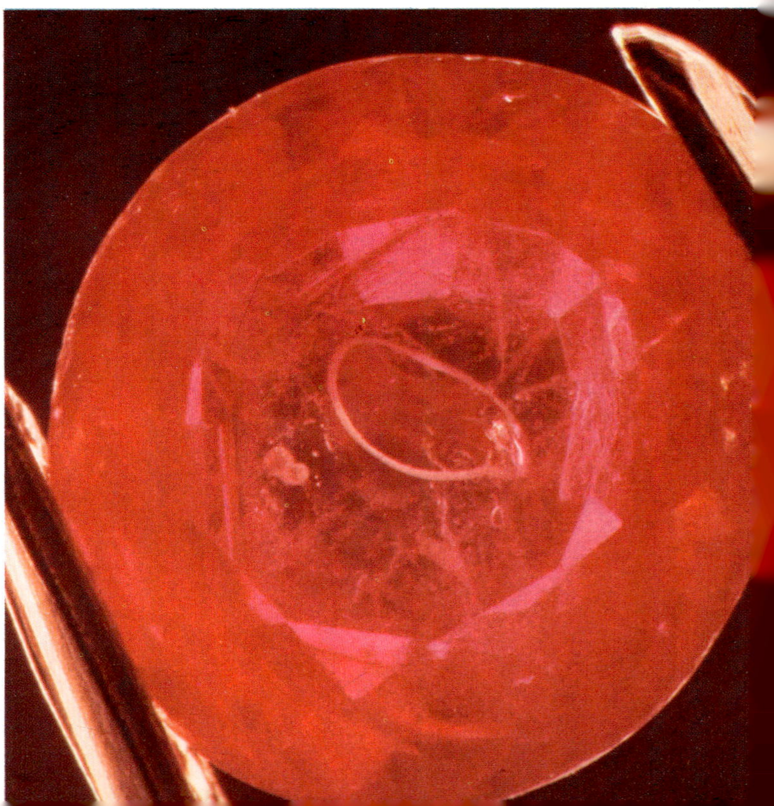

Synthetischer Smaragd (Treppenschliff), hergestellt nach der Methode von Gilson.
Unten rechts: Nach dem Verfahren von Chatham erzeugter synthetischer Rubin; in der Mitte ist der Kristallkeim erkennbar.
Unten links: Rubin-Kristall, im hydrothermalen Verfahren hergestellt.

ist lächerlich groß: der natürliche kostete etwa 500mal soviel wie der synthetische. Der Durchbruch zur künstlichen Erzeugung, zur „Synthese", schöner Edelsteine von gleicher chemischer Zusammensetzung und innerer Struktur wie ihre natürlichen Gegenstücke gelang 1891, als der französische Chemiker Auguste Verneuil und sein Mitarbeiter E. Frémy, Rubine, die für Schmuckzwecke geeignet waren, herstellten. Wenig vorher war C. Feil und E. Fremy die Synthese der ersten kleinen Rubine überhaupt geglückt. 1892 reichte Verneuil bei der Akademie der Wissenschaften in Paris versiegelte Papiere ein, die sein Verfahren in allen Einzelheiten darlegten. Heute ist diese Methode als Schmelztropf-Verfahren oder Verneuil-Synthese bekannt; sie wird mit geringen Änderungen genauso angewandt, wie er sie beschrieb. Auf gleiche Weise werden übrigens auch andere Edelsteine synthetisch hergestellt. Erst 1902 veröffentlichte Verneuil den Inhalt seiner Papiere: damit hatte die industrielle Herstellung künstlicher Edelsteine ihren Anfang genommen. Verneuil hatte eine Art umgekehrtes Lötrohr entwickelt. Tonerde (Al_2O_3) wird in Pulverform zusammen mit einem Chromfarbstoff in die 2100° heiße Flamme eines nach unten brennenden Knallgasgebläses gesiebt, schmilzt und tropft auf einen absenkbaren Sokkel. Das auf diese Weise erzeugte Gebilde heißt im Französischen „boule", im Deutschen „Schmelzbirne" und ist, trotz der Form, ein im Inneren einheitlich ausgebildeter Kristall. Innerhalb einiger Stunden kann man eine Schmelzbirne von mehreren hundert Karat erhalten. Um größte Vollkommenheit zu erreichen, darf man nur reine Substanzen verwenden, deren Zufuhr sehr gleichmäßig sein muß, da die geringste Unterbrechung Farbstreifen im Kristall hervorrufen kann. Der Sauerstoff- und Wasserstoffzustrom zur Flamme muß ebenso wie die Senkgeschwindigkeit des Behälteruntersatzes konstant bleiben. Unregelmäßigkeiten können Spannungen in der Schmelzbirne hervorrufen und dazu führen, daß sie zerspringt. Mit Hilfe von mechanischen Kontrolleinrichtungen und zuverlässigeren Hitzequellen ist es möglich geworden, dicke Scheiben bis zu 12,5 cm Durchmesser oder sogenannte „rods", das sind 1–3 mm dicke, bis 60 cm lange Stäbe, zu erzeugen.

Diese für Rubin gültige Methode ist auch beim Saphir brauchbar, da beide Edelsteine sich nur durch den Farbstoff unterscheiden. Ohne Farbstoff wird ein farbloser Saphir erzeugt. Chromoxid als Farbstoff ergibt dann rosa Saphire, in einer höheren Konzentration Rubin, bei noch größerer Menge grüne Saphire. Auch Mangan gibt dem Saphir eine rosa Färbung, Nickel eine gelbe und Titan zusammen mit Eisen die beliebte strahlend blaue Farbe. Alle natürlichen Farben des Saphirs kann man mit dem geeigneten Farbstoff künstlich erzeugen und viele, in der Natur unbekannte, erfinden. Touristen, die in den Orient reisen und einen der nahezu sagenhaften Alexandrite kaufen wollen, erwerben mit Sicherheit, ohne es zu merken, einen synthetischen, mit einer Spur Vanadium gefärbten Saphir. Da seine Farbe sich ändert – rötlich bei künstlichem, grünlich bei Tageslicht – hält man ihn leicht für einen echten Alexandrit. Unabhängig von der Farbe werden die meisten künstlichen Rubine und Saphire nicht als Schmucksteine gebraucht, sondern als Uhrensteine.

Gut ausgebildete hexagonale Rubinkristalle, verschieden stark vergrößert (ganz links 50fach), hergestellt von dem französischen Chemiker und Mineralogen E. Frémy (1891).

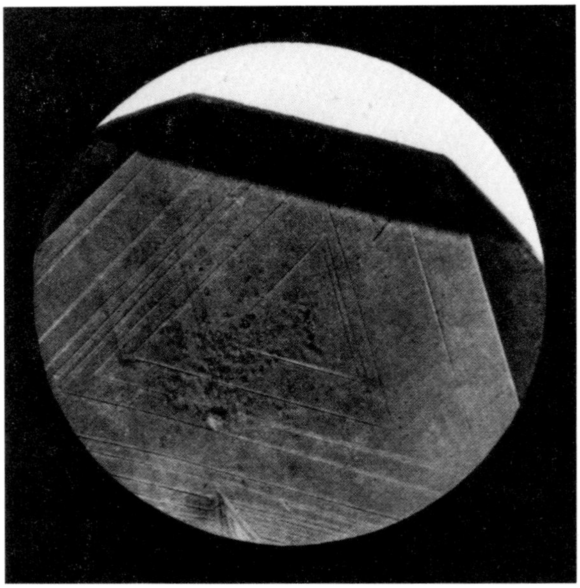

Der nächste Schritt war der Versuch, künstliche Sternrubine und -saphire nach der Verneuil-Methode zu erzeugen. Im Januar 1947 wurde der erste Stein mit Asterismus von Burdick und Glenn in der Linde Company in Kalifornien hergestellt. Die Industrieproduktion begann etwas später im gleichen Jahr. Wie wir im 2. Kapitel gesehen haben, wird der Asterismus durch das Vorhandensein winziger Rutilnadeln, die parallel zu den drei Richtungen des hexagonalen Kristalls angeordnet sind, hervorgerufen. Die Natur nachahmend, setzte man der Verneuil-Mischung Rutile (Titandioxid) zu. Bei der für die Schmelzbirnenbildung erforderlichen Temperatur schmilzt der Rutil und die abgekühlte Schmelzbirne sieht zunächst aus wie die anderen. Sie wird aber durch Erhitzung auf 1100–1500° C erhärtet, wobei sich der Rutil langsam absondert und in einer Unzahl von Nädelchen regelmäßig anordnet. Damit ist der Stein mit Asterismus perfekt.

Nach der gleichen Methode versuchte man weitere Edelsteine zu erzeugen. Das beste Ergebnis wurde beim synthetischen Spinell erzielt. Verneuil und sein Schüler L. Paris hatten sich mit der Entwicklung guter blauer Saphire beschäftigt und erhielten während dieses Vorgangs zufällig künstlichen Spinell. Bis 1930 fand jedoch diese neue Möglichkeit kaum Beachtung und man beschränkte sich fast ausschließlich auf die Nachahmung anderer Edelsteine. Spinell ist ein Magnesium-Aluminium-Oxid mit der Formel $Mg\ Al_2O_4$. Dieses Verhältnis Magnesium-Aluminium erwies sich jedoch als nicht sehr günstig für die Bildung im Verneuilschen Ofen, so daß man gewöhnlich mit Aluminiumüberschuß arbeitet. Das zusätzliche Aluminium verändert die Spinellstruktur dergestalt, daß sich Dichte und Brechungsindex von denjenigen des natürlichen Spinells unterscheiden. Synthetischer Spinell wird, wie Korund, in mehreren Farben erzeugt. Er dient mit Erfolg der Imitation von Aquamarin, blauem Zirkon, grünem Turmalin,

Chrysoberyll und anderen. Farblosen Spinell kann man mit weißem Saphir, manchmal sogar mit Diamant verwechseln. Seit den 50er Jahren wird ein guter roter künstlicher Spinell als Ersatz für Rubin oder für natürlichen roten Spinell verwendet.

Mit Hilfe der Verneuilschen Synthese wurden zwei weitere Edelsteine hergestellt, die kein natürliches Vorbild haben. Trotzdem sind sie in den Edelsteinhandel eingegangen. Es handelt sich um Titandioxid und Strontiumtitanat. Ersterem entspräche in der Natur der Rutil, der jedoch eine sehr dunkle, an Schwarz grenzende rotbraune Farbe aufweist und völlig undurchsichtig ist, während synthetischer Rutil durchsichtig und fast farblos ist. Wenn die Schmelzbirnen aus dem Ofen kommen, sind sie undurchsichtig und schwarz, da etwas Sauerstoff fehlt. Im Sauerstoffstrom wiedererhitzt, ändern sie ihre Farbe von schwarz bis gelb über dunkelblau, hellblau, grün, hellgrün, bis sie schließlich fast farblos werden, gelegentlich auch orange oder rötlich. Man braucht nur den Erhitzungsprozeß an einem beliebigen Punkt zu unterbrechen, um einen Stein in der gewünschten Farbe zu erhalten. Der synthetische Rutil hat einen wesentlichen Nachteil gegenüber dem echten: er ist zu weich. Dagegen besitzt er eine außergewöhnliche Farbdispersion – ungefähr sechsmal so hoch wie der Diamant –, was ihm ein prachtvolles Feuer verleiht. Synthetischer Rutil wird auch unter dem Namen Titania verkauft, indes allgemein nicht als Ersatz verwendet, da er sich durch sein ungewöhnliches Feuer von allen anderen Edelsteinen unterscheidet.

Das Strontiumtitanat kommt unter verschiedenen Namen auf den Markt, der bekannteste ist Fabulit. Viele Namen versuchen zu suggerieren, daß es sich um eine Art Diamant handele. Wegen seiner gegenüber dem Diamanten viermal höheren Dispersion ist er ein einigermaßen brauchbarer Ersatz für diesen, vor allem auch wegen seiner völligen Farblosigkeit. Sein einziger Rivale, Titania, entwickelt zu viel Feuer und ist nicht ganz farblos. Fabulit und künstlicher Rutil können indes nur beschränkt als Ersatzsteine gelten, da sie lediglich Härte 6 1/2 besitzen.

Andere Verfahren zur Herstellung künstlicher Edelsteine

Zwei weitere kristallbildende Methoden, die Schmelzfluß-Technik und die hydrothermale Methode, wurden mit Erfolg entwickelt. Aus ihren Namen ergibt sich ihr Prinzip. Die Kristallisation nach der Schmelzfluß-Methode erfolgt in einer Schmelze, wobei der Ausdruck „Fluß" jeden Stoff bezeichnet, der den Schmelzprozeß fördert. Beim hydrothermalen Verfahren arbeitet man mit Heißwasserlösungen unter hohem Druck. Nun lösen sich viele Stoffe in Wasser schlecht auf. Um diese Schwierigkeit zu umgehen, wird das zu verarbeitende Material in einer Schmelze unter Zusatz eines Flußmittels gelöst, wie bei der von der Bell Laboratories entwickelten Methode zur Herstellung synthetischen Rubins. Ein etwa 25 cm hoher Platinbehälter von 15 cm Durchmesser wird mit knapp 5 kg Bleioxid (PbO) und ca. 395 g Boroxid (B_2O_3) gefüllt. Das Material zur Herstellung des Rubins: 735 g Aluminiumoxid (Al_2O_3) und eine Spur Chromoxid (Cr_2O_3) als roter Farbstoff werden hinzugefügt. Der Behälter wird dann mit seinem Inhalt auf 1320° C erhitzt, Chromoxid und Aluminiumoxid lösen sich in der Schmelze. Während 6 Stunden wird die Masse auf dieser Temperatur gehalten und der Inhalt durch Hin-und-Her-Drehen des Behälters ständig gerührt. Nach sechs Stunden senkt man die Temperatur langsam und regelmäßig um etwa 75° C pro Tag. Sinkt sie knapp unter 1235° C, beginnen sich Rubinkristalle zu bilden. Wenn die abgekühlte Masse mit den darin enthaltenen Kristallen fest geworden ist, wird der „Fluß" in Salpetersäure gelöst; da von dieser Säure nicht angegriffen, bleiben die Rubinkristalle zurück.

Die Entwicklung der synthetischen Smaragde ging langsam voran und machte erst mit Hilfe der hydrothermalen Methoden Fortschritte. 1888 gelang es den Franzosen Paul Hautefeuille und Alexis Perry, die ersten echten Smaragde nach der Schmelzfluß-Methode herzustellen, indem ein Gemenge von geeigneten Rohstoffen 15 Tage lang auf einer Temperatur von über 900° C gehalten wurde. Zu den verwendeten Rohstoffen gehörten neben den für Beryll notwendigen auch Chromoxid als Farbstoff und Lithiummolybdat als Schmelzmittel oder „Fluß". Zum Schluß wird alles bis auf den Smaragd mit Salzsäure entfernt. Die Smaragde waren gut gelungen, aber viel zu klein für eine Verwendung als Edelsteine. Andere Chemiker beschäftigten sich weiter mit der Smaragdherstellung, bis es 1934 zwei Deutschen, Mitarbeitern bei IG-Farben, gelang, ausgezeichnete, schleiffähige Smaragde zu erzeugen. Die Gesellschaft gab das Geheimnis der Herstellung nie preis und schien bald das Interesse daran zu verlieren. Eine ganz geringe Zahl der Steine wurde auf dem Markt als „Igmerald" angeboten. Sie sind selten und jetzt zu begehrten Sammlerobjekten geworden. Fast zu gleicher Zeit gelang es dem Chemiker Carroll Chatham aus San Francisco, einige feine Steine herzustellen, deren Größe und Qualität er mit den Jahren immer mehr steigerte. Auch sein Verfahren ist geheim; es wird behauptet, es handle sich um einen hydrothermalen Prozeß. Dies wäre möglich, und man könnte Parallelen ziehen zu den bekannten Methoden zur Züchtung von Quarzkristallen, die den an Edelsteine gestellten Ansprüchen genügen.

Die Züchtung von Quarzkristallen erfordert sehr hohe Temperaturen und Drücke, um die Rohstoffe im Wasser zu lösen. Auf diese Weise wird fast der gesamte Quarz für die elektronische Industrie erzeugt, denn natürlicher Quarz ist in der erforderlichen Qualität so selten und teuer, daß es wirtschaftlicher ist, ihn herzustellen. Drücke bis zu mehreren 1000 atü und Temperaturen über 700° C sowie Stoffe, die die Lösbarkeit des Quarzes herabsetzen, sind erforder-

Synthetischer Quarzkristall, im hydrothermalen Verfahren gezüchtet, ca. 15 cm lang. Die Auswahl des sorgfältig orientierten Kristallkeims gibt dem fertigen Kristall eine von der natürlichen abweichende Form, jedoch einen sehr viel einheitlicheren inneren Aufbau.

lich. Für solche extremen Bedingungen müssen die die Lösung enthaltenden Autoklaven sehr widerstandsfähig und mit dichten und drucksicheren Schließvorrichtungen versehen sein. Um zu verhindern, daß die Wände angegriffen werden, was die Lösung verunreinigen würde, ist auch ein Innenbelag aus Platin oder Silber erforderlich. Gewöhnlich haben die 4 m langen Autoklaven einen Durchmesser von etwa 15 cm und 10 cm dicke Wände aus kaltgewalztem Stahl. Der Autoklav wird im unteren Teil mit Wasser, Mineralisatoren und einer bestimmten Menge kleiner Stücke von natürlichem Quarz gefüllt. Im oberen Teil hängen die in der Form von flachen Platten geschnittenen Quarz-Kristallkeime. Der Autoklav wird dicht verschlossen und elektrisch auf die Kristallisationstemperatur erhitzt. Infolge der Ausdehnung des Inhalts durch die Hitze steigt der Druck ungeheuer an. Nach etwa zwanzig Tagen ist der Vorgang beendet. Der in den Autoklaven eingebrachte natürliche Quarz hat sich zunächst gelöst und ist dann, die Kristallkeime zum Ausgang nehmend, wieder auskristallisiert.

Um 1960 wurde in Österreich eine zusätzliche Technik zur Züchtung von Smaragden für den Handel entwickelt. Auch hier handelt es sich wahrscheinlich um eine hydrothermale Methode, die sich jedoch von den anderen dadurch unterscheidet, daß farbarme, bereits geschliffene Berylle als Keime benützt werden. Die Steine bleiben einige Tage in den hydrothermalen Lösungen und entwickeln einen grünen Smaragdüberzug. Wenn sie herausgenommen werden, sind sie nach einem letzten Schliff zum Verkauf bereit. Sie bestehen ganz aus Beryllsubstanz und der Kern ist sogar natürlicher Beryll. Dabei haben sie alle Eigenschaften des Smaragdes – Farbe, Brechungsindex, Härte, Dichte, Zusammensetzung, und sie weisen, eventuell, sogar natürliche Einschlüsse auf.

Bei verschiedenen anderen synthetischen Edelsteinen ist die Produktion noch in einer Entwicklungsphase, obwohl sich künftige Erfolge schon abzeichnen. An synthetischen Diamanten wird bis jetzt fast nur Industrieware, diese jedoch in großer Menge hergestellt. Für Schmuckzwecke sind fast alle Kristalle zur Zeit noch zu klein. Die Weiterentwicklung der Apparaturen und der Methoden wird die Erzeugung größerer Kristalle ermöglichen. Aber auch in diesem Fall bleibt es fraglich, ob sie es als Edelstein mit dem echten Diamanten werden aufnehmen können, vorausgesetzt, daß dessen natürliche Vorkommen sich nicht erschöpfen.

Kleine Alexandrite und andere Chrysoberylle, Zirkon- und Granatkristalle wurden ebenfalls schon aus Schmelzen gezüchtet. Mit der Zeit werden sich diese Techniken vermutlich verbessern und die Liste der für Handelszwecke hergestellten synthetischen Edelsteine verlängern. In jüngster Zeit wird ein Granat in Edelsteinqualität, unter dem Namen YAG (Yttrium-Aluminium-Granat) hergestellt. Als Mineral ist diese Substanz nicht bekannt.

Künstlich veränderte Edelsteine

Rotbraune Zirkongerölle in einem groben Ofen in einem kleinen orientalischen Dorf zu erhitzen und einen nicht lupenreinen Diamanten dem Bombardement eines Atommeilers in den USA auszusetzen, scheinen zwei weit voneinanderliegende Verfahren zu sein. Dennoch ist das Ziel beider Vorgänge das gleiche: die Änderung der natürlichen Farbe eines Edelsteins, um seinen Reiz (und Wert) zu steigern. Alle schönen blauen und farblosen Zirkone, die wir kennen, wurden einmal erhitzt. Ob die Edelsteine blau oder farblos aus dem Ofen herauskommen, wird durch Kontrolle des Erhitzungsprozesses bestimmt. Die Wirkung des Diamantenbombardements kann man zwar bis zu einem gewissen Grad voraussehen, trotzdem bleibt die Sache ein Glücksspiel. Gelingt es, einen farbarmen Edelstein in einen strahlend gelben oder grünen zu verwandeln, ist das Ergebnis sowohl wirtschaftlich wie auch ästhetisch erfreulich.

Wenn die Farbenfälschung nicht zu sehr auffällt, bleibt der Edelstein für den Handel geeignet. Niemand hat, zum Beispiel, etwas dagegen einzuwenden, daß die Mehrzahl der schönsten Aquamarine, die in den Juwelierläden zum Verkauf liegen, erhitzt wurden, um ihre helle Farbe zu intensivieren, oder sie mehr blau als grün erscheinen zu lassen. Der neue Edelstein Tansanit verdankt oft seine strahlende saphirblaue Farbe der Hitzebehandlung. Auf die gleiche Weise verwandelt man helle unregelmäßig gefärbte Amethyste in goldbraunen Citrin.

Weniger annehmbar ist das direkte Färben. Die meisten harten Edelsteine nehmen Farben nicht an, aber es gibt eine Anzahl poröser Materialien. Gefärbter Türkis ist dunkler; auch kann durch Eintauchen in geschmolzenes Paraffin oder Kunstharz nachgeholfen werden. Grauer oder hellgrüner Jade läßt sich sehr leicht durch Färbung verbessern. Dies gilt ganz besonders für die undurchsichtigeren Arten. Auch Quarzit kann ohne Mühe hellgrün gefärbt und als Ersatz für echten Jade genommen werden. Alle Abarten von Achat lassen sich in fast jede beliebige Farbe färben. Blauen Achat – eine sehr ungewöhnliche Farbe für diesen Stein – erhält man, wenn man ihn in eine Lösung von gelbem Blutlaugensalz und anschließend in eine solche von Eisenchlorid legt. Rot kommt durch Eintauchen des Achates in Eisenvitriol und Erhitzen auf hohe Temperatur zustande. Namentlich der wie Onyx aussehende schwarze Achat wird durch Kochen in einer Zuckerlösung und Eintauchen in konzentrierte Schwefelsäure künstlich erzeugt. Die Säure verwandelt den eingesaugten Zucker in schwarze Kohle. Violette Farbe auf die Facetten eines gelblichen Diamanten aufzutragen, um ihn farblos erscheinen zu lassen, ist ein gewöhnliches Verfahren. Die schwarzbemalte Rückseite eines hellen mexikanischen Opals verleiht dem blassen Stein eine lebhaftere Farbe. Das Schlimmste ist wohl die Farbgebung durch Einfügen einer Folie in die Fassung der Edelsteine. Unter den früheren russischen Kronjuwelen befand sich der berühmte zehnkarätige Paul-I-Diamant, der einst als ein schönes Exemplar eines rubinroten Diamanten galt. Nach der russischen Revolution entdeckte man bei einer Inventur, daß es sich um einen hellrosa Diamanten handelte, an dessen Rückseite eine rote Folie angebracht wurde. Also nicht einmal die Zaren waren vor Fälschungen sicher.

Diese Ausführungen zeigen, wie komplex die Frage der „nachgemachten" Edelsteine ist. Zweifelsohne sind synthetische Edelsteine an und für sich schöne und begehrenswerte Objekte, mindestens ebenso gut wie Natursteine, deren Farbe durch Erhitzen verändert wurde.

So wird allmählich die Frage aktuell, ab wann ist ein „künstlicher" Edelstein nicht mehr nur Ersatz, sondern gewissermaßen gleichberechtigt, welche Manipulationen an natürlichen Steinen sind tragbar und welche nicht, usw. Mit solchen Problemen, aber auch mit einer gewissen Kontrolle des Handels, mit Namengebung und schließlich mit wissenschaftlichen, edelsteinkundlichen Untersuchungen usw. befassen sich die vielen privaten wie staatlichen Organisationen, deren einige am Ende des 1. Kapitels aufgezählt wurden.

4 Die Edelsteine – Art und Herkunft

Man kann wohl ab und an die Meinung hören, daß das Auffinden eines neuen Edelsteinvorkommens mehr oder weniger Glücksache sei – nach vorhergegangener, langer und mühseliger Untersuchung des Bodens und der Gesteine, wie und wo sie gerade zufällig zutage treten. Diese etwas naiv anmutende Vorstellung ist nicht einmal immer ganz soweit von der Wahrheit entfernt: tatsächlich wurde mehr als eine Edelsteinlagerstätte rein zufällig gefunden. Ein bekanntes Beispiel ist die Entdeckung des prächtigen, farbschillernden Edelopals in Australien durch einen wandernden Bergmann namens Paddy Green im Jahre 1875. In vielen Fällen hätten allerdings die Edelstein-Prospektoren mit einigen Kenntnissen in Mineralogie und Geologie ihre Chancen für Entdeckungen wesentlich verbessern können. Die meisten Gesteine, die Edelsteine enthalten können, sind eher selten. Und, vor allem, es gibt eine ganze Anzahl von Gesteinsarten, die auf keinen Fall Edelsteine erwarten lassen und demzufolge von vornherein gar nicht untersucht zu werden brauchen.

Die Gesteine teilt man nach ihrer Entstehung in drei Hauptgruppen ein: in magmatische oder Schmelzfluß-Gesteine, in sedimentäre oder Absatz-Gesteine und in metamorphe oder Umwandlungs-Gesteine. Diese drei Gruppen werden dann weiter unterteilt, nach recht verschiedenen Gesichtspunkten. So unterscheidet man schließlich eine riesige Anzahl von Gesteinsarten, deren Beschreibung Aufgabe der Petrographie oder Gesteinskunde ist. Hier kann nur auf diejenigen Gesteine, die auf Grund ihrer Beschaffenheit Edelstein-„höffig" sind, eingegangen werden.

Magmatische Gesteine

Die magmatischen oder Schmelzfluß-Gesteine entstehen bei der Erstarrung heißer Gesteinsschmelzen. Zu Beginn der Abkühlung des ursprünglich feuerflüssigen Erdballes bildete sich die feste Erdkruste. Innerhalb dieser erfolgt ein ständiger, sehr komplizierter Kreislauf der Abkühlung und Neubildung von Schmelzen, der bis heute in Gang ist. Sichtbarer Zeuge ist der Ausfluß der Laven aus den tätigen Vulkanen an die Erdoberfläche; tritt die Erstarrung innerhalb der Kruste ein – in einigen 10 km Tiefe – so entstehen Gesteine, wie Granit, Diorit, Gabbro, Peridotit und viele andere, oft in Form großer, ja riesiger Stöcke oder Kuppeln. Ausfließende, eruptive Gesteine bieten dem Edelsteinsucher wenig, sie kühlen rasch ab und meist sind die entstehenden Kristalle klein. Immerhin ist der gesamte Achat an solche Laven, namentlich den Basalt, gebunden. Auch die Masse der in der Tiefe erstarrten Gesteine, die Tiefengesteine, ist nicht eben höffig für Edelsteine. Aber solche Tiefengesteine haben häufig ein sogenanntes Ganggefolge bei sich, das sind vielfältige Bildungen aus Restschmelzen, heißen Lösungen und dergleichen, die Gänge und kleine Stöcke, Drusen und Spalten usw. füllen und oft sehr reich an selteneren Mineralien, wie auch Erzen sind. Derartige Ganggesteine entstehen gegen Ende der Abkühlung des Hauptgesteinskörpers, oft auch, Spalten folgend, noch in größerer Entfernung von diesem. Eine wichtige Art solcher Gänge sind die Pegmatite, entstanden aus Schmelzen, die verhältnismäßig reich an Gasen sind, und in manchmal riesigen Kristallen, meter-, ja hausgroß, erstarren.

Vorhergehende Seiten: Farbiges Arrangement von Edelsteinen aus dem Smithsonian Institut, das verschiedene Schliffformen zeigt. Der größte Stein ist ein tiefgrüner Peridot von 287 ct. aus Birma (derselbe wie in Abb. S. 102).

Die Hauptminerale in einem solchen Pegmatit sind dieselben wie in einem Granit: Feldspat, Quarz und Glimmer. Aber solche Restlösungen sind nun oft auch reich an selteneren Elementen, wie Fluor, Lithium, Beryllium und viele andere, und es entstehen Mineralien wie Flußspat, Beryll mit seinen Varietäten Aquamarin und z. T., auch Smaragd, Spodumen, Topas, Turmalin, Chrysoberyll, Rosenquarz usw. Pegmatite sind demnach mit die wichtigsten Edelsteinlagerstätten. Besonders bedeutsame Vorkommen sind im Ural, in Madagaskar und in Brasilien; diejenigen in Kalifornien werden geradezu als Edelsteinpegmatite bezeichnet. Und die Edelsteinseifen (siehe unten) von Ceylon, Thailand, Birma beziehen einen Teil ihres Reichtums gleichfalls aus diesen eigentümlichen Ganggesteinen.

Die Sedimentgesteine

Wie kommen nun eigentlich die in der Tiefe erstarrten Gesteine überhaupt an die Oberfläche? Nun, die Erdkruste ist keineswegs so stabil wie man annehmen möchte: Nicht nur der Kreislauf der Gesteinsschmelzen, sondern auch aktive Bewegungen, Hebungen und Senkungen, Faltung der scheinbar starren Massen halten die Dinge in Fluß. Ist aber ein Gestein erst einmal an der Tagesoberfläche, so ist es dem Zugriff neuer, anderer Kräfte ausgesetzt, den Kräften der Verwitterung: Kein Gestein widersteht auf die Dauer dem Angriff von Regen, Wind, Sonnenhitze und Nachtkälte. Die Felsen zerbröckeln, fallen, die Bruchstücke werden zerkleinert, ja zum Teil gehen die Gesteine gar in Lösung. Ein Teil des nunmehr lockeren Materials bleibt liegen, das meiste aber wird von Wind und Wasser abtransportiert und schließlich an anderer Stelle, sei es auf dem festen Land, sei es in Seen oder im Meer abgelagert, „sedimentiert". Zum Teil bleiben diese Sedimente locker, meist aber werden sie nach der Ablagerung verfestigt, zu festen Gesteinen. Wind und Wetter ausgesetzt, unterliegen sie natürlich der Verwitterung in gleicher Weise.

Die meisten Sedimentgesteine sind keine Quellen für Edelsteine. Verwittern jedoch edelsteinführende Gesteine, wie die eben beschriebenen Pegmatite und wird der Schutt nicht allzuweit transportiert, sondern, z. B. durch Flüsse, bereits in der Nähe in Form von Schotter- und Sandbänken wieder abgelagert, so werden solche Sedimente zu höchst wichtigen Lagerstätten für Edelsteine, aber auch für andere wertvolle Mineralien, wie etwa Zinnstein. Derartige Lagerstätten nennt man Seifen. Nicht selten werden solche lockeren Seifen übrigens nachträglich wieder verfestigt, wie etwa die uralten Goldseifen von Witwatersrand in Südafrika.

In den V-förmig eingeschnittenen Tälern in den Bergen von Ceylon und im Tiefland von Ratnapura südlich davon haben sich 6–8 m dicke Sand- und Schotterlagen abgesetzt, die heute weithin von Reisfeldern bedeckt sind. Unter den Reisfeldern aber ruhen die Seifen mit einer breiten Palette von Edelsteinen: Saphir, Rubin, Chrysoberyll, Spinell, Zirkon, Topas, Granat, Turmalin, Quarz, Mondstein, Sphen, Vesuvian, Andalusit, Diopsid, Kornerupin, Apatit, Sinhalit usw. Es sind dies die erstaunlichsten Edelsteinlagerstätten der Welt. Noch berühmter sind freilich gewisse Sedimente entlang der Küste von Südafrika, die Flußseifen von Hope Town entlang

Schale aus Bernstein mit vergoldeter Silberfassung, eingelegt mit Elfenbein und Email. Deutsche Arbeit um 1650, jetzt in der Sammlung Morgan im Metropolitan Museum of Art, New York.

des Oranje bis zum Vaal Fluß, völlig durchwühlt von den Diamantensuchern des vergangenen Jahrhunderts. Hier ruhen die Schätze, die die Natur in Millionen von Jahren durch die Zerstörung und Aufbereitung der diamantführenden Magmengesteine Afrikas, der Kimberlite in den Pipes, bloßgelegt und angesammelt hat.

Metamorphe Gesteine

Es gibt noch eine dritte Art von Gesteinsbildung, nämlich durch weitgehende Umwandlung – durch hohen Druck und hohe Temperatur – bereits vorhandener, fertiger Gesteine, seien es Sedimente oder Magmatite. Wäre die Erdkruste ruhig und fest, so gäbe es nur die Gesteine, die aus der Erstarrung von Schmelzen entstanden sind, es hätten sich keine Sedimente gebildet, wie eben beschrieben. Erst recht verdanken die Metamorphite ihre Existenz der ständigen Bewegung, die zu regelrechten Umwälzungen führen kann: Oberflächennahe Gesteine werden wieder in die Tiefe befördert, z. T. einfach durch die Überlagerung mit Tausende von Metern dikken Sedimenten. Dabei geraten sie unter hohen Druck und hohe Temperatur, es kommt zu zahlreichen, verwickelten Mineral-Neubildungen und zu einer Strukturierung der Gesteine, wie wir sie in Gneisen und Glimmerschiefern und allgemein in den kristallinen Schiefern sehen können. Diesen Vorgängen, in ihrer Gesamtheit, verdanken übrigens die meisten Gebirge dieser Erde ihre Entstehung. Freilich gehen solche Geschehnisse langsam, im Laufe von Jahrmillionen, und nur zu gewissen Zeiten und an bestimmten Orten vor sich.

Noch eine Art von Metamorphose kennen wir: Wenn nämlich eine heiße Schmelze, ein Magma, mit Sedimenten oder anderen Gesteinen in Berührung kommt, so gehen am „Kontakt" vielerlei Veränderungen vor, teils durch die Hitze, teils durch komplizierten Stoffaustausch. Solche Kontaktgesteine führen oft schöne und seltene Mineralien, namentlich am Kontakt von Granit zu Kalken und Dolomiten. So sind z. B. die Rubine und Saphire Birmas – jetzt in den Seifen – ursprünglich in kontaktmetamorphen Kalken enthalten.

Im Verhältnis zu den ungeheuren Mengen von Gesteinen, die so im Laufe der Erdgeschichte entstehen, ist die Menge der Edelsteine verschwindend. Zudem sind von den gegen 2000 bekannten Mineralien nur etwa 100 überhaupt als Edelsteine anzusehen, davon wieder werden nur 15 als Edelsteine im engeren Sinn im Handel angeboten, 40 etwa gelten als sogenannte „Sammlersteine" und der Rest dient vor allem dekorativen und künstlerischen Arbeiten. Diese Einteilung ist freilich etwas subjektiv.

Die mineralischen Edelsteine

Wir müssen zwei Gruppen von Edelsteinen unterscheiden, solche, die nach der Definition dem Mineralreich angehören, und solche, die der Lebewelt entstammen, die keine Steine im Sinne der eben gegebenen Darstellung sind, aber doch traditionsgemäß im Rahmen der Edelsteinkunde mit behandelt werden.

Die Berylle: Smaragd und Aquamarin

Der Beryll tritt als Mineral in seiner gewöhnlichen Form in unscheinbar gefärbten, undurchsichtigen, sechsseitigen Säulen auf und ist unter seinem eigentlichen Namen kaum im Edelsteinhandel anzutreffen – ganz im Gegensatz zum „Edelberyll" in seinen Spielarten: dem grünen Smaragd, dem farblos-bläulichen bis meergrünen Aquamarin, dem Rosaberyll oder Morganit. Und es gibt noch eine ganze Reihe weiterer Varietäten, wie den Heliodor und den Goldberyll (hellgelbgrün und goldgelb), den Padparadscha (orange) oder den völlig farblosen Goshenit, die jedoch weniger in Gebrauch und auch geringer geschätzt sind.

Beryll ist ein Beryllium-Aluminium-Silikat, hat Härte 8, keine Spaltbarkeit und zählt daher, obwohl etwas spröde, zu den beständigsten Edelsteinen. Sein spezifisches Gewicht ist mit ca. 2,7 etwa dreiviertel das des Rubins und des Saphirs. Da die Kristalle verhältnismäßig groß und, besonders die Aquamarine, oft in ausgezeichneter Qualität gefunden werden, überdies die Vorkommen ausreichend sind, sind die Beryllabarten wichtige und verbreitete Edelsteine. Große erstklassige Smaragde sind allerdings selten und mit die teuersten Edelsteine überhaupt.

Der große Edelsteinhändler J. B. Tavernier – Mitte des 17. Jh. – ahnte die Herkunft der besseren Smaragde, ohne die Handelswege zu kennen. Er schreibt (wörtlich aus L. Dutens, *Abhandlung von den Edelsteinen*, deutsche Übersetzung von 1779): „Es ist ein alter Irrthum vieler Leute, daß der Smaragd im Orient ursprünglich zu Hause sey, und sogar noch heut zu Tage pflegen die meisten Juwelenhändler einen Smaragd von hoher Farbe, der ins schwarze fällt, einen orientalischen zu nennen, und hierinnen betrügen sie sich. Ich gestehe zwar, daß ich bisher die Orte noch nicht entdecken konnte, wo man diese Art von Steinen findet; aber ich bin versichert, daß sie weder das feste Land, noch die Inseln des Orients jemals hervorgebracht haben ... Es ist wahr, man hat seit der Entdeckung von Amerika oft dergleichen über das Südmeer, von Peru nach den Philippinischen Inseln gebracht, von da man sie nach Europa verschickt hat, allein dies ist kein hinlänglicher Grund ... zu behaupten, daß sie ursprünglich aus dem Orient kommen.«

Auf direktem Weg kamen Smaragdkristalle durch Cortez nach Europa; sie werden noch heute im Naturhistorischen Museum in Wien aufbewahrt.

Von den alten Smaragdminen der Kleopatra in Ägypten scheint Tavernier nichts gewußt zu haben, es sei denn, er ignorierte sie bewußt, weil die Qualität der dortigen Smaragde nicht besonders hoch war. Mas'ûdi, ein arabischer Schriftsteller aus dem 10. Jh. v. Chr., berichtet die merkwürdige Geschichte, daß die Menge der am Djebel Zabara (bei Koseir in Oberägypten) gefundenen Smaragde von der Jahreszeit abhinge, von der Windrichtung oder anderen atmosphärischen Bedingungen, und daß die Farbentiefe sich mit den Mondphasen ändere.

Russische Smaragde wurden viel später (1830) am Ufer der Takovaja, nordöstlich von Sverdlowsk, gefunden. Die Kristalle waren groß, aber von schlechter Qualität, so daß man daraus nur kleine Steine schneiden konnte. Sie kommen in Biotitschiefern, in die Pegmatite eingedrungen sind, vor, zusammen mit Chrysoberyll (Alexandrit) und gewöhnlichem Beryll.

Um die Jahrhundertwende entdeckte man weitere, jedoch unbedeutende Smaragdvorkommen in der Nähe von Emmaville in Neusüdwales und in Poona in Westaustralien. In Afrika werden bei

Gravelotte in Transvaal an Pegmatite in Glimmerschiefer gebundene Smaragde mit modernen Methoden abgebaut. In der Sandawana-Mine in Nordrhodesien, die 1956 aufgemacht wurde, finden sich, wiederum in der Nähe eines Pegmatits, farblich gute Smaragde. Sie werden heute noch in kleinen Steinen von 1/4 Karat auf dem Markt angeboten. Ob die vielen Smaragde, die im Laufe der Jahrhunderte in Indien verwendet wurden, von dort stammen, bleibt unsicher. Vor nicht allzu langer Zeit wurden jedoch in Udaipur und Ajmere-Merwara Smaragde – einige von guter Qualität und beträchtlicher Größe – in Glimmerschiefern gefunden. Die einzige Fundstelle in Mitteleuropa liegt im Habachtal in Salzburg; schleifbare Steine kamen jedoch nur ausnahmsweise zum Vorschein. Die wichtigsten Vorkommen sind die columbianischen Lagerstätten, die im 6. Kapitel eingehend besprochen werden.

Der Smaragd verdankt seine grüne Farbe einer geringfügigen Menge Chrom. Fehlt dieses, und ist dafür etwa zweiwertiges Eisen anwesend, so wird der Stein blau oder blaugrün, zum Aquamarin, der übrigens niemals tiefe Farben zeigt. Im Gegensatz zu Smaragden sind Aquamarine wohlfeil. Allein auf der Insel Madagaskar gibt es mehrere Dutzend Lagerstätten. Die Vorkommen in der Provinz Minas Gerais in Brasilien scheinen beinahe unerschöpflich. Wollte man alle in den Vereinigten Staaten bekannten Aquamarinlagerstätten aufzählen, so müßte man fast alle Staaten erwähnen. Aquamarin findet man gewöhnlich direkt in den Pegmatiten und nicht in den Schiefern, die die Smaragde liefern. Die beliebteste Farbe ist ein lichtes Blau, manchmal mit leicht grünem Strich. Fast alle deutlich blauen Aquamarine, die im Handel angeboten werden, waren ursprünglich grünlich oder gelblich und sind auf eine Temperatur zwischen 400 und 450° erhitzt worden. Dieselbe Farbe kann man auch beim synthetischen Spinell erzeugen, der dann dem Aquamarin zum Verwechseln ähnlich wird.

Der nach dem Bankier und Edelsteinkenner J. P. Morgan genannte Morganit verdankt seine rosa, blaßrote oder Pfirsichfarbe Spuren von Lithiumoxid. Er ist seltener als Aquamarin, aber nicht so spärlich vertreten wie Smaragd. Qualitativ gute Steine stammen aus den Pegmatiten Brasiliens, aus Madagaskar und Kalifornien.

Chrysoberyll (Alexandrit und Cymophan)

Wegen seiner drei reizvollen Varietäten spielt der Chrysoberyll eine bedeutende Rolle im Edelsteinhandel. Der „gewöhnliche" Chrysoberyll erscheint in verschiedenen grünen, braunen und gelben Farbtönen und ist schon ein anziehender Stein, wird aber von den beiden anderen Varietäten Cymophan und Alexandrit weit in den Schatten gestellt. Das mit dem Spinell verwandte Beryllium-Aluminium-Oxid ist mit Härte 8 1/2 nach Diamant und Korund der dritthärteste aller Edelsteine. Da er nur geringe Spaltbarkeit aufweist und chemisch schwer angreifbar ist, erweist er sich als ein besonders widerstandsfähiger Edelstein.

Der Cymophan, das „Katzenauge" des Edelsteinhandels, wird wegen seiner Seltenheit und Schönheit auf der ganzen Welt geschätzt. Das Katzenauge zeigt, als Cabochon geschliffen, die im 2. Kapitel ausführlich als Chatoyance beschriebene Erscheinung in besonderer Vollkom-

Gegenüber: Aquamarinkristall in Edelsteinqualität, 35 cm hoch, Brasilien.
Unten links: Oranger Saphir, sogenannter Padparadscha, 31 ct., Ceylon.
Unten rechts: Sehr großer Goldberyll, Treppenschliff, 2054 ct., Brasilien.
Ganz unten: Aquamarin, Treppenschliff 911 ct., Brasilien.

menheit – Liebhaber zahlen für diesen überaus seltenen Stein Höchstpreise. Künstlichen, vollwertigen Ersatz gibt es nicht.

Cymophan ist, wie die Chrysoberylle überhaupt, an Pegmatite gebunden, wird jedoch vor allem auf den von diesen ausgehenden Edelsteinseifen in Ceylon und im Marambaia-Distrikt in Minas Gerais gefunden. Bis zu Anfang des 18. Jhs. war das Hauptjuwel in der Krone der Könige von Kandy auf Ceylon ein riesiges Katzenauge.

Alexandrit ist ein durch Chrom gefärbter Chrysoberyll, der bei künstlichem Licht rot, bei Tageslicht hingegen grün wirkt. Lichtquellen mit starkem Blau- und Grün-, bzw. Rotanteil können diese Erscheinung noch verstärken. Längst gibt es keine russischen Zaren mehr, doch lebt in diesem Edelstein der Name Alexander II. weiter, der am Tag der Entdeckung dieses Steines in den Smaragdminen am Takovajafluß im Ural im Jahre 1833 mündig wurde. Später wurden viel größere Alexandrite in den Flußseifen von Ceylon gefunden. Der größte bekannte ist ein sehr schöner 66karätiger, geschliffener Stein in der Sammlung des Smithsonian Instituts. Wegen ihres nicht so ausgeprägten Farbwechsels sind die Ceylon-Steine weniger begehrt, obwohl immer noch sehr selten und teuer. Zweifelsohne sind heutzutage die meisten geschliffenen im Handel angebotenen Alexandrite amethystfarbene, synthetische Saphire, die den echten Stein vortäuschen sollen. Echter Alexandrit hat wegen seiner Seltenheit kaum einen Marktpreis.

Neben Vorkommen im Ural und denjenigen in den Flußseifen von Ceylon findet man Chrysoberyll auch in Mogok in Birma und ganz besonders in Minas Gerais und anderen Orts in Brasilien. Kleinere Vorkommen wurden in den Vereinigten Staaten, in Madagaskar, in Rhodesien und in anderen Ländern entdeckt.

Der Diamant

Wert und Seltenheit des Diamanten sind immer legendär gewesen. Ein Buch wie *Diamonds – Famous, Notable und Unique* von Lawrence Copeland ist gleichzeitig ein faszinierender Bericht über Menschen, Stätten und Ereignisse von Anbeginn der Geschichte. Die sagenhafte Substanz kam bereits im Altertum von Indien in die westliche Welt. Es gibt schriftliche Hinweise dafür, daß die Diamantengewinnung bis auf das Jahr 600 v. Chr. zurückgeht. Gerüchte über die indischen Diamanten waren jahrhundertelang in Europa umgegangen. Den ersten Augenzeugen-Bericht gab wohl J. B. Tavernier.

Der Diamant ist eine Kohlenstoff-Modifikation, deren Atome sehr regelmäßig angeordnet sind. Die durchsichtigen Kristalle übertreffen an Härte alle anderen. Das absolute Gegenstück, die zweite Kohlenstoff-Modifikation, ist der Graphit, weich, mit nur Härte 1, undurchsichtig und von metallischem Aussehen. Alle diese extremen Unterschiede rühren von einer völlig anderen Anordnung der Atome im Gitter her.

Hart, wie der Diamant ist, – Adamas, der Unbezwingbare, nannten ihn die Griechen –, ist er dennoch nicht ganz unempfindlich. Er ist spröde und seine Spaltbarkeit kann sich beim Schleifen unangenehm auswirken, da er unter einem starken Stoß einen Riß bekommt oder eben spalten kann. Diese Eigenschaft wird andererseits vom Schleifer ausgenützt, um bestimmte Stücke roher Diamanten in die gewünschte Größe und

Form zu zerlegen. Sonst ist dieser Edelstein gegen Abnützung unempfindlich. Kohlenstoff in dieser Form ist mit allen Eigenschaften gesegnet, die für ein Edelsteinmineral erforderlich sind: Glanz, Schönheit, Seltenheit und Tragbarkeit. Der hohe Brechungsindex und die hohe Dispersion tragen zum besonderen Glanz und dem Feuer des Diamanten bei.

Manchmal findet man gelbe, bräunliche, grüne „cognacfarbene" oder rosa gefärbte Steine, die die mannigfaltigen Reize des Steins noch erhöhen. Die meisten Handelsdiamanten sind farblos oder schwach gefärbt. Entsprechend geschliffen, ohne Einschlüsse und von beträchtlicher Größe erreichen sie mit die höchsten Preise der Edelsteinskala. Steine mit kräftigen Farben, die man „Fancies" oder Phantasiediamanten nennt, sind noch geschätzter. Rote, rosafarbene und blaue „Fancies" sind besonders selten. Am allerhöchsten wird indessen ein farbloser Stein mit einem ganz leichten Hauch von blau, „blauweiß", bewertet.

In der Welt der Edelsteine wird so viel vom Diamanten gesprochen, daß man annehmen könnte, sie seien verbreiteter, als sie dies in Wirklichkeit sind. Sogar in Südafrika, dem heutigen Hauptlieferanten, sind sie sehr selten. Es hat sich herausgestellt, daß man mindestens eine Tonne (und an manchen Stellen noch weit mehr) Haufwerk aufbereiten muß, um nur ein Karat zu gewinnen. Und davon wieder ist das meiste für Schmucksteine ungeeignete Industrieware.

Nur schwer lassen sich die älteren Lagerstätten lokalisieren. Auf den Märkten von Golconda, Indien, wurden im Laufe von Jahrhunderten etwa zwölf Millionen Karat angeboten. Wiederentdeckte Schätze aus dieser frühen Quelle enthielten den Diamanten Kohinoor (109 ct), der jetzt die britische Krone schmückt, den blauen Hope-Diamanten (44,5 ct), heute im Smithsonian Institut, und viele andere berühmte Diamanten. Infolge der Erschöpfung der alten Lagerstätten und der Entdeckung neuer in anderen Teilen der Welt, ist die jährliche Gewinnung in Indien auf eine Handvoll zurückgegangen.

Die Hauptproduktion für Diamanten verlagerte sich plötzlich, als man 1727 eine Anzahl Diamanten aus dem Goldsuchergebiet in der Nähe von Tejuco – jetzt Diamantina im brasilianischen Staat Minas Gerais – verschiffte. Wie in Indien erfolgte die Ausbeutung mit primitiven Methoden: Abbau der Seifen und Waschen geschah von Hand.

In neuer Zeit lieferte Brasilien auch berühmte wichtige Diamanten. Der berühmteste – President Vargas – wog als Rohstein 726,6 ct. 1941 wurden 29 Schmucksteine von der Harry Winston Inc. daraus geschnitten.

1867 erfuhr die Diamantenförderung eine neue Wendung, als der in Südafrika entdeckte Heureka-Diamant (21,5 ct) in Paris ausgestellt wurde und einen Ansturm auf sein Herkunftsland hervorrief. Er war von Erasmus Jacobs, einem Farmerjungen, im Quellgebiet des Oranje gefunden worden. Danach kam es zu immer neuen Funden und die Minenunternehmen de Beers, Bultfontein, Jagersfontein, Dutoitspan, Kimberley und Premier wurden eröffnet. Zuerst fand man die Steine nur in Schotterlagen, später entdeckte man sie auch in einem gelben Ton eingebettet, bis man darauf kam, daß dieser gelbe Ton lediglich ein Verwitterungsprodukt einer harten, blaugrauen Eruptivbreccie, des „Kimberlits" ist,

Gegenüber: Chrysoberyll, 114 ct., Brasilien.
Unten links: Demantoid, 4 ct., Rarität aus dem Ural.
Unten rechts: Saphir, 42 ct., Ceylon.
Unten: Sehr schönes Chrysoberyll-Katzenauge, Ceylon.
Ganz unten: Sternrubin, 138 ct., „Rosser Reeves Star Ruby“.

die die „Pipes“, riesige Schlote alter Vulkane, erfüllt. Das Muttergestein ist ein Peridotit und besteht aus dem Mineral Olivin mit etwas Enstatit, Chromdiopsid und anderen Stoffen. Heute werden sogar die Schotterlagen am Meeresboden, die an der Küste durch aus dem Gebiet der Pipes kommende Flüsse abgelagert wurden, ausgebaggert.

Der größte aller Diamanten wurde 1905 in Südafrika, in der Premiermine gefunden: der Cullinan, der ungeschliffen 621,2 Gramm (3106 ct) wog und dessen Form auf ein doppelt so großes ursprüngliches Oktaeder schließen ließ.

Er wurde nach dem Vorsitzenden des Stammhauses Transvaal Company, Sir Thomas Cullinan, benannt. Die Transvaalregierung kaufte 1907 den Stein an und schenkte ihn dem König Edward VII. von England. Geschliffen ergab er hundertfünf Steine, wovon vier zu den britischen Kronjuwelen gehören. Der Stern von Afrika, mit 530,2 ct der größte geschliffene Diamant der Welt, ist im Zepter des Königs eingefaßt; ein Stein mit 317,4 ct ist in der „Imperial State Crown“ und Steine mit 94,45 ct, beziehungsweise 63,65 ct schmücken zusammen mit dem berühmten Kohinoor die Krone der Königin von England.

Die Chronik der südafrikanischen Diamantenindustrie ist um so faszinierender, als große Steine immer wieder auftauchen. Andererseits bildet die Einrichtung einer wirtschaftlichen und administrativen Kontrolle über das Gebiet ein höchst aufschlußreiches Kapitel in der Geschichte des Kolonialismus. Wer sich, zum Beispiel, mit der Entwicklung der De-Beers Consolidated Mines, dem führenden Unternehmen für den Handel auf der ganzen Welt mit Industrie-

und Schmuckdiamanten beschäftigt, erfährt von den überwältigenden technischen Problemen des Bergbaus, den finanziellen Kämpfen, dem Ankauf kleinerer Bergbaugesellschaften, dem Wirken starker Persönlichkeiten (wie Cecil Rhodes, Barnett Barnato, Sir Ernest Oppenheimer), und ausgedehnten Forschungsausgaben. Nach wie vor ist das politische und wirtschaftliche Leben Südafrikas mit dem Diamanten eng verknüpft.

Granat

Unter der Bezeichnung „Granat" versteht man an sich keine einzelne Mineralart, sondern vielmehr eine ganze Gruppe. Die wichtigsten Glieder dieser Gruppe sind: der Pyrop oder Magnesiumton-Granat, der Almandin oder Eisentongranat, der Spessartin oder Mangantongranat und der Andradit oder Kalkeisengranat. Sagt man nur „Granat", ist meist der Almandin oder auch der seltenere Pyrop gemeint. Zwischen den meisten Granatarten bestehen, chemisch gesehen, Übergänge, so z. B. zwischen Pyrop und Almandin: der Magnesium- und der Eisengehalt können sich gegenseitig vertreten; der Pyrop enthält immer mehr oder weniger Eisen, der Almandin Magnesium. Die Kristallstruktur und auch die äußere Form ist bei allen Arten gleich, nur die Farbe wechselt mit der Zusammensetzung. Die Härte liegt bei 7 1/2, die Dichte ist knapp 4, Spaltbarkeit fehlt, somit können die Granate als Edelsteine verwendet werden.

Rot in allen Schattierungen ist die häufigste Farbe, so daß Granate, wie auch Rubine und Spinelle, lange Zeit zum Blut eine mystische Beziehung hatten. Als, zum Beispiel, 1892 die Hunzas gegen die britischen Truppen an der Grenze Kaschmirs kämpften, benützten sie angeblich Granatkugeln, in dem Glauben, sie würden blutigere, gefährlichere Wunden verursachen.

Der Name „Granat", der von granatum malum, Granatapfel kommt, ist für die Almandin-Pyrop-Gruppe besonders angebracht, da ihre Farbe an die der Frucht erinnert, deren Fleisch purpurrot ist. Der Pyrop ist manchmal hellrot, meist aber blutrot bis fast schwarz, wenn er etwas mehr „Almandin" enthält. Almandin ist von einem etwas dunkleren Rot, auch braun bis fast schwarz.

Die normale Almandinfarbe ist so kräftig, und die Steine meist undurchsichtig, daß man das Material oft zu Cabochons schleift und die Unterseite aushöhlt („Ausschlägeln"), um die Dicke zu vermindern. Eine sehr beliebte Varietät ist der Rhodolit (Pyrop : Almandin = 2 : 1), der eine lavendelrosa Farbe hat und besonders im Cowee Valley in Nordkarolina vorkommt. Viel größere Steine in der gleichen schönen Farbe kommen von Ceylon und seit neuestem von Tansania. Ein anderer interessanter Pyrop-Almandin, der in Idaho zu Hause ist, hat nadelige Einschlüsse, die dergestalt verlaufen, daß sie Sterne erzeugen. Gewöhnlicher Almandin kommt in großer Verbreitung vor, häufig in Gneisen und Glimmerschiefern, und sekundär in Seifen.

Die wohl bekannteste Pyrop-Lagerstätte ist ein großes Gebiet westlich der Stadt Třebenice in Nordböhmen. Die Vorkommen waren früher unter dem Namen Meronitz, jetzt Měrunice, bekannt, jetzt ist die Gewinnung und Verarbeitung in Podsedice konzentriert. Der Pyrop steckt dort in einem Gestein, ähnlich den Kimberliten, und tatsächlich wurde hier der einzige europäische Diamant gefunden. Die meisten Edelsteine im alten Granatschmuck (heutzutage wieder beliebt) stammen von dort. Die böhmische Schleifindustrie, die ihren Höhepunkt im 19. Jh. erreichte, flaute ab, als ein besseres Material, „Kaprubin" genannt, in den De Beers-, Kimberley- und in anderen südafrikanischen Minen gefunden wurde. Gleichzeitig kam der Stein auch aus der Mode. Das Museum des böhmischen Granats in Trebenice zeigt schöne alte und moderne Schmuckstücke aus Pyrop, die von der dortigen Industrie erzeugt wurden und werden. Almandin wird auch als mildes Schleifmittel verwendet. Granatpapier verwendet man z. B. zum Möbelpolieren.

Der gewöhnliche Andradit ist als Edelstein ungeeignet, es sei denn in seiner schwarzen Varietät, Melanit, und in seiner grünen, dem Demantoid. Wegen seines diamantartigen Glanzes, seines schönen Feuers und seiner reizvollen grasgrünen bis smaragdgrünen Farbe ist dieser seltene Stein der beliebteste und auch der teuerste aller Granatarten. Seine Farbe verdankt er einer kleinen Menge Chrom. Die feinsten Steine kommen vom Ural, aber auch in der Schweiz, am Geißpfad im Binnatal, gab es Stücke in Edelsteinqualität. Es gibt ferner einen gelben Andradit, der leider den verwirrenden Namen Topazolith erhielt. Man findet ihn in der Schweiz und den italienischen Alpen, aber in Stücken, die zu klein sind, um zu Edelsteinen geschliffen zu werden.

Den Grossular kennt der Juwelier als „Hessonit" oder „Zimtstein" wegen seiner lichtbraunen Farbe. Hellrosa oder hellgrüne Grossulare sind sehr verbreitet, aber immer undurchsichtig. Der Name Grossular kommt von dem lateinischen grossularia, Stachelbeere, die an die grüne Farbe erinnert. Die meisten Hessonite kommen aus den Edelsteinseifen in Ceylon. Kleinere Mengen schön gefärbter Steine werden in Minas Gerais in Brasilien gefunden. Ab und zu liefern die Pegmatite Kaliforniens auch Grossulare.

Mit Grossular darf man Spessartin nicht verwechseln, dessen orange- bis rotbraune Farbe derjenigen des Hessonits nahekommt. Er wird in der Schmuckindustrie kaum benützt, da seine Produktion begrenzt ist. Die Edelsteinseifen Ceylons, die Pegmatite in Brasilien und in Amelia County, Virginia, lieferten prächtige Steine dieser Art, aber in geringer Menge. Der Name stammt von Vorkommen dieses Minerals im Spessart.

Korund: Rubin und Saphir

Korund, ein natürliches Aluminiumoxid, ist nach dem Diamanten der härteste aller bekannten natürlichen Stoffe. Das Mineral ist auch chemisch widerstandsfähig, mit wenig Neigung, zu spalten und es kann rauhe Behandlung vertragen, ohne Schaden zu nehmen.

Der gemeine Korund ist undurchsichtig und unscheinbar – ganz im Gegensatz zu den Edelsteinvarietäten Rubin und Saphir, die seit alters, und mit Recht, hochgeschätzt sind.

Allerdings ist der „sappheiros" des Altertums, wie schon im ersten Kapitel erwähnt, in Wahrheit der „goldgesprenkelte" (Pyrit!) Lapislazuli; was das Wort eigentlich bedeutet, ist unbekannt. Hiermit im Zusammenhang mag die altpersische Sage stehen, die Erde säße auf einem „Saphir", der dem Himmel seine Farbe mitteile.

Oben: Spessartin (Granat) von sehr guter Farbe, 109 ct., Brasilien.
Unten links: Hervorragend schöner, gelber Diamant im Brillantschliff, als Ring gefaßt, 12 ct.
Unten rechts: Labradorit in ungewöhnlicher, roter Färbung, 14 ct., Oregon.

Stets wird der echte Saphir mit der Farbe blau in Verbindung gebracht, in der Literatur wie im Handel. Technisch gesehen hingegen, kann er, wie wir schon gesehen haben, alle Farben bis auf Rot aufweisen.
Rubin kommt vom lateinischen rubeus, rot. In alten Zeiten wurde dieser Stein mit anderen roten Mineralien verwechselt, vor allem mit dem Granat und, naturgemäß, mit dem Spinell (vgl. Kap. 3). Namentlich unter Karfunkel, lateinisch carbunculus, wurden alle drei Steine vereint.
Wie dem auch sei, seit alten Zeiten waren die edlen Korundvarietäten geschätzt. Im Mogok-Distrikt in Oberbirma, wo man unglaubliche Rubin- und Saphirschätze gefunden hat, deuten die im Grubengebiet zerstreuten Artefakten auf eine Aktivität, die vielleicht bis in die Vorgeschichte zurückführt. Sowohl die orientalische wie auch die abendländische Literatur ist voll von Hinweisen auf Rubine und Saphire. Durch die Jahrhunderte hindurch findet man diese Edelsteine in den königlichen Insignien – von der Krone der lombardischen und ungarischen wie auch der gotischen Könige bis zur heutigen Krone Englands und Dänemarks.
Es gibt keinen Edelstein, dessen Farbe schöner ist als die des natürlichen Korunds. Besonders geschätzt sind die strahlenden Farben Rot und Blau, aber auch die meist weniger intensiven Farbnuancen wie Violett, Rosa, Lavendel, Blaßrosa, Gelb, Purpur und Grün ergeben reizvolle Steine. Es gibt sogar eine orange Varietät, nach dem singhalesischen Namen der Lotusblume „padparadscha" genannt. Die Korundgruppe verdankt ihre mannigfaltigen Farben unterschiedlichen, winzigen Mengen Titan, Eisen und Chrom in ihrer chemischen Zusammensetzung. Am höchsten bewertet werden naturgemäß die tiefsten Töne, „Taubenblut" beim Rubin, „Kaschmirblau" beim Saphir.
Die Schönheit des Rubins und des Saphirs wird manchmal durch den Asterismus – die im 2. Kapitel beschriebene sternähnliche Reflexion – erhöht. Obwohl man den Sterneffekt bei fast allen Korundfarben beobachten kann, kommt er gegen einen strahlend roten oder blauen Hintergrund am besten zum Vorschein.
Beständigkeit und Schönheit allein würden schon genügen, um die besondere Vorliebe für die edlen Korunde zu erklären. Ihre Seltenheit kommt noch hinzu. Gemeiner Korund ist ein sehr gewöhnliches Mineral, das in vielen Lagerstätten auf der ganzen Welt auftritt. 1858 wurde z. B. ein riesiges Vorkommen in Macon County, in Nordkarolina gefunden. Tonnen von Korund, u. a. große Kristalle, wurden dort abgebaut. Ein einzelner Kristall wog sogar etwa 150 kg. Dennoch findet man im ganzen Staat keine zufriedenstellenden Saphire und nur einige kleine Rubine. Korund ist übrigens der wichtigste Bestandteil im Smirgel.
Die feinsten Rubine, für manche vielleicht die einzigen schönen, findet man in Birma, in den Seifen um Mogok, wo sie aus kontaktmetamorphen Kalksteinen, Marmoren, auswittern und in den Schottern der Flußtäler angereichert werden. Der von diesen Lagerstätten kommende, taubenblutrote Rubin hat einen leichten purpurnen Stich. Wegen ihrer Seltenheit erreichen solche Rubine in größeren Exemplaren so hohe Preise wie die besten Diamanten. Die in Thailand um die Gegend von Chantabun vorkommenden Rubine sind etwas bräunlicher. Die besten Ceylon-Rubine stammen aus den Seifenla-

gerstätten von Ratnapura und anderen Gegenden im Süden der Insel, sind Verwitterungsbildungen aus magmatischen Gesteinen und weisen eher helle, rosarote Farben auf.
Nach dem 2. Weltkrieg wurde in Tansania, nordwestlich des Kilimandjaro, ein neues Vorkommen entdeckt. Rubine sind dort, in cm-großen Kristallen, in einem Gemenge aus grünem Zoisit und Hornblende eingeschlossen. Die Rubine sind nicht schleifbar, doch ist das Gestein insgesamt sehr dekorativ.
Saphire treten allgemein parallel zu den Rubinlagerstätten auf. In Birma findet man sie einige Kilometer von Mogok entfernt und in einer etwas höheren Lage. In Thailand, der zweitwichtigsten Quelle nach Birma, kommen sehr feine Saphire aus den Seifen von Battambong, die bis Kambodscha reichen. Herrliche Saphire vom besten „Kaschmirblau" findet man in Kaschmir, im nordwestlichen Himalaya, in einem Pegmatit und davon ausgehenden Seifen, zusammen mit anderen Edelsteinen wie Turmalin und Granat. Auch Ceylon liefert gute Saphire in vielen Farben, wie blaßhellblau, rosa, gelb und farblos. Andere Lagerstätten sind z. B. die australischen Seifen um Anakie und anderen Orten. Kleine, jedoch gute Saphire mit schönem Glanz, Verwitterungsprodukte von magmatischen Gesteinen, treten in Yogo Gulch, Montana, auf. Alle Lagerstätten, auch die größten, liefern nur eine geringe Zahl brauchbarer Edelsteine. Edle Korunde sind also tatsächlich selten.

Mondstein

Es bedarf keiner allzu großen Phantasie, um zu verstehen, warum dieser schöne, relativ preiswerte Stein so heißt. Mondstein ist meist ein Kalifeldspat (Orthoklas), in den feine Lamellen von Natronfeldspat (Albit) eingeschaltet sind. An diesen Lamellen treten Beugungs- und Interferenzerscheinungen auf, die den wogenden, bläulichen Schimmer hervorrufen (vgl. Kap. 2). Dieser bläuliche Lichtschein erinnert sehr stark an den Mondschein. Außerdem haben einige Mondsteine Einschlüsse, die deutlich, wenn auch etwas diffus, den Effekt des Katzenauges erzeugen. Mondstein wird gewöhnlich in Cabochons geschliffen, deren Basis parallel zu den Feldspatlamellen liegt. Er wird nicht facettiert, da er nicht durchsichtig ist. Cabochons von guter Qualität sind jedoch durchscheinend und das fast unheimliche Schimmern scheint tief aus dem Inneren des Steins zu kommen. Obwohl der Mondstein nur Härte 6 hat und ziemlich leicht spaltet, ist er als Edelstein relativ beständig und gegen Abnützung nicht sehr empfindlich. Das feinste Rohmaterial kommt von Ceylon, vor allem aus den Seifen im Süden der Insel, oder unmittelbar aus zersetzten Pegmatiten im Südwesten im Zentrum des Landes. Die Steine werden in Ceylon vorbearbeitet und in Idar-Oberstein geschliffen. Es gibt noch weitere Vorkommen, einschließlich Madagaskar, Birma, Indien und sogar mehrere Orte in den Vereinigten Staaten. Mondsteine aus Indien schimmern z. T. auch farbig. Man kennt ferner Mondsteine, die aus Albit oder aus calciumreichem Feldspat bestehen.

Opal

Vor vielen Jahren gab ein Liebhaber der Opale eine aufschlußreiche, wenn auch böse Äußerung von sich. Er meint, „daß sich jeder Mineraloge und Wissenschaftler freuen würde, zu erfahren, daß Königin Viktoria einen gesunden Menschenverstand bewies, indem sie den Opal zu den bevorzugten Familiengeschenken wählte und sich damit von den abergläubischen Vorstellungen der Kaiserin Eugenie distanzierte."

Diese Äußerung weist darauf hin, daß der selbst an höchster Stelle gepflegte Glaube vom ungünstigen Einfluß des Opals überwunden werden mußte. Gleichzeitig läßt sie erkennen, daß der Opal ein schätzenswerter Edelstein sein kann.

Im Laufe der Jahrhunderte hatte der Opal Höhe- und Tiefpunkte. Seine Zerbrechlichkeit – er ist spröde und wird leicht rissig, wenn er abruptem Temperaturwechsel oder harten Stößen ausgesetzt ist – trug bestimmt zu seiner Mißachtung bei. Einige Opale bekommen im Lauf der Zeit Risse, sogar ohne besonderen Spannungen ausgesetzt zu sein. Die sich verändernde Mode, die unregelmäßige Produktion, die zu Preisschwankungen führt, und überkommene, abergläubische Vorstellungen wirken sich nach wie vor negativ aus. Dabei sind viele Opale widerstandsfähig und die Schönheit der breiten Skala strahlender, flimmernder Farben ist unbestreitbar.

Gewöhnlichen Opal, nicht jedoch den Edelopal, findet man auch in sedimentären Ablagerungen, z. B. als Versteinerungsmittel von Holz, Muscheln, Knochen und, stark verunreinigt, als Kieselknollen, sogenannte Feuersteine. Gelegentlich ersetzt Opal die Kristalle anderer Mineralien. So stieß man in Australien auf in Edelopal umgewandelte Gauberitkristalle; den Edelstein- und Mineraliensammlern unter dem Namen „pineapple opal" bekannt. In Virgin Valley, Nevada, kann man an verkieseltem Holz das prächtige Farbenspiel des Opals beobachten. Vor vielen Jahren soll in Australien das Skelett eines Plesiosaurus – eines Meeresreptils – entdeckt worden sein, das in Opal umgewandelt war.

Da der Reiz des Opals im prächtigen Farbenspiel liegt, wird der Edelstein immer in flachen Cabochons oder in andere abgerundete Formen geschliffen, die die Farbenpracht besser zur Geltung kommen lassen als etwa der Facettenschliff. Edelopale sind selten durchsichtig, so braucht sich der Schleifer keine Gedanken darüber zu machen, wie er die Brillanz steigern kann. Opale sind schwer zu schneiden. Da sie sehr spröde sind und Risse bekommen, wenn sie erhitzt sind, dürfen sie nur einem geschickten Schleifer anvertraut werden. Die zwischen 5 ½ und 6 ½ liegende Härte ist günstig, nur muß der Stein mit Sorgfalt getragen werden, da die geschliffene Oberfläche sonst von vielen Kratzern sehr bald verunstaltet wird.

Opal besteht aus wasserhaltigem Siliciumdioxid und ist scheinbar amorph, das heißt die Teilchen befinden sich nicht in der geregelten Ordnung eines Kristallgitters. Indessen zeigen die meisten Opale bei genauerer Untersuchung, daß der amorphe, ungeordnete Zustand doch schon teilweise verschwunden und der Übergang in den kristallisierten zu beobachten ist. Über das „Opalisieren" wurde in Kapitel 2 berichtet.

Normalerweise entsteht der Edelopal durch die teilweise Zersetzung von silikatführenden Gesteinen, wie Basalt und anderen Vulkaniten, aber auch Quarzsandsteinen, durch die Einwirkung von heißen Wässern, und bildet demgemäß Krusten, Knollen, Spaltenfüllungen und ähnliche Formen.

Gegenüber oben links: Herzförmig geschliffener Amethyst, 41 ct., Brasilien.
Oben rechts: Feueropal, ca. 5 cm langes Stück, Mexiko.
Unten: Peridot, von erster Qualität, Birma.
Unten: Elfenbeinschnitzerei aus China, ca. 60 cm hoch, fossiler Mammutzahn.

Die ersten im Handel erhältlichen Opale gehen auf die Römerzeit zurück und kamen von den Minen in der Nähe von Cervenica bei Prešov in der Tschechoslowakei, das früher aber zu Ungarn gehörte. Deshalb wurden die von dort kommenden Opale immer „ungarische Opale" genannt. Das Schicksal dieser Minen schwankt mit dem mehrfachen Wechsel zwischen Verstaatlichung und Reprivatisierung. Mit der Entdeckung der australischen Vorkommen ging ihre Bedeutung rapide zurück und 1922 wurden sie stillgelegt. Der milchige, ungarische Opal mit seinen verstreuten Farbpunkten konnte es nicht mit dem strahlenden Farbenspektrum der überseeischen Opale aufnehmen.

Heute sind Australien und Mexiko die Hauptquellen für Opale guter Qualität. Auch Brasilien liefert ab und zu geringere Mengen. Die Edelopale dieser Vorkommen sind in ihrer Erscheinung so verschieden, daß man sie leicht unterscheiden kann. Mexikanischer Opal wird in Hohlräumen in vulkanischer Lava gefunden, ist z. T. durchsichtig und seine Farbe schwankt von kräftigem Rot über Orange bis fast farblos. Der rote ist auch als Feueropal bekannt. Schwach gefärbte Opale werden beim Schleifen mit einem schwarzen Stein als Unterlage versehen, um die Farbentfaltung zu steigern. Wahrscheinlich kannten die Azteken lange vor Kolumbus den mexikanischen Opal. Es gibt mehrere Vorkommen in den Staaten Chihuahua, Guerrero, Hidalgo, Jalisco, Michoacan, Querétaro und San Luis Potosi. Die seit über hundert Jahren in Betrieb stehenden Minen in Querétaro sind bei weitem die wichtigsten.

Im Gegensatz zum mexikanischen Opal ist der australische ganz oder fast ganz undurchsichtig

und seine Farben gehen vom Weiß über Blaugrau zum dunkeln, manchmal fast ins Schwarz übergehenden Grau. Diese Steine entwickeln ein prächtiges Farbenspiel mit schönen Mustern. Schwarze Opale sind besonders schön und wertvoll, aber so selten, daß man nur sehr dünne Stücke herausschneidet und sie mit gemeinem Opal oder einem ähnlichen Mineral als Unterlage versieht.

Die Opalvorkommen im Süden und Westen Australiens liegen in einem sehr unwirtlichen Gebiet, abseits von der Zivilisation, ohne Wasser und mit fast unerträglichen Temperaturen. Um die Mitte des 19. Jh. wurde der Opal in diesem „Busch" gefunden. Später entdeckte man ihn auch in verschiedenen Orten in Neu-Südwales, Südaustralien und Queensland. Sicherlich werden noch weitere Vorkommen berücksichtigt werden, nachdem auf dem Edelsteinmarkt der Widerstand gegen dieses erstaunliche Material verschwunden ist. Namen wie Yowah, Quilpie, White Cliffs, Lightning Ridge, Coober Pedy, Eulo und Tintabar, die alle berühmte australische Opalfelder bezeichnen, klingen nun genau so verheißungsvoll wie Kimberley und De Beers für den Diamantenliebhaber.

Peridot

Man pflegt zu erzählen, daß in einigen Teilen Arizonas und Neumexikos die Ameisen Peridot abbauen und die Körner an die Oberfläche bringen, um Ameisenhügel daraus zu errichten. Zum Glück ist die Geschichte erfunden, und die Peridotkörner befinden sich einfach dort, weil sie ein Bestandteil des Bodens sind. Der hübsche Peridot verdient ein besseres Schicksal als das eines Baumaterials für Ameisenhügel. Für manche ist dieses Eisen-Magnesium-Silikat wegen seiner zwischen Gelbgrün und tiefem Flaschengrün schwankenden Farbe einer der reizvollsten Edelsteine überhaupt.

Peridot ist die Edelsteinvarietät eines verbreiteten, gesteinsbildenden Minerals, des Olivins, der in der Zusammensetzung zwischen einem reinen Eisen-Silikat, dem Fayalit, und einem reinen Magnesium-Silikat, dem Forsterit, schwankt. Von der Höhe des Eisengehaltes hängt der Ton der Farbe ab. Gewöhnlich ist der Olivin durchscheinend oder undurchsichtig. Die durchsichtige Varietät, eben der Peridot, früher auch Chrysolith genannt, findet sich in olivinreichen Gesteinen, wie Gabbros oder Peridotiten, die nachträglich meist serpentinisiert sind. Lagerstätten dieser Art finden sich bei Kyaukpon bei Mogok (Birma) und auf der Insel Seberget im Roten Meer (ehemals St. John, noch früher Topazios genannt). Alle guten Peridote, die nicht eben häufig sind, kommen von diesen beiden Lagerstätten. Der größte bekannte Peridot, ein tiefgrüner Edelstein von 310 ct, der sich in der Smithsonian-Sammlung befindet, stammt von Seberget. Flächenreiche, schleifbare Kristalle fanden sich einmal in einem Meteoriten, der in Sibirien niedergegangen war.

Viele alte „Smaragde" sind – ebenso wie ein Teil derjenigen, die königliche Schätze zieren – in Wirklichkeit Peridotsteine. Es ist schwer zu verstehen, wie man sie verwechseln konnte, da ihre Farben ganz verschieden sind. Vielfach dürfte auch der Topas der alten Schriftsteller in Wirklichkeit Peridot gewesen sein. Noch in späteren Zeiten wurde der Peridot poetisch als „Abendsmaragd" bezeichnet. So versuchte man wohl das Prestige dieses Edelsteins zu steigern, indem man ihn in Verbindung mit dem Smaragd brachte. Dabei hat er durchaus seine eigenen Vorzüge: Seine Farbe ist unbestreitbar schön, seine Härte (6 1/2) zufriedenstellend, und seiner Neigung zu springen, wenn er starken Spannungen ausgesetzt wird, kann man durch Einfassen in eine Metallunterlage abhelfen. Der Stein entwickelt wenig Feuer und hat einen fetten, etwas glasigen Glanz. Zum Glück ist der Brechungsindex hoch genug, um eine attraktive Brillanz zu erzeugen. Im Mittelalter war Peridot ein bevorzugter Stein zum Schmuck von Altären, der lithurgischen Gerätschaften und auch der Inkunabeln.

Die Quarz-Familie

Das Mineral Quarz tritt in so vielen Varietäten und Formen auf, die noch dazu mit einer verwirrenden Anzahl von Namen versehen sind, daß es recht schwierig ist, sich einen Überblick über die Dinge zu verschaffen. An sich ist das nicht weiter verwunderlich, denn die Bestandteile dieses Minerals, Silicium und Sauerstoff – SiO_2 – sind gleichzeitig die Hauptbestandteile der festen Erdrinde. Quarz ist, nach der Gruppe der Feldspäte, das zweithäufigste Mineral in den obersten Teilen unseres Planeten. Da nun der Quarz so ungemein verbreitet ist und sich unter allen nur denkbaren chemischen und physikalischen Bedingungen bilden kann, überrascht es nicht, daß eine ganze Reihe seiner Varietäten zu den Edelsteinen zählen: Amethyst, Bergkristall, Citrin, Rauchquarz und Rosenquarz, Achat, Chrysopras, Heliotrop, Jaspis, Karneol und Onyx

Zur Übersicht werden die Quarzvarietäten 1. in Formen, die in wohlausgebildeten Kristallen und grobkristallinen Massen auftreten und 2. in feinstkörnige, „krypto-kristalline", dichte Quarze unterteilt. Amethyst, Bergkristall usw. werden in klaren, durchsichtigen Kristallen gefunden und erlauben einen Facettenschliff. Die Achate, der Chrysopras, der unscheinbare Chalcedon usw. hingegen, bestehend aus einem Aggregat von winzigen Kriställchen, die unter dem normalen Mikroskop nicht mehr sichtbar werden, sind meist undurchsichtig oder allenfalls durchscheinend und oft kräftig, aber unregelmäßig gefärbt. Man schleift sie zu Cabochons, verwendet sie zum Schneiden von Gemmen usw.

Alle Quarze haben Härte 7, bis auf einige dichte Formen, die etwas weicher sein können, sind also für Schmuckzwecke noch geeignet. Wichtig für die Verarbeitung ist, daß Quarz keinerlei Spaltbarkeit aufweist und auch nicht sonderlich spröde ist. Doch entwickelt das Mineral wenig Feuer und hat einen glasartigen Glanz, so daß es in erster Linie auf die Farben, und bei den kryptokristallinen Spielarten auch auf die Zeichnung ankommt.

Amethyst: Das Wort läßt an die violetten Kristalle, oft in großen Drusen, denken, die faßweise aus Brasilien nach Idar-Oberstein exportiert werden. Doch hat der Stein eine bemerkenswerte Farbskala. Aus Madagaskar und Ungarn kommen blauviolette Steine, aus Nordkarolina und Guanajuato in Mexiko rotviolette. Einige brasilianische sind purpurrot mit einem rotbraunen Stich, während in Pennsylvanien rotgraue Varianten gefunden werden.

Häufig ist die Farbe ungleichmäßig in den Kri-

Gegenüber: Die größte Kristallkugel der Welt, ca. 325 mm Durchmesser, Gewicht etwas über 48 Kilogramm, geschliffen in China aus Bergkristall von Birma. Unten: Tigerauge, poliert.

stallen verteilt. Manchmal weist nur ein Teilstück – gewöhnlich die Spitze – Amethystfärbung auf, während der Rest farblos oder rauchfarbig ist. Der geschickte Schleifer versteht es, die Schleifrichtung so zu wählen, daß ein einziger amethystfarbener Fleck genügt, um dem ganzen Edelstein seine Farbe mitzuteilen. Von der Herkunft teilweise unabhängige Farbbezeichnungen, z. B. für purpurne Steine „Sibirischer Amethyst", für die weniger kräftig gefärbten „Uruguay-Amethyst" und die minderen „Bahia-Amethyst" werden unglücklicherweise im Edelsteinhandel gelegentlich verwendet. Wie die Farben des Amethystes entstehen, ist noch nicht genau bekannt. Man vermutet jedoch, daß Spuren von Eisen – im Gitter eingebaut – eine Rolle spielen.

Amethyste sind sehr beliebt und die gesuchtesten Edelsteine unter den Quarzvarietäten. Wenn die alte Vorstellung, der Amethyst sei ein Schutzmittel gegen Vergiftungen – sein Name bedeutet im Griechischen „nicht betrunken" – noch gälte, würde seine Popularität noch steigen. Möglicherweise deutete der Name darauf hin, daß die Farbe zwar derjenigen eines guten Rotweines ähnelt, ohne jedoch ganz die gleiche zu sein.

Bergkristall: Es ist der Stein des Wahrsagers, der sicherlich sehr glücklich ist, wenn er eine schöne, reine, makellose Quarzkugel von etwa 15 cm Durchmesser besitzt. Obwohl Bergkristall oder farbloser Quarz sehr verbreitet ist und manchmal in einzelnen Kristallen vorkommt, die mehrere Tonnen wiegen, sind große, fehlerfreie, zum Schneiden und Schleifen geeignete Stücke selten und teuer. In der Smithsonian-

Sammlung befindet sich eine außergewöhnlich fehlerfreie Kugel von etwa 30 cm Durchmesser, die fast 24 kg wiegt.

Der Bergkristall erhält beim Schleifen Facetten und wird zu Perlen, Cabochons und vielerlei kunstgewerblichen Gegenständen verarbeitet. Sehr dekorativ sind Bergkristalle mit eingeschlossenen Rutilnadeln.

Im Mittelalter wurden im Orient, aber auch in Europa, Gefäße und Ziergegenstände verschiedener Art geschnitten. Eine Blüte erreichte diese Kunstrichtung jedoch im 13., 14. und ganz besonders im 15. und 16. Jahrhundert in Italien, Burgund und Böhmen. Das kunsthistorische Museum in Wien bewahrt Krüge, Vasen, Becher, Pokale, Schalen und andere reine Ziergefäße auf, die aus einzelnen, bis zu 50 cm hohen Bergkristallen geschnitten und mit reichen Ornamenten bedeckt wurden. Da er sich gut schneiden läßt (keine Spaltbarkeit!), ist diese Technik besonders entwickelt. Das Rohmaterial, wiewohl vielfach angeblich aus dem Orient stammend, dürfte zumindest zum Teil bereits aus den Alpen, vor allem der Schweiz, bezogen worden sein. Daß der Bergkristall der Alpen schon in der Antike bekannt war, läßt sich aus dem Namen schließen. Denn krystallos bezeichnete im Griechischen den Bergkristall schlechthin aber auch Eis, oder eisartige Dinge. Und Plinius teilte mit, daß dieses Mineral nur in Gebieten strenger Winterkälte vorkomme und wohl tiefgefrorener, nicht mehr auftauender Schnee sein müsse. Der Gebrauch des Wortes „Kristall" im heutigen Sinne bürgerte sich übrigens erst nach und nach im 17. und 18. Jahrhundert ein.

Seit über einem Jahrhundert ist Brasilien der wichtigste Lieferant für Bergkristalle. Viele Tonnen schwere Einzelkristalle wurden dort gefunden: der größte Kristall – etwa 6 m lang und ca. 1 m dick, bei über 44 Tonnen Gewicht – wurde in Goiaz entdeckt. Auch Madagaskar ist eine ausgezeichnete Quelle für Bergkristalle, die seit dem 9. und 10. Jahrhundert die Kristallschneider in Europa, Indien und China versorgte.

Citrin: Eine gelbe bis goldbraune Quarzvarietät wird als Citrin beschrieben. Meist wird verschwiegen, daß diese Spielart in der Natur selten vorkommt: Fast alle im Handel befindlichen „Citrine" sind gebrannte Amethyste, die auf eine Temperatur von 500–600° erhitzt wurden. Solche gebrannte Amethyste werden oft unter abenteuerlichen Namen, wie Madeira-Topas, Gold-Topas, Palmyra-Topas usw. ja sogar als Topas schlechthin angeboten; letzteres ist allerdings schon Betrug zu nennen. Gleichzeitig hinwiederum wird echter Topas auch als „brasilianischer Topas" verkauft. Hier verliert der nicht eingeweihte Käufer den Überblick ganz und gar.

Rauchquarz: Diese Abart des Bergkristalls weist Schattierungen von einem lichten, rauchigen Braun bis zu tiefdunklen Tönen auf. Fast schwarz erscheinende Kristalle nennt man Morion. Rauchquarze findet man in Pegmatiten, besonders schön aber in den alpinen Zerrklüften; das sind Lagerstätten besonderer Art, die fast ausschließlich schöne, wohlausgebildete Kristalle liefern und zuerst aus den Alpen bekannt geworden sind. Die besten Rauchquarze stammen denn auch aus den Schweizer Alpen, die tonnenweise Material geliefert haben. So wurde im Jahre 1868 ein „Kristallkeller" ausgeräumt und dabei ein Morion von fast 70 cm Länge und 133 kg Gewicht geborgen. Wie die anderen Quarzvarietäten ist auch der Rauchquarz in der ganzen Welt verbreitet. Aus dem Cairngorm in Schottland stammt der „Cairngorm", der das traditionelle Kostüm der Hochländer schmückt. Jetzt wird er allerdings aus Brasilien bezogen. Rauchquarze werden durchaus als Edelsteine verschliffen, erscheinen im Handel dann allerdings meist unter der Bezeichnung „Rauchtopas". Die Ursache der rauchigen Tönung ist noch nicht ganz geklärt; wahrscheinlich besteht ein Zusammenhang zwischen der Intensität der Farbe und der natürlichen Radioaktivität, der die Kristalle ausgesetzt waren. Jedenfalls kann man Bergkristalle mit Reaktorstrahlung ohne weiteres zu Rauchquarzen umfärben.

Rosenquarz: Die meist derben Massen erscheinen in delikaten rosé oder rosa-roten Schattierungen, manchmal mit einem Stich ins Lavendel, und gehören zu den reizvolleren Quarzvarietäten. Selten sind Stücke, die klar und groß genug sind, um einen Facettenschliff zu ermöglichen. Dies ist allerdings unwichtig, da die Farbe am besten beim Cabochon und in Perlen zur Geltung kommt. Obwohl nicht billig, ist das Material auch für kunstgewerbliche Arbeiten geschätzt. Manchmal weisen Rosenquarze nadelige Rutileinschlüsse auf, die ihre Farbe wenig beeinflussen, aber, wenn entsprechend orientiert, einen Asterismus erzeugen. Der Sterneffekt kommt seltsamerweise am besten zum Vorschein, wenn man eine Perle oder Kugel gegen das Licht hält.

Rosenquarz findet man normalerweise im Quarzkern von großen Pegmatitstöcken, so am Hühnerkobel bei Zwiesel im Bayrischen Wald oder in Pleystein in der Oberpfalz; hier erhebt sich ein Felsen aus Rosenquarz, auf dem eine Kapelle steht. Ein ähnlicher Quarzkern ist in Süddakota bei Custer aufgeschlossen: eine riesige, über 30 m lange rosa Masse. Sie lieferte lange Jahre Material für die chinesischen Graveure, bis zur Entdeckung qualitativ besseren Materials in Brasilien, das nun die Hauptquelle für dieses Material ist. Die wichtigsten Fundplätze sind im Arasuahy-Jequitinhonha-Distrikt im Staate Minas Gerais. Vor kurzem wurden in Brasilien auch prächtige Kristallstufen gesammelt; dies ist insofern für die Mineraliensammler bemerkenswert, als Rosenquarz gemeinhin nur in derben, wenn auch grobkristallinen Massen vorkommt. Für die Farbe zeichnet vermutlich ein feinst verteilter Gehalt an Rutil verantwortlich.

Kryptokristalline Varietäten: Unter den dichten Quarzformen ist der Achat wohl der wichtigste und am meisten verbreitete. Er ist im Grunde genommen ein Chalcedon mit typischer Bänderung und anderen Mustern und verschiedenen Farben, an sich eher zu kunstgewerblichen Arbeiten als zu reinen Schmuckzwecken verwendbar.

Das Zentrum der Achatindustrie ist Idar-Oberstein. Daß in der weiteren Umgebung des Ortes schon in römischer Zeit Achate abgebaut wurden, ist nicht erwiesen. Der Beginn der Industrie, angeregt durch das reichliche Vorkommen von Achaten, wird ins 16. Jahrhundert verlegt. Als im vergangenen Jahrhundert die einheimischen Vorräte der Erschöpfung zugingen, hatten ausgewanderte Idarer Schleifer gerade rechtzeitig Karneole in Brasilien entdeckt. Heute kommt alles Material an Achat aus Brasilien und Uruguay. Längst hat sich inzwischen in

Oben: Citrin im Brillantschliff, 278 ct., Brasilien.
Unten links: Rosenquarz, 30 ct., Brasilien. Schleifbarer Rosenquarz in dieser Größe ist sehr selten.
Unten rechts: ungewöhnlich gefärbter blauer Chalcedon aus Südwestafrika.

Idar-Oberstein die Edelstein-Industrie weit über die reine Achatschleiferei hinausentwickelt.

Achat kommt unter anderem in unregelmäßigen Knollen, sogenannten Mandeln, in kieselsäurearmen Ergußgesteinen, wie Basalt („Melaphyr") vor. Diese Mandeln sind mit konzentrischen Lagen von Achat gefüllt, während der innerste Raum oft aus Amethyst oder anderen Quarzkristallen besteht.

Achate sind ungemein vielfältig in Musterung, Zeichnung und Farbe. Moosachate verdanken ihre zierliche, an Pflanzen erinnernde Zeichnung bäumchenförmigen Einschlüssen anderer Mineralien, sogenannten Dendriten. Diese werden oft mit Fossilien verwechselt, in Wirklichkeit haben sie nichts mit lebendigen Organismen zu tun. Montana, Wyoming, Oregon und Texas, sowie Lagerstätten in Indien, Uruguay und Brasilien haben prächtige Achate dieses Typs geliefert. Bei den Bandachaten können verschieden gefärbte Lagen parallel zueinander angeordnet sein oder aber regelmäßige, konzentrische, an eine Zielscheibe erinnernde Kreise bilden. Ausgezeichnete Bandachate in vielen Farben kommen von Mexiko und Brasilien in großen Mengen in die Edelsteinschleifereien. Das Sammeln von Achaten hat in den westlichen Staaten der USA einen Höhepunkt erreicht und Tausende von Liebhabern sind unentwegt auf der Suche nach neuen Typen und neuen Quellen. Immer neue Bezeichnungen werden erfunden: Augenachat, Feuerachat, Irisachat, Spitzenachat, Lavendelachat, Lake Superior, Apachenfeder usw.

Natürliche Achate weisen im allgemeinen zwar recht vielfältige, aber nicht sonderlich intensive Farben auf. Hier wird kräftig nachgeholfen, wobei man sich die Eigenschaft der einzelnen Lagen, verschiedene färbende Substanzen in verschiedener Intensität anzunehmen, zunutze macht. Namentlich der schwarze Achat, auch Onyx genannt, ist so gut wie immer gefärbt und zwar nach folgendem, interessanten Verfahren: Zuerst wird der Stein in einer Zuckerlösung gekocht und anschließend in konzentrierte Schwefelsäure getaucht. Der schwarze Kohlenstoff, der sich nun bei der Zerstörung des eingesaugten Zuckers durch die Schwefelsäure gebildet hat, schlägt sich in dem etwas porösen Achat nieder.

Als Edelstein ist unter den dichten Quarzvorkommen wohl der Chrysopras am wertvollsten. Lange Zeit war Frankenstein in Schlesien das einzige, inzwischen erschöpfte Vorkommen, bis neues, hervorragendes Material in Australien gefunden wurde. Es handelt sich um durchscheinende, kräftig grün gefärbte Steine. Zu Cabochons oder Perlen geschliffen, die die Farbentfaltung und Lichteffekte begünstigen, ist der Chrysopras genau so schön und fast so teuer wie Jade von guter Qualität. Eine andere Quarzvarietät ist der Prasem, der seine grüne Farbe eingelagerten Hornblendenadeln verdankt, ähnlich auch Plasma. Ihnen fehlen die Farbintensität und die Schönheit des Chrysoprases, dessen Farbe allein einem Gehalt von ca. 1,8 % Nickel zuzuschreiben ist.

Durch Hämatit rot gefärbter Chalcedon heißt Karneol. Andere Eisenoxide erzeugen Farben, die vom Gelblichen zum Rotbraunen gehen, so beim Sarder, beziehungsweise Sardonyx, wenn die Farbe Streifen bildet. Schwarzweiß gestreifter Chalcedon wird Onyx genannt. Leider lassen sich alle kräftigen Chalcedonfarben durch Fär-

ben erzeugen. Man findet zwar echte Karneole an vielen Stellen, ganz besonders an der Grenze zwischen Brasilien und Uruguay. Die meisten im Handel erhältlichen Karneole aber sind gefärbte, ursprünglich zu blasse oder farblose Chalcedone.

Eine rotbraune, stark verunreinigte Varietät ist der Jaspis. Grüner Chalcedon mit roten Flecken wird als Heliotrop, wohl auch als Blutstein, bezeichnet. Heliotrop ist ein hübscher Schmuckstein, jedoch ist die Farbe nicht immer lichtbeständig. In verkieseltem Holz ist die Zellenstruktur oft noch mit allen Einzelheiten erkennbar.

Wie ersichtlich gibt es viele Namen für die Quarzvarietäten. Der Kuriosität halber folgt hier eine Liste der Bezeichnungen, die sicher unvollständig ist, von denen aber glücklicherweise der größte Teil ohne jede Bedeutung ist.

Achat, Alaskadiamant, Aleppostein, Amberin, Amethyst, Amethystquarz, Amor's Stein, Anconarubin, Aprikosenstein, Arkansas Diamant, Augenachat, Aventurin, Babylonquarz, Baffa-Diamant, Bandachat, Baumachat, Baumstein, Beekit, Bergkristall, Bischofsstein, Blauer Chrysopras, Blauquarz, Blumenstein, Blutjaspis, Blutstein, Böhmischer Diamant, Böhmischer Rubin, Böhmischer Topas, Brasilianischer Diamant, Brasilianischer Topas, Bristol-Diamant, Cairngorm, Cape May-Diamant, Catalina Sardonyx, Catalinit, Chalcedon, Chalcedonyx, Chalchihuitl, Chinarump, Chrysopras, Citrin, Dendritenachat, Eisenkiesel, Eldoradit, Enhydros, Falkenauge, falscher Diamant, falscher Lasurstein, falscher Topas, Festungsachat, Feuerstein, Flint, Flußachat, Froststein, Gangquarz, gebrannter Amethyst, Goldquarz, Goldtopas, Haarstein, Halbkarneol, Heliotrop, Herkimer Diamant, Holzachat, Holzopal, Hornstein, Hot-Springs-Diamant, indischer Achat, indischer Topas, Iolanthit, Jaspachat, Jasper, Jaspis, kalifornischer Mondstein, Kappenquarz, Karneol, Karneolonyx, Katzenauge, Kreolit, Kristall, Landschaftsachat, Lavendin, Lydit, Madeira-Topas, Milchquarz, Mohave-Mondstein, Mokka-Stein, Montana-Achat, Montblanc-Rubin, Mora-Diamant, Morion, Moosachat, Moosjaspis, Mückenstein, Mutzschener Diamant, Nadelstein, Novakulit, Okzidentalischer Achat, Okzidentalischer Amethyst, Okzidentalischer Chalcedon, Okzidentalischer Diamant, Okzidentalisches Katzenauge, Okzidentalischer Topas, Onegit, Onyx, Oranger Topas, Orientalischer Achat, Orientalischer Chalcedon, Orientalischer Jaspis, Ouachita-Stein, Palmyra-Topas, Pecos-Diamant, Phantomquarz, Plasma, Prasem, prismatischer Mondstein, Pseudo-Diamant, Quarzin, Quebec-Diamant, Rauchquarz, Rauchtopas, Regenbogenachat, Rheinkiesel, Rosenquarz, Saphirin, Saphirquarz, Sarder, Sardonyx, Schillerquarz, schottischer Topas, Schweizer Lasurstein, Sibirischer Amethyst, Soldatenstein, Spanischer Topas, Sternquarz, Szepterquarz, Texas-Achat, Tigerauge, Trenton-Diamant, Venushaarstein, versteinertes Holz, Violit, Wasserachat, weißer Karneol, Zonit.

Spinell: Rubin ist, abgesehen von der Kristallform, äußerlich dem roten Spinell sehr ähnlich. Daß unter den großen historischen Steinen der Black Prince's und der Timur-„Rubin" in Wirklichkeit Spinelle sind, ist schon berichtet worden. Sicherlich gilt das auch für andere Rubine in den Kronjuwelen früherer Zeiten. Die Bezeichnung „Balas-Rubin" für roten Spinell hat sich bis heute erhalten. Die Verwechslungen wurden noch dadurch gefördert, daß Rubin und Spinell stets auf denselben Seifen vorkommen. Der erste, der beide Mineralien zu unterscheiden wußte, war glaublich der französische Mineraloge Romé de l'Isle (1783).

Der edle Spinell – er ist nur ein Glied einer ganzen Gruppe – ist nicht übermäßig geschätzt, da er sich bei seiner sehr großen Zahl von möglichen Färbungen nur wenig von vielen anderen Edelsteinen unterscheidet. An Farben kommen vor: Rot, Hellviolett, Blau, Orange, Lila, Purpur mit Graustich, Violett, Indigo, Braun und Schwarz.

Das Mineral ist nicht besonders selten, indessen ist Rohmaterial für Steine von mehr als 10 ct. nicht allzu häufig. Doch kamen aus den Seifen von Birma und Ceylon Mitte des vorigen Jahrhunderts mehrere Stücke von über 100 bis 200 ct nach England. Die beiden erwähnten Vorkommen liefern heute noch den meisten Spinell, obwohl es noch andere Fundstellen gibt, so in Thailand, Australien und Brasilien. Wenn nicht in Seifen, tritt er als Begleitmineral des Korunds in kontaktmetamorphen Kalken, aber auch in Gneisen und anderen Gesteinen auf.

Spinell ist ein Magnesium-Aluminium-Oxid veränderlicher Zusammensetzung, da Eisen, Mangan, Chrom und Zink das vorhandene Magnesium oder Aluminium ersetzen können. Normale Edelsteinspinelle haben, unabhängig von ihrer Zusammensetzung, einen Brechungsindex, der knapp unter 1,72 liegt, besitzen aber ein ziemlich niedriges Dispersionsvermögen, so daß sie wenig Feuer entwickeln. Die Härte ist mit 8 die gleiche wie die des Topas. Spinellkristalle sind von bemerkenswerter Reinheit und es ist seltsam, daß der Stein nicht höher bewertet wird. Alle Spinell-Farbvarianten lassen sich künstlich in bester Qualität herstellen.

Spodumen: Dieses zur Gruppe der Pyroxene gehörende Mineral hat als Edelstein keine lange Geschichte. Seine gewöhnliche Form, ein eher unscheinbar aussehendes Lithium-Aluminium-Silikat, ist den Mineralogen seit ca. 100 Jahren bekannt. Erst 1879 wurde eine gelbgrüne Abart mit Edelsteinqualität von W. E. Hidden in Nordkarolina entdeckt, und 1903 eine zweite, rosafarbene von dem berühmten Gemmologen G. F. Kunz aus den wegen ihrer reichen Mineralführung ebenso berühmten Pegmatiten von Pala, San Diego County, in Kalifornien beschrieben. Beide wurden nach ihren Vätern Hiddenit und Kunzit benannt. Sie weisen starken Pleochroismus auf. Je nach der Richtung, erscheint der aus Kalifornien stammende Kunzit blaßrot, violett und farblos, der brasilianische hingegen violett, purpurn und grünlich. Hiddenit ist blaugrün, gelbgrün und smaragdgrün. Der Schleifer muß bei seiner Arbeit die Richtung wählen, in der die Farben am besten zur Geltung kommen. Die Spodumene haben Härte 7, einen Brechungsindex um 1,66 und sehr wenig Feuer. Das Schleifen wird dadurch sehr erschwert, daß der Stein leicht spaltet. Als Edelsteine sind sie eher Sammlersteine und in Europa nicht sonderlich verbreitet. Da Lithium in Pegmatiten relativ häufig vorkommt, ist das Mineral an sich nicht selten. Bis zu 12 m lange Spodumenkristalle, die sich natürlich als Edelsteine nicht eignen, wurden in der Etta Mine in den Black Hills, Süddakota gefunden. Sogar die edlen Spodumen sind nicht so selten, wie man vermutete. In den

Oben: Ungewöhnlich geschliffener Kunzit von außergewöhnlicher Qualität, 177 ct., Kalifornien. Links: Spinell in der geschätzten Farbe des Rubins, 9 ct., Birma. Rechts: Topas, sogenannter Berman Topas, 77 ct., Brasilien. Gegenüber: Einer der wenigen erhaltenen Kunzitkristalle in Edelsteinqualität, halbe natürliche Größe, Kalifornien.

sechziger Jahren fand man große Mengen Kunzit in brasilianischen Pegmatiten. Brasilien, Madagaskar und andere Länder liefern regelmäßig grünliche und gelbliche Hiddenite.

Topas: Lange Zeit wußte man nichts Genaueres über den Topas, dessen Name wieder, wie so mancher, höchstwahrscheinlich in der Antike einen ganz anderen Edelstein bezeichnete, vermutlich den Peridot. Der Name „Topas" wurde im späten 18. Jh. zur Bezeichnung eines Aluminium-Fluor-Silikates mit Härte 8 und einer unangenehmen Neigung, sich zu spalten, gebraucht. Eine Menge Topas wurde am Schneckenstein in Sachsen gefunden. Bis 1797 war die Ausbeutung der dortigen Vorkommen siebzig Jahre lang ein königliches Unternehmen gewesen, mit einem Ertrag von etwa 150 kg des blaßgelben Edelsteins. Leider wurde von vornherein unterstellt, der Topas sei ein gelber bis orangefarbener Edelstein, was zu Verwirrungen führt, erstens, weil es Topase in anderen Farben gibt, zweitens, weil Edelsteine in der gleichen Farbe, wie zum Beispiel gebrannte Amethyste, den Markt überschwemmen und unter Namen verkauft werden, die eine Verwandtschaft mit dem Topas vortäuschen, wie beim Quarz schon beschrieben. Blaue, braune oder farblose Topase dagegen erscheinen dem Unkundigen verdächtig, weil sie zwar Topase heißen, aber nicht gelb sind.

Die meisten Topase sind farblos. Brasilien hat schöngeformte riesige Kristalle geliefert, die mehrere hundert Kilogramm wogen. Selbstverständlich ist farbloser Topas wegen seiner Häufigkeit kein besonders wertvoller Edelstein. Im Handel hochgeschätzt sind dagegen sherry- oder muskatellerfarbene Steine, aber auch solche in kräftigem Rosa und Purpur. Blasse gelbe oder braune Steine können durch Erhitzen einen schönen rosafarbenen oder blauen Ton erhalten. Einige der durch Erhitzen behandelten, aber auch natürliche blaue Steine, ähneln gutem Aquamarin.

Topase kommen größtenteils in Pegmatiten vor, obwohl sie auch in Verwitterungsschutt gefunden wurden. Das Mineral ist nicht selten; es gibt Lagerstätten auf der ganzen Welt. Die wichtigsten Vorkommen liegen in Brasilien in einem weiten Gebiet in der Nähe von Ouro Preto, in Minas Gerais. Blaue, weiße, gelbe und farblose Topasvarietäten kommen auch in anderen Teilen Brasiliens vor. Texas, Kalifornien, Colorado, New Hampshire und Utah lieferten Topase in geringen Mengen. Bedeutende Mengen werden in den Edelsteinseifen von Ceylon und Birma, der Heimat so vieler Edelsteine, gefunden. Als interessante Vorkommen sind noch die russischen im Ural und Ilmengebirge, die schöne Steine liefern, die südafrikanischen in Klein Spitzkopje, im Norden Nigerias, usw. zu nennen. Da nicht allzu selten, bleibt der Preis der Topase in Grenzen.

Türkis: Wäre nicht seine Farbe, hätte der Türkis als Edelstein wenig anzubieten. Er ist undurchsichtig, seine Farbe jedoch so charakteristisch und apart, daß der Begriff „türkis" nun einen bestimmten blauen Farbton bezeichnet. Der Name kommt vom Französischen „pierre turquoise", d. h. türkischer Stein. Das Material wird jedoch nicht in der Türkei gewonnen, wurde indessen in der Vergangenheit meistens auf türkischen Märkten angeboten.

Die meisten heutzutage gewonnenen Türkise sind ihrer schlechten Farbe wegen fast wertlos.

Ein Teil davon wird durch Behandeln des porösen Materials mit Kunstharz gerettet. Die Anwendung eines blaufärbenden Stoffes kann einen grünen Stich verdecken und ein blasses Blau tiefer erscheinen lassen. Das Material ist ein wasserhaltiges Kupfer-Aluminium-Phosphat, das dem Kupfer seine Farbe verdankt. Einige Türkise werden im Lauf der Zeit blasser oder grünlich; ist aber die Farbe eine Zeitlang konstant geblieben, ändert sie sich nicht mehr, es sei denn, der Stein würde hohen Temperaturen, Öl, Seifen und dergleichen ausgesetzt. Da seine Härte unterhalb 6 liegt, verlangt der Türkis als weicher Edelstein besondere Sorgfalt und Schutz beim Tragen. Er wird ausschließlich zu Cabochons, Halsketten, Gemmen usw. verarbeitet.

Um den Bedarf zu decken, werden die Vorkommen ständig ausgebeutet. Zweifelsohne liefert der Bezirk Nischapur in Persien nach wie vor die beste Qualität. Man findet Türkis dort zusammen mit Limonit als Füllmasse in zersetzten Gesteinen. In den USA wurde Türkis jahrhundertelang aus einem ähnlichen Gestein gewonnen. Die Lagerstätten in Los Cerillos und anderen Orten im Südwesten liefern zwar Material von geringerer Qualität als die persischen Vorkommen. Trotzdem sind die amerikanischen Türkise beliebt und bilden vor allem die Grundlage einer blühenden indianischen Schmuckindustrie. Die Steine werden gewöhnlich in Silber gefaßt und zu antikem wie auch modernem Schmuck verarbeitet.

Turmalin: Der Farbenreichtum der Turmalin-Reihe ist infolge einer sehr variablen chemischen Zusammensetzung ungemein groß. Es handelt sich um ein kompliziert gebautes Natrium-Aluminium-Bor-Silikat, das in wechselnder Menge Lithium, Magnesium oder Eisen aufnimmt. Der Lithium-Turmalin oder Elbait ist farblos, rot und grün, z. T. mit der Tönung von Smaragd, er ist der eigentliche Edelstein dieser Gruppe. Der magnesiumreiche Turmalin ist gelb, braun bis dunkelbraun und der Eisen-Turmalin, die gemeinste Abart, auch Schörl genannt, undurchsichtig und schwarz.

Obwohl man nichts Sicheres über die Herkunft des Namens weiß, vermutet man, daß er aus dem singhalesischen Wort „turamali" kommt, der dort ursprünglich eine gelbe Varietät des Zirkons bezeichnete oder überhaupt „Edelstein" bedeutet. Ein Paket Turmaline mit der Inschrift „turmali" sei 1703 auf den holländischen Edelsteinmarkt geschickt worden. Der Name blieb bis heute erhalten.

Turmalin wird sowohl in Eruptiv- wie in metamorphen Gesteinen gefunden. Im allgemeinen kann man sagen, daß die magnesiumenthaltenden Varietäten eher in kontaktmetamorphen Gesteinen, vor allem Marmoren auftreten, die anderen Varietäten in Pegmatiten als Begleitmaterial von Quarz, Albit, Orthoklas, Mikroklin, Muskovit, Lepidolith, Beryll, Spodumen usw; Schörl auch in Graniten.

Neben der Farbe, die ihn als Edelstein auszeichnet, hat der Turmalin andere Vorzüge. Die Härte, die sich der Zusammensetzung entsprechend geringfügig ändert, ist über 7. Das Mineral spaltet nicht, hat gewöhnlichen Glasglanz und ist durchsichtig, sofern es sich um Edelsteinqualität handelt.

Auf zwei besondere Eigenschaften des Turmalins ist hinzuweisen. Einmal entwickelt der Stein einen ungewöhnlich starken Dichroismus: Turmalinkristalle haben eine viel intensi-

Außer schönen Opalen produziert Mexiko wenig Edelsteine. Gelegentlich werden Einzelstücke gefunden, wie dieser Edeltopas von fast 7 cm Höhe aus San Luis Potosi.

vere Farbe wenn man sie in der Richtung der Längsachse betrachtet. Ein dunkler Kristall muß also so geschliffen werden, daß der flache Teil oder die Tafel parallel zur Längsachse ist. Dementsprechend muß die Tafel eines hellen Kristalls senkrecht zur Längsachse geschliffen sein, um eine größere Farbtiefe zu erreichen. Die andere bemerkenswerte Eigenschaft ist elektrischer Natur und ergibt sich aus der asymmetrischen Struktur des Kristalls, dessen beide Enden immer verschieden sind. Wenn man Kristalle erhitzt oder preßt, laden sie sich an beiden Enden verschieden auf und ziehen Staub an.

Heutzutage kommen die besten Turmaline aus Mozambique, Madagaskar und Brasilien. In der Vergangenheit wurden ausgezeichnete Turmaline in Murzinka, Nercinsk und an anderen Orten im Ural, sowie in den Edelsteinseifen in Birma und Ceylon (rote Steine aus Birma sind sehr geschätzt) und in verschiedenen Orten in Afrika, wie in Tansania, Südwestafrika und Rhodesien gefunden. In USA kamen ab 1820 schöne Edelsteine von Mt. Mica, Maine.

Später wurde der Markt mit feinen Turmalinen in allen möglichen Farben, die aus den Pegmatiten des San Diego County in Kalifornien kamen, überschwemmt. Die dortigen Vorkommen werden immer noch ausgebeutet, aber sie können nicht mit den Hauptlagerstätten in Madagaskar und Brasilien konkurrieren.

Zirkon: Goldbraune, himmelblaue und farblose Edelzirkone sind nicht allzu selten im Handel. Infolge eines hohen Brechungsindex und hoher Dispersion sind Brillanz und Feuer beträchtlich; farblose Zirkone können sogar als Ersatz für den Diamanten verwendet werden. Selbstverständlich entdeckt man bei näherer Betrachtung die Täuschung, da die Kanten der unteren Facetten des geschliffenen, doppelbrechenden Steins doppelt erscheinen, während sie beim einfachbrechenden Diamanten als eine Einzellinie zu sehen sind. Auch die Härte ist ganz verschieden: 7–7 1/2 für Zirkon, 10 für den Diamanten. Leider sind Zirkone sehr spröde. Hauptvorkommen sind die Edelsteinseifen Birmas und Kambodschas, wo Zirkon in Form rotbrauner Gerölle gefunden wird. Diese Varietät ist der Hyazinth, die blaue Form hingegen wird künstlich durch vorsichtiges Erhitzen der Steine auf 800–900° hergestellt. Auch durch radioaktive Strahlung wird die Farbe verändert. Die so erzeugten Tönungen sind allerdings nicht sehr stabil. Leicht werden die Steine unansehnlich grün oder grau, durch Erwärmung, ja u. U. schon durch Einwirkung des Sonnenlichtes. Der Zirkon ist ein Zirkoniumsilikat, das eine Spur Eisen enthält, ferner Hafnium, Thorium und Uran – bis 4 % im ganzen. Dadurch ist die innere Struktur einem stetigen Bombardement radioaktiver Strahlen ausgesetzt, das sie mit der Zeit so verändern oder zerstören kann, daß das Material zwar chemisch immer noch „Zirkon" ist, aber einen ganz anderen Aufbau hat. Daher schwanken die Eigenschaften der Zirkone, wie Härte, spezifisches Gewicht usw. oft beträchtlich. Stark veränderte Zirkon-Kristalle erkennt man gewöhnlich an einer mittel- bis dunkelgrünen Farbe. Zirkon ist recht häufig und tritt oft als Begleitmineral in Eruptivgesteinen auf.

Die nichtmineralischen Edelsteine

Hierunter werden einige Substanzen zusammengefaßt, die der Tätigkeit pflanzlicher oder tierischer Lebewesen unmittelbar ihre Bildung verdanken. Sie werden traditionsgemäß in der Edelsteinkunde mit behandelt.

Bernstein

Bernstein ist das Harz bestimmter Pflanzen, z. B. der Bernsteinfichte Pinus succinifera, das im Laufe von Millionen von Jahren fossil geworden ist. Seine Härte liegt bei 2. Bernstein ist ein Gemenge verschiedener Harze, enthält etwas Bernsteinsäure und ist brennbar. Daher kommt auch der Name: im Niederdeutschen heißt brennen „bernen".

Als Juwel ist das Material an sich zu weich, wird aber zu Perlen, Halsketten und Nadeln verarbeitet oder in Schmuckmetalle gefaßt und damit geschützt. Es gibt hellgelbe, durchsichtige bis dunkelbraune, undurchsichtige Arten. Der Schmelzpunkt schwankt um 200–300°, doch erweicht Bernstein bereits bei 150°. Man kann daher kleine Bernsteinbruchstücke zu größeren Massen pressen. Oft sind in Bernsteinstücken fossile Insekten eingeschlossen.

Das von bestimmten Bäumen abgesonderte Kopalharz sieht dem Bernstein sehr ähnlich und ist der gebräuchlichste natürliche Ersatz. Doch gibt es zahlreiche weitere Ersatzstoffe, wie Bakelit und die verschiedensten Kunstharze, die größte Ähnlichkeit mit Bernstein aufweisen, da man sie entsprechend färben und pressen kann. Sogar Einschlüsse lassen sich ohne weiteres imitieren. Bernstein und Kopal werden am angenehmen Geruch, den sie beim Brennen verbreiten, von den Plastikimitationen leicht unterschieden. Im 13. Jh., als der Deutsch-Ritterorden Preußen eroberte, erwarb er das Monopol über die seit 2000–1600 v. Chr. bekannten Bernsteinvorkommen an der Ostsee, die Jahrhunderte lang ihren Ausbeutern ungeheure Geldsummen eingebracht hatten. An der Bernsteinküste in Samland, dem bedeutendsten Fundgebiet in Ostpreußen ist der Bernstein in einen blauen tertiären Ton eingeschlossen. Bernstein, sogenannter „Birmit" aus dem Hukong Valley in Birma ist mehr rötlich und auch härter und dichter als baltischer Bernstein. „Simetit", einen rotbraunen, sizilianischen Bernstein, findet man am Ufer des Simetos.

Andere unbedeutende Bernsteinschichten sind von Europa bis Maryland, New Jersey und New York bis Cedar Lake in Manitoba, Kanada zerstreut.

Korallen

Vielleicht finden wir die Korallen weniger reizvoll, wenn wir erfahren, daß die alten Griechen glaubten, es sei geronnenes Blut, das aus dem abgetrennten Haupt der Medusa geflossen sei. Korallen werden von winzigen Meerestierchen gebildet, deren Kolonien ein hartes Skelett aus kohlensaurem Kalk oder auch aus einer hornartigen Substanz in der Form von Zweigen, Fächern oder irgendwelchen Stöcken – je nach der jeweiligen Tiergattung – aufbauen. Die wertvollsten für den Gebrauch als Edelsteine sind die kräftig roten, zweigartigen Stöcke der Edelkoralle, *Corallium rubrum.* Von „rosso scuro" dunkelrot über „rosa vivo", kräftig rosa und „rosa pallido", blaßrosa zu „bianco", weiß gibt es alle Farbabstufungen. Die Härte der Korallen liegt stets bei 3,5. Die Tiere entwickeln sich nur in verhältnismäßig ruhigen und klaren Meeren bei einer Temperatur zwischen 13 und 16° C. Die malaischen, japanischen und Mittelmeergewässer liefern die meisten marktfähigen Korallen, wobei die wertvollsten an den Küsten von Algier und Tunis, Italien, Frankreich und Spanien gefischt werden. Italien war lange der Hauptsitz der Korallenfischerei und Verarbeitung im Mittelmeerraum.

Nicht nur rote Korallen werden als Edelsteinmaterial verwendet, sondern auch eine weiße Varietät, die von *Oculinacea vaseuclosa*, eine schwarze, die von *Antipathes spiralis* und eine blaue, die von *Allopara subirolcea* gebildet wird. Schwarze und blaue Abarten, einschließlich der schwarzen Hawaii-Varietäten, bestehen nicht aus kohlensaurem Kalk, sondern aus einer dunklen Hornsubstanz. Korallen werden im allgemeinen nicht geschliffen, sondern nur geschnitten und poliert und zu Ketten, Anhängern usw. verarbeitet. Es werden aber auch Schnitzereien aller Art daraus hergestellt, in Sizilien z. B. ganze Krippenanlagen mit Landschaft, Figuren usw.

Perlen

Vor einem Jahrhundert schrieb der englische Edelsteinhändler Edwin Streeter über die Leidenschaft der Römer für Perlen: „Der römische General Pompeius fand im Palast des Mithridates eine wunderbare Perlensammlung... Bei seinem dritten großen Sieg im Jahre 61 vor Christus nahm er dreiunddreißig aus Perlen bestehende Kronen mit."

In Rom wurde zu jener Zeit die Perlensucht zu einer wahren Seuche. Der Philosoph Seneca verurteilte das Tragen so vieler Perlen aufs schärfste... „Römische Damen der Gesellschaft trugen... Perlencolliers, einen Brustschmuck, der aus vierunddreißig halben Perlen bestand... Kleider, Schuhe und Armbänder, die mit kostbaren Perlen besetzt waren." Julius Cäsar, der auf seinen Feldzügen Kunstgegenstände und Juwelen sammelte, schätzte Perlen besonders. Man hat sogar schon angenommen, daß er Britannien unter anderem deshalb erobern wollte, weil er dort neue Quellen für Süßwasserperlen vermutete. In der Tat kamen während zweier Jahrtausende ziemlich schöne Perlen aus den Flüssen Schottlands, Irlands und Wales'.

Die wichtigere Rolle in der Geschichte der Perlen spielt jedoch das Meer. Denn so ansprechend Süßwasserperlen auch sein können, sie erreichen doch nie den zarten Lüster, den „Schmelz" der Meerwasserperlen. Die meisten europäischen und amerikanischen Süßwasserperlen entstammen einer Muschel der Gattung *Unio*, doch kann an sich jedes schalentragende Weichtier Perlen irgendwelcher Art erzeugen. Die perlenbildenden Meeresmuscheln gehören zu den Austern; die wichtigste Art ist *Pinctada vulgaris*. Die meisten, und wohl auch die schönsten Perlen, mit unvergleichlichem Glanz, kommen aus dem Persischen Golf. Sie erzielen auch die höchsten Preise. Fischgründe sind ferner in der Straße von Mannar zwischen Ceylon und Indien, und im Roten Meer, das bereits im Altertum Perlen lieferte. Ausgedehnte Muschelbänke finden sich vor der Nordküste von Australien und an den beiden Küsten Mittelamerikas. Das Fischen muß mit Vorsicht betrieben werden, Raubbau führt zu rascher Entvölkerung und damit zur Zerstörung der Muschelbänke.

Die Entstehung der Perlen ist ein komplizierter

Gegenüber: Drei Turmaline, oben 118 ct., Brasilien, unten links, 28 ct., ebenfalls Brasilien, unten rechts, 21 ct., Maine/USA.
Unten: Zirkon, 98 ct., Ceylon.
Ganz unten links: Rhodolith (Granat), 25 ct., Tansania.
Ganz unten rechts: Topas, 34 ct., Brasilien.

Vorgang. Die Schalen der Muscheln sind nach außen ziemlich rauh. Nun hat es die Natur so eingerichtet, daß der sogenannte Mantel des Tieres in der Lage ist, aus Calciumkarbonat und Conchyn eine schützende Schicht, das Perlmutter, abzuscheiden und damit die Innenseite der Schalen zu überziehen.

Dringt ein Fremdkörper, wie ein Sandkörnchen, ein Stückchen Schale oder ein Parasit in das Innere der Muschel ein, so wird er von ihr gegen die Schale gedrückt und langsam von einer Perlmutterschicht verdeckt. So entstehen die Blisterperlen. Gelangt ein solcher Fremdkörper, zusammen mit einigen Zellen der Mantelhaut tiefer in die Weichteile hinein, so wird er mit demselben Perlmutter umhüllt und auf diese Weise schließlich zur Perle. Das geschieht in einem sogenannten Perlsack, unter Umständen auch dann, wenn Mantelzellen alleine, ohne einen Fremdkörper, in das Gewebe gelangen.

Da Perlen im wesentlichen aus kohlensaurem Kalk in der Form von Aragonit bestehen, müßten sie die meisten Eigenschaften dieses Minerals aufweisen. In Wirklichkeit aber sind sie eine Mischung aus Aragonit und Conchyn, einer hornartigen Substanz, die auch etwas Wasser enthält. Der Aragonit ist in Form winziger Kristall-Blättchen ausgebildet, die von Conchyn zusammengehalten werden. Die Dichte der Perle schwankt zwischen 2,6 und 2,78, die Härte zwischen 2 1/2 und 3 1/2. Infolge ihrer Zusammensetzung sind Perlen sehr empfindlich und nur bei sorgfältiger Behandlung auf die Dauer beständig. Das Austrocknen des organischen Conchyns und die Wirkung schwacher Säuren führen jedoch leicht zu Rissen und zur Abstumpfung. Man soll vermeiden, sie längere Zeit heißer und sehr trockener Luft auszusetzen. Aber auch anhaltende Feuchtigkeit ist schädlich. Regelmäßige Reinigung zur Entfernung der Hautsäuren erhält ihre Schönheit.

Die Form spielt eine entscheidende Rolle bei der Bestimmung des Wertes einer Perle. Andere wichtige Merkmale sind die Größe, der Glanz, die Qualität der Oberfläche und die Farbe. Kugel- und tropfenförmige Perlen werden am höchsten geschätzt, aber auch die unregelmäßigen „Barockperlen" finden in der Juwelierkunst Verwendung. Flecken sind ebenso wie kleine Unebenheiten an der Oberfläche äußerst unerwünscht. Manchmal kann der Wert einer beschädigten Perle durch sorgfältiges Abschälen der unvollkommenen Oberflächenschicht erhöht oder wiederhergestellt werden, aber das Verfahren ist unsicher.

Der Glanz – bei Perlen Lüster, auch Schmelz genannt – ist eine wichtige Eigenschaft. Er entsteht als Folge der kombinierten Diffraktion und Reflexion des Lichtes an den winzigen Blättchen der Perlmutterlagen. Je durchscheinender die Perle, um so reizvoller das Schillern.

Während der Glanz ein ausgesprochener Schönheitsfaktor ist, bestimmt die Größe weitgehend den Preis. Die Stufen sind folgende: sehr klein, 3 mm oder darunter; klein, 3–4,5 mm; mittel, 5–6 mm; groß 7–8 mm; sehr groß 8 mm oder darüber.

Die Farben der Perlen sind zart und sehr verschieden. Man ist allgemein der Meinung, Perlen seien weiß oder weißlich. In Wirklichkeit treten viele Farben und feine Schattierungen auf, wobei Schwarz, Goldgelb, Rosa, Cremeweiß und Weiß am meisten geschätzt sind.

Wie begehrt, selten, teuer und exotisch echte

Perlen auch sein mögen, eine bedeutende Rolle im heutigen Edelsteinhandel spielen sie nicht. Dagegen werden jährlich Millionen der mit Hilfe der Muschelart *Pinctada martensii* auf großen Perlenfarmen erzeugten japanischen Zuchtperlen auf den Markt gebracht. Die Zuchtperle ist genauso schön und beliebt wie die echte, von der sie äußerlich nicht zu unterscheiden ist: sie enthält lediglich einen künstlichen Kern. Auf die Zuchtperle und alles, was damit zusammenhängt, gehen wir im 6. Kapitel ausführlich ein.

5 Steine des Sammlers Steine des Kunsthandwerks

Nur wenige Steine galten früher, vor allem im vergangenen Jahrhundert, als echte, wahre „Edelsteine", so Rubin und Saphir, Smaragd und natürlich der Diamant. Viele andere, z. B. die gesamten Quarzvarietäten, aber auch Türkis, Lapislazuli und ähnliche Dinge, wurden als „Halbedelsteine" minder eingestuft und bewertet, auch geringer geschätzt. Ein geringerer Wert – in Geld – ist vielen dieser Steine tatsächlich eigen, teils weil sie leicht erhältlich sind, teils weil ihnen die nötige Härte und dergleichen fehlen. Trotzdem ist man, und mit Recht, von dieser Bezeichnung abgegangen, nicht zuletzt auch deshalb, weil es sogar von Mode und Angebot abhängig sein kann, in welcher Rangstufe ein bestimmtes Edelsteinmaterial erscheint.
Nun gibt es eine ganze Reihe von Mineralien, die – wenn auch selten – in schön gefärbten, durchsichtigen Kristallen auftreten, und dann einen Facettenschliff erlauben. Ihre sonstigen Eigenschaften lassen ihre Einordnung in die Kategorie der „Edelsteine" im Sinne des Handels nicht zu, sie sind meist zu weich, zu leicht spaltbar, oder einfach allzu selten – gerade dies findet aber das Interesse des Sammlers und so werden solche Steine kurzweg als „Sammlersteine" gekennzeichnet. Manchmal kommt plötzlich ein neuartiges Material auf den Markt und es mag dann von unwägbaren Dingen abhängen, ob ein solcher Stein ein „Edelstein" wird, oder ein „Sammlerstein" bleibt. Im Augenblick steht, sozusagen auf der Kippe zwischen beiden Kategorien, der Tansanit. Hinzuzufügen wäre, daß das Sammeln solcher Steine, vorweg um des Sammelns willen, hauptsächlich in USA verbreitet ist.
Es gibt dann aber noch eine weitere Gruppe von Mineralien, wie etwa Rhodochrosit, Malachit oder Serpentin, die bevorzugt für kunstgewerbliche Waren, wie Schalen, Dosen usw., aber auch für künstlerische Arbeiten, Figuren etwa, verwendet werden. Zum Teil wird solches Material, z. B. Lapislazuli oder das Tigerauge, durchaus auch zu Schmuck verarbeitet. Da ist es nun fast dem persönlichen Geschmack des Autors überlassen, ob ein Mineral in Kapitel 4 oder 5 erscheint.
In den folgenden beiden Abschnitten werden zunächst die reinen Sammlersteine und dann die vorwiegend im Kunstgewerbe verarbeiteten Mineralien behandelt.

Sammlersteine

Amblygonit, ein Lithium-Aluminium-Fluor-Phosphat, das manchmal in durchsichtigen Kristallen von Edelsteinqualität auftritt, ist farblos bis gelb, hat Härte 6 und ist, innerer Spannungen halber, sehr empfindlich. Amblygonit in Edelsteinqualität kommt hauptsächlich in Sao Paulo und in Minas Gerais vor.
Andalusit, der seinen Namen nach einem Fundort in Andalusien trägt, ist ein Aluminium-Silikat mit der Härte 7 1/2. Seine Farbe geht von Grün bis Grünlichbraun. Er kommt meist aus Espirito Santo und Minas Gerais in Brasilien, wo man ihn in runden Kieseln findet.
Apatit ist ein sehr verbreitetes Mineral, das an unzähligen Orten der Welt, manchmal in recht großen Kristallen, vorkommt. Doch sind durchsichtige Kristalle, und gar solche von Edelsteinqualität, sehr selten.
Es handelt sich um ein Calcium-Phosphat, das Fluor oder Chlor und manchmal auch andere

Vorhergehende Seiten: Eine Reihe von Sammlersteinen, wie Brasilianit, Tansanit, Andalusit, Sinhalit u. a., sowie Malachit und Lapislazuli.

Elemente enthält. Wegen seiner geringen Härte (5) und seiner Sprödigkeit ist Apatit trotz der Mannigfaltigkeit seiner Farben als Edelstein im engeren Sinne unbrauchbar. Cerro de Mercado in Mexiko liefert fingergroße, goldgelbe, durchsichtige Kristalle, die von Sammlern geschliffen werden. Aus Mogok in Birma kommen schöne blaue Steine; gelbgrüne, violette und tiefblaue stammen von anderen Orten; sogar Apatitkatzenauge wurde gelegentlich gefunden.

Augelit, ein farbloses, wasserhaltiges Aluminium-Phosphat mit Härte 5, ist lediglich seiner Seltenheit wegen ein Sammlerobjekt; das Mineral hat keine besonders reizvolle oder ungewöhnliche Eigenschaft. Schleifbare Kristalle wurden in USA und in Bolivien gefunden.

Axinit findet man gewöhnlich in zimtfarbigen bis grünlich-braunen Kristallen, deren Form an eine Axt erinnert und den Namen geprägt hat. Axinit ist ein kompliziert gebautes Calcium-Aluminium-Bor-Silikat, dessen Farbe zu dunkel wirkt, um reizvolle Edelsteine zu ergeben. Findet man hingegen ein schleifbares helleres Material, so bürgt die ausreichende Härte (7) für seine Beständigkeit. Kristalle aus den alpinen Zerrklüften der Westalpen und aus Baja in Kalifornien werden gelegentlich verschliffen.

Benitoit: In der Edelsteinsammlung des Smithsonian Institutes befindet sich ein 7,5 ct schwerer, tiefblauer Stein, der einem Saphir ähnelt. Er weist indes ein außergewöhnliches Feuer auf, das sogar das des Diamanten übertrifft, jedoch durch die blaue Farbe gemildert wird.

Es ist ein Benitoit, ein ungemein seltenes Barium-Titan-Silikat, das ausschließlich im San Benito County, Kalifornien, gefunden wird. Trotz seiner ausgezeichneten Eigenschaften ist Benitoit so selten, daß er überhaupt nicht im Handel erscheint.

Beryllonit: Der beste schleiffähige Beryllonit, ein sehr seltenes Beryllium-Natrium-Phosphat, wurde in Stoneham, Maine, mit anderen Pegmatitmineralien gefunden. Wie Augelit ist er farblos, von glasigem Glanz, hat Härte 5 und bietet, bis auf seine außerordentliche Seltenheit, wenig.

Brasilianit: 1944 lieferte ein Pegmatit in Minas Gerais große, prächtige Kristalle eines unbekannten, wasserhaltigen Natrium-Aluminium-Phosphats. Es handelt sich um ein sprödes Mineral mit Härte 5 1/2, das dem Chrysoberyll ähnlich ist. Wegen seiner schönen gelben bis gelbgrünen Farbe wird der Brasilianit vom Sammler geschätzt.

Cordierit: Gelegentlich tritt Cordierit, ein Magnesium-Aluminium-Silikat in Edelsteinqualität auf. Er ist dann unter verschiedenen Namen bekannt. Dem Juwelier und dem Edelsteinfachmann am ehesten vertraut ist „Iolith", eine aus dem Griechischen abgeleitete, auf die violette Farbe hinweisende Bezeichnung. Die besondere Eigenschaft des Edelsteins ist sein sehr starker Pleochroismus. Durch die drei verschiedenen Kristallrichtungen gesehen erscheint er jeweils dunkelviolett, gelb oder hellblau. Die beliebtesten geschliffenen Steine sind die kräftig blauen, aber die Farbe neigt dazu, allzu intensiv zu wirken, wirklich gute Tönungen sind selten. Die Härte liegt über 7. Die bekanntesten Vorkommen sind in Ceylon und Birma, einige weitere Fundorte liegen in Madagaskar und in Indien zerstreut.

Danburit: Wie es oft der Fall ist, lieferte der erste Fundort dieses Minerals, Danbury in Connecti-

Gegenüber: Labradorit von Labrador, angeschliffen.
Unten links: Malachit, Arizona.
Unten rechts: Zinkblende als Brillant geschliffen, 60 ct., Franklin, New Jersey.
Unten: Ungewöhnlich großer Labradorit, 24 ct., Oregon.
Ganz unten links: Schnupftabakdose aus Lapislazuli, Afghanistan.
Ganz unten rechts: Chrysokoll, Arizona.

cut, keine Edelsteinqualität. Farblose, schleiffähige Danburite kommen von Mogok in Birma, Bungo in Japan und San Luis Potosi in Mexiko, gute gelbe Steine aus Birma und Madagaskar. Danburit ist ein Calcium-Bor-Silikat und hat Härte 7.

Diopsid ist ein Calcium-Magnesium-Silikat. Die meisten Diopside sind infolge des Eisens, das stets eine bestimmte Menge Magnesium ersetzt, grün bis bräunlich-grün. Edelsteine werden jedoch auch aus farblosem, bläulichem oder braunem Material geschliffen. Es gibt sogar Diopsidkatzenaugen. Da das Mineral leicht spaltet und eine geringe Härte (5 1/2) hat, ist seine Verwendung als Edelstein eingeschränkt. Gute grüne Steine werden im Zillertal, in Piemont in Italien, im St. Lawrence County, New York, sowie auf Ceylon, auf Madagaskar und in Brasilien gefunden. Eine chromhaltige Varietät mit kräftigerer grüner Farbe tritt in Kimberley, Südafrika, in Outokumpu, Finnland und als Katzenaugen in Mogok, Birma, auf.

Ekanit: Nur wenigen dürfte es vergönnt sein, bei Lebzeiten den Namen eines Edelsteins zu prägen. 1953 entdeckte Herr Ekanayake auf Ceylon in den Edelsteinseifen seiner Heimat ein neues grünliches Edelsteinmaterial, das 1961 beschrieben und nach ihm benannt wurde. Dieses seltene Calcium-Thorium-Silikat hat Härte 6 1/2, ist aber stark radioaktiv. Ekanit zeigt Asterismus mit einem vierstrahligen Stern.

Euklas: Gutausgebildete Euklaskristalle sind selten genug, um die Aufmerksamkeit des Sammlers auf sich zu lenken. Das Mineral ist ein Beryllium-Silikat, seine Härte 7 1/2. Farblose Kristalle sind oft vollkommen durchsichtig mit einer reizvollen, grünlich-blauen Tönung. Der Name deutet auf die ausgezeichnete Spaltbarkeit hin, die das Schleifen zu einer riskanten Angelegenheit werden läßt. Die meisten schleiffähigen Euklase finden sich in der Nähe von Ouro Preto, Brasilien. Er ist aber auch an anderen Orten bekannt, so z. B. am Epprechtstein im Fichtelgebirge in pegmatitischen Drusen, und aus den Hohen Tauern.

Fluorit: Es wäre vielleicht angebrachter, Fluorit – ein Calciumfluorid – in einer Abhandlung über Industriemineralien zu erwähnen, denn er wird in großen Mengen als Flußmittel in der Metallurgie („Flußspat") und in der chemischen Industrie verwendet. Er ist zu weich (4), spaltet sehr leicht und daher als Edelstein nicht verwendbar. Auffällig ist die Vielfalt der Farben. Es gibt rosa, gelbe, gelblich-braune, lavendelfarbene, violette, blaue oder grüne Fluorite, ebenso farblose wie fast schwarze. Geschliffene Steine sind billig, aber nur für den Sammler interessant. Hingegen werden kunstgewerbliche Artikel aus derbem Fluorit gefertigt, schon seit der Antike; die Gegenstände sind aber sehr zerbrechlich. In Derbyshire, England, findet man derben, amethystfarbenen Fluorit, der als „Blue John" bekannt ist. Aus diesem Material, das etwas widerstandsfähiger ist, werden seit Jahrhunderten Ziergegenstände geschnitten.

Hambergit: Es fragt sich, ob dieses seltene Beryllium-Borat unbedingt verschliffen werden mußte. Da aber Sammler immer auf der Suche nach Einmaligem sind, wurden einige durchsichtige Kristalle zu Edelsteinen geschliffen. Das Mineral ist farblos, hat Glasglanz und eine sehr schwache Farbdispersion: geschliffenes Glas wäre ebenso reizvoll. Die besten schleiffähigen Kristalle wurden in Madagaskar gefunden.

Glas erstarrt sind. Man findet sie nur an bestimmten Stellen, wie in Westmähren und Böhmen an der Moldau (Moldavit) und in bestimmten Teilen Australiens (Australit). Sie sehen zwar dem Obsidian – einer glasig erstarrten Lava – ähnlich, haben aber eine andere chemische Zusammensetzung. Aus Tektiten kann man braune, bräunlich-grüne oder grüne durchsichtige Steine schleifen, die weder attraktiver noch interessanter sind als farbiges Glas, wenn man von ihrer ungewöhnlichen Herkunft absieht.

Willemit: Selbst für den Sammler ist es schwierig, einen aus Willemit geschnittenen Stein zu erwerben. Obwohl dieses Zink-Silikat keineswegs selten ist, da es bei Franklin, New Jersey, als Zinkerz ausgebeutet wird und auch in anderen Ländern vorkommt, sind Kristalle, die Edelsteinqualität erreichen, außerordentliche Raritäten; nur wenige wurden in den Minen in Franklin gefunden. Die grünlich-gelben Steine sind an sich für Schmuckzwecke nicht hart genug (5 1/2) und haben einen harzartigen Glanz; sie sind nur wegen ihrer Seltenheit interessant.

Zoisit: Bis vor kurzem war Zoisit, ein Calcium-Aluminium-Silikat, lediglich als rosa Schmuckstein mit dem Namen Thulit bekannt, bzw. als grünes, körniges Material aus Tansania, das strahlend rote, aber undurchsichtige Rubinkristalle enthält. 1968–69 erschien plötzlich eine Anzahl sehr reizvoller, aus den Arusha-Minen in Tansania kommender Zoisite in Edelsteinqualität am Markt. Dieses Material tritt in fehlerlosen Kristallbruchstücken mit ausgezeichnetem Pleochroismus auf. Die häufigsten Farben sind Saphirblau und Purpur. In der geeigneten Richtung geschliffen oder durch Hitze behandelt, entwickelt Zoisit eine Farbe, die es mit derjenigen der schönsten blauen Saphire aufnimmt. Weder die Härte, die nur 6 beträgt, noch eine gewisse Sprödigkeit standen der Einführung dieses schönen Edelsteins im Wege: Es ist der Tansanit, der seinen Namen nach der Herkunft aus Tansania erhalten hat.

Steine für kunstgewerbliche Arbeiten

Agalmatolith: Dieses auch als Bildstein bezeichnete Material ist eine dichte Form des Pyrophyllits, eines Aluminium-Silikates, das dem Steatit sehr ähnlich sieht und wohl auch damit verwechselt wird. Steatit aber ist dichter Talk, ein gleichgebautes Magnesium-Silikat. Beide Materialien sind weißlich, gelb, grün, braun oder fast schwarz und im frischen Zustand so weich, daß man sie drechseln oder mit dem Messer bearbeiten kann. Durch nachträgliches Brennen werden sie äußerst hart. Vor allem in China wurde in Bildstein sehr gerne geschnitzt, wohl um den teueren Jade zu ersetzen.

Alabaster ist eine sehr feinkörnige Varietät von Gips. Dieses wasserhaltige Calcium-Sulfat ist sehr verbreitet und hat nur die Härte 2. Wegen seiner Weichheit und seiner gleichmäßigen Struktur ist Alabaster ein ideales Material für das Kunstgewerbe. Weltberühmt sind die bei Volterra in der Toskana gefundenen etruskischen Vasen aus Alabaster. Es gibt auch eine faserige Gipsvarietät, den Fasergips, der einen typischen Seidenglanz hat.

Amazonenstein: Zur Feldspatgruppe gehören mehrere Mineralarten, darunter Mikroklin, ein sehr verbreitetes Kalium-Aluminium-Silikat. Ab und zu findet man Mikroklin in einer als Amazonenstein bezeichneten Varietät in präch-

Gegenüber: Gelber Fluorit, 104 ct., Illinois/USA (oben).
Unten links: Axinit im Treppenschliff, 24 ct., Niederkalifornien.
Unten rechts: Kornerupin, 8 ct., Madagaskar.
Unten: Andalusit in ungewöhnlich schöner Edelsteinqualität, 28 ct., Brasilien.
Ganz unten: Sehr großer Sinhalit, 110 ct., eine Seltenheit aus Ceylon.

tigen, undurchsichtigen, grünen Kristallen, deren Farbe an diejenige eines Flusses erinnert. Da er hart und beständig ist und sich leicht schleifen läßt, wird Amazonenstein für Modeschmuck verwendet.

Anthrazit ist eine sehr harte Form der Kohle, die sich leicht schleifen und polieren läßt. Früher wurden daraus Souvenirs aus den Städten in den Kohlegebieten geschnitzt. Anthrazit ähnelt dem besseren Jet, hat aber einen schöneren Glanz und eine größere Härte als letzterer.

Aventurin: An sich klarer Quarz, der mit Glimmer- oder Hämatitblättchen, oder Einschlüssen anderer blättriger Mineralien erfüllt ist, wird Aventurin genannt. Die hochreflektierenden Blättchen erzeugen einen glitzernden und schillernden Effekt. Einige Feldspatarten mit ähnlichen Einschlüssen haben die gleiche Wirkung (Aventurinfeldspat oder Sonnenstein).

Californit: Obwohl dem Jade ähnlich, ist dieses kompakte, etwas durchscheinende, grüne Mineral eine Varietät des Vesuvians, ein kompliziertes Calcium-Aluminium-Silikat. Die Namengebung erfolgte nach einem bekannten Vorkommen in Kalifornien.

Chrysokoll: Der größte Teil des bei den Amateurschleifern und im Edelsteinhandel zu findenden ,,Chrysokolls" ist in Wirklichkeit nicht das sehr weiche, wasserhaltige Kupfersilikat, sondern vielmehr ein kräftig blau bis grünblau gefärbter Chalcedon. Der echte Chrysokoll tritt in oberflächennahen Teilen von Kupferlagerstätten auf.

Elfenbein: Es braucht nicht eigens betont zu werden, daß Elfenbein kein Mineral ist. Keineswegs sind es alleine die Zähne des Elefanten, die dieses Material liefern, wenn sie auch die

Hauptquelle darstellen. Walroß, Nilpferd, Narwal, Potwal, ja selbst die Riesenstoßzähne des fossilen Mammuts liefern Material für Elfenbeinschnitzereien.

Elfenbein ist nicht dasselbe wie Knochen, sondern entspricht in der Zusammensetzung den Zähnen der Säugetiere, d. h. es besteht zu einem erheblichen Teil aus Hydroxylapatit, zum Rest aus verschiedenen organischen Substanzen, wie etwa Knorpel. Wegen der etwas variierenden Zusammensetzung des Elfenbeins schwanken Härte und Dichte beträchtlich: die Dichte des echten Elfenbeins zwischen 1,95 und 2,0, die Härte zwischen 2 und 3. Nilpferd- und Narwalelfenbein ist dichter und härter als anderes.

Als Ersatz für Elfenbein kann man entfettete Knochen heranziehen. Jedoch gibt es wesentliche Unterschiede in der äußeren Erscheinung beider Stoffe. Elfenbein ist durch und durch von äußerst dünnen Kanälen durchsetzt, die ein gelbbraunes, gallertartiges Material enthalten, das seine Elastizität und Patina erzeugt. Elfenbein wird nicht nur für Schnitzereien verwendet, sondern auch zu Einlege- und Goldschmiedearbeiten.

Jade: Der Name Jade bezeichnet nicht eine Mineralart, sondern deren zwei, Jadeit und Nephrit, die äußerlich sehr ähnlich sind. Hierzu siehe Kapitel 10.

Jet oder Gagat ist kein Mineral, sondern eine Braunkohle (Lignit). Jet läßt sich auf der Drehbank bearbeiten und gut polieren. Er wird seit der Zeit der Römer für Schmuck und Kunstgewerbe verwendet, obwohl er leicht zerkratzt wird, und nachgeschliffen werden muß.

Labradorit und Peristerit: Labradorit ist ein calciumreiches, Peristerit ein calciumarmes Glied der Plagioklas-Reihe (Feldspatfamilie). Labradorit kommt gelegentlich in fehlerlosen, farblosen, gelblichen oder roten, durchsichtigen Kristallen vor, die schleifbar sind. Bekannter ist der Labradorit jedoch wegen seiner schillernden Interferenzfarben (s. 2. Kap.). Das prächtige, lebhafte Farbenspiel ist auf die Lamellenstruktur des Minerals zurückzuführen. Eine Varietät aus Finnland ist als Spektrolith im Handel.

Lapislazuli: Das als Lapislazuli – wörtlich „blaues Gestein" – bezeichnete Material ist eigentlich ein Gestein, das aus Lasurstein, einem Natrium-Aluminium-Silikat, mehr oder weniger Calcit und etwas Pyrit besteht. Je dunkler und gleichmäßiger das Blau, desto wertvoller das Material. Über Geschichte und Vorkommen wurde in Kapitel 1 berichtet. Lapislazuli ist durchaus als Edelstein im engeren Sinne anzusehen, er wird auch zu wertvollem Schmuck verarbeitet. Geringere Qualitäten finden im Kunstgewerbe Verwendung.

Malachit: Der Begriff Malachitgrün erweckt die Vorstellung eines dunklen Laubgrüns. Dieses wasserhaltige Kupferkarbonat hat eine so schöne – manchmal in einer interessanten Musterverteilung auftretende – Farbe, daß es jahrhundertelang zu ornamentalen Zwecken auf der ganzen Welt gebraucht wurde. Seine Anwendung in prachtvollen Einlegearbeiten, wie in den russischen Zarenpalästen, ist legendär. Trotz seiner Weichheit und seiner Empfindlichkeit gegen Chemikalien wird Malachit höher geschätzt als mancher andere Schmuckstein. In Verbindung mit dem kräftig blauen Azurit, einem anderen wasserhaltigen Kupferkarbonat, ist er besonders dekorativ. Berühmte Vorkommen, die längst erschöpft sind, waren im Ural.

Onyx: Vielfach wird unter Onyx nicht die schwarze Abart des Achats verstanden, sondern ein schleif- und polierfähiger, gebänderter, durchscheinender, in derben Massen vorkommender Calcit. Er wird weltweit zu meist etwas kitschigen kunstgewerblichen Gegenständen, wie Vasen etc. verarbeitet.

Obsidian: Dieses natürliche, aus rasch erstarrter siliciumreicher Lava entstandene Glas hat eine Farbskala, die von Grün zu Schwarz über Braun geht. Es ist verbreitet genug, um zu billigen kunstgewerblichen Arbeiten, wie Andenken und einfachem Schmuck verwendet zu werden und läßt sich schwer von künstlich hergestelltem Glas unterscheiden.

Rhodochrosit: Ein schönes, rosagefärbtes Mineral ist der Rhodochrosit oder Manganspat. Das nicht sehr harte Mangankarbonat wird in derber Form gerne verschliffen und zur Herstellung von Gerätschaften, wie Aschenbechern usw., aber auch zu einfachem Schmuck verwendet.

Rhodonit: Ein weiteres rosafarbenes Mineral ist der Rhodonit, ein Mangansilikat, das im Gegensatz zum Manganspat Härte 6 erreicht. Dadurch ist er zwar schwieriger zu verarbeiten, gleichzeitig aber viel beständiger. Da ebenfalls undurchsichtig, wird Rhodonit in gleicher Weise wie Rhodochrosit verwendet.

Serpentin: Weil dem Jade sehr ähnlich, ist Serpentin, besser der „Edelserpentin", sogar für den Fachmann nicht immer ohne weiteres zu erkennen. Er ist aber weicher und hat ein niedrigeres spezifisches Gewicht. Gewöhnlich tritt Serpentin in großen Massen als Gestein auf und wird in der Architektur viel verwendet. Edelserpentin hingegen ist, wie Jade, von variabler Farbe: schwarz, braun, weiß, vor allem aber grün. Wegen seiner Ähnlichkeit mit Jade wird Serpentin bei Schnitzarbeiten als Ersatz verwendet, obwohl er an sich schön genug ist, um selbst geschätzt zu werden. Edelserpentin ist weltweit verbreitet. Ein bekannter europäischer „Edelserpentin", der von Bernstein im Burgenland (Österreich) kommt, hat sich allerdings als Chlorit erwiesen. Beide Minerale sind Magnesium-Silikate mit blättriger Struktur.

Sodalith: Seit langem sind in vulkanischen Gesteinen kleine blaue Körner eines Natrium-Calcium-Silikates komplizierter Zusammensetzung bekannt. In jüngster Zeit kamen plötzlich derbe Stücke davon auf den Markt, die inzwischen ein beliebtes Material für allerlei Zier- und Gebrauchsgegenstände geworden sind. Mit seiner blauen Farbe und – gelegentlich – eingesprengten Pyritkörnern kann er dem Lapislazuli ähnlich werden, ist aber geringer im Wert. Das für Schmuckzwecke geeignete Material kommt aus Bahia und Canada.

Tigerauge: Faseriger Krokydolith, ein Mineral der Hornblendegruppe, wird oft verkieselt angetroffen, wobei das asbestartige Material weitgehend oder ganz durch Quarz ersetzt wird. Diese Bildung wird Tigerauge genannt. Eisenverunreinigungen geben dem Tigerauge eine gelbe oder braune Farbe. Geschliffen wird das Material für Figuren, Aschenbecher, Schalen, Bücherstützen, aber auch zu Schmuck verwendet. Enthält das Material noch reichlich unveränderten Krokydolith, so ist es bläulich schimmernd und wird Falkenauge genannt.

6 Die Schatzkammern der Natur

Wäre die Erdkruste nur etwas freigebiger mit Edelsteinmineralien, so würde man sie vielleicht – wahrscheinlich sogar – weit weniger schätzen. Das zeigt sich deutlich bei einem so verbreiteten Mineral wie dem Quarz – einige seiner Varietäten stehen, was Farbe und Schönheit anlangt, den besten Edelsteinen nicht nach und werden dennoch im Handel weit niedriger eingestuft. Am höchsten bewertet werden große, einwandfreie Stücke an sich schon seltener Edelsteine, manche, wie Smaragde erster Qualität kommen nur an einigen wenigen Stellen der Erde vor.

In den meisten Büchern über Edelsteine finden wir eingehende Beschreibungen der großen und berühmten Lagerstätten: da sind die Diamantenfelder Südafrikas, die Smaragdminen in Columbien, die Opalgruben in Australien, die scheinbar unerschöpflichen Edelsteinseifen Ceylons und Birmas. Die Orte und Namen sind Quelle ebenso vieler Legenden wie wahrer Berichte. Einige dieser Lagerstätten sind seit eh und je bekannt und werden über die Zeiten hinweg ausgebeutet, andere werden plötzlich berühmt, sind aber rasch erschöpft und bald vergessen.

Wir wollen hier sechs besonders interessante Edelsteinvorkommen, die einmal bedeutend waren und es zum Teil auch noch sind, etwas ausführlicher beschreiben.

Seltsamerweise ist eine der produktivsten Quellen der Welt keine Mine, aber dafür unerschöpflich: die Zuchtperlenfarmen in Japan und in anderen Ländern. Diese Perlen sind an und für sich keine ganz „echten" Edelsteine, denn ihre Entstehung wird künstlich eingeleitet. Sie sind keine Mineralien; dennoch gelten sie traditionsgemäß als Edelsteine und spielen auf dem Edelsteinmarkt ihre Rolle.

In Verbindung mit Zuchtperlen ist der Japaner Mikimoto an erster Stelle zu nennen; er trug am meisten zur Entwicklung der Zuchtperlenindustrie bei. Seine Geschichte ist merkwürdig. Er erscheint relativ spät – um 1905 – auf der Bildfläche, und das Verfahren, das er zur Erzeugung von Zuchtperlen erfunden hatte, war auf den großen Farmen seiner eigenen Gesellschaft bald überholt. Trotzdem gilt er immer noch als der Erfinder der heutigen Methode zur Zuchtperlenherstellung.

Die Chinesen hatten sich schon im 13. Jh. mit diesen Dingen befaßt und tatsächlich Perlen gezüchtet, indem sie eine einen Reiz hervorrufende Partikel zwischen Schale und Mantel von Flußmuscheln schoben. Namentlich erzeugten sie auf diese Weise kleine mit Perlmutter überzogene Buddhas, indem sie Figürchen aus Blei oder Zinn einsetzten. Nach diesen Vorbildern wurden mehrere Versuche unternommen, mit wechselndem Erfolg. Auch der große schwedische Naturwissenschaftler Linné interessierte sich für diese Technik und legte 1761 Zuchtperlen vor. Er verkaufte das von ihm entwickelte Verfahren, das darin bestand, ein Körnchen durch ein in die Muschelschale gebohrtes Loch einzusetzen; es wurde jedoch niemals kommerziell ausgewertet.

Zu Beginn des 20. Jh. gelang es einem unbekannten japanischen Zimmermann namens Tatsuhei Mise, die Entwicklung kugelförmiger Perlen in der Austernart *Pinctada martensii* einzuleiten, 1907 meldete er ein Patent dafür an.

Fünf Monate später legte ein gewisser Tokichi Nishikawa ein ähnliches Verfahren vor. Nishi-

Vorhergehende Seiten: Kleine, typische Edelsteinmine in den Reisfeldern bei Radnapura in Ceylon. Die reichen Edelsteinseifen werden mit sehr primitiven Methoden in Handarbeit ausgebeutet.

kawa hatte an der Universität Tokio in Zoologie promoviert und bis 1905 im japanischen Fischereibüro gearbeitet und dann seine Stellung aufgegeben, um der Perlenforschung nachzugehen. Während er auf die Entscheidung des Patentamtes wartete, traf er mit Mise ein Abkommen über die Auswertung des Verfahrens. Nishikawa hatte Miyeko Mikimoto, die älteste Tochter des Kokichi Mikimoto, geheiratet. Er verstand sich indes schlecht mit seinem Schwiegervater, zumal als Mikimoto sieben Jahre später eine von ihm entwickelte, etwas abweichende Perlenzuchtmethode zur Patentierung einreichte.
Unglaublicherweise wurde am 1. Mai 1916 zuerst Mikimoto das Patent gewährt. Nishikawa erhielt es am 20. Juni – neun Jahre zu spät, und Mises Antrag wurde mit der seltsamen Begründung zurückgewiesen, er verletze Nishikawas Rechte, obwohl er sein Verfahren fünf Monate früher vorgelegt hatte. Schließlich versöhnten sich Schwiegervater und Schwiegersohn, und auf Mikimotos Zuchtperlenfarm wurde die erfolgreichere Methode nach Nishikawa und Mise eingeführt. Eine verwickelte Geschichte, aber wie dem auch sei, der eigentliche Erfinder eines wirtschaftlichen Verfahrens zur Zucht von Perlen bleibt Mise.
Äußerlich ist eine Zuchtperle von einer echten nicht zu unterscheiden, da beide vom gleichen Tier nach dem gleichen Prozeß und aus gleichem Material erzeugt werden, nur der Kern ist verschieden. Den falschen Perlen aus Glas, Kunststoff oder irgendeinem anderen Material fehlen alle Eigenschaften der echten. Zuchtperlen dagegen haben sie, wenn man von der Wirkung absieht, die der künstliche Eingriff in den Entstehungsprozeß erweckt.

Die wichtigste Muschelart für die japanische Zuchtperlenindustrie ist *Pinctada martensii.* Das ausgewachsene Tier hat einen Durchmesser von etwa 7 cm, ist also nicht so groß wie *Pinctada maxima* und *Pinctada margaritifera,* die anderen perlenbildenden Austern. Die von *Pinctada martensii* erzeugten Perlen sind zwar kleiner, aber viel feiner.
Die Geschichte der Zuchtperle beginnt meistens schon mit der Aufzucht der Muscheln selbst, die im Juli und August ihre Eier und Samenzellen millionenweise absetzen. Aus den rasch befruchteten Eiern schlüpfen zahllose, winzige, zunächst freischwimmende Tierchen aus, die sich bald darauf an unebenen Flächen festheften und dort ihr weiteres Leben verbringen. Mit speziellen Geräten sammelt der Perlenzüchter Tausende solcher Jungmuscheln. Die etwa 2 cm großen Tiere werden dann in Drahtkäfige gebracht. Gewöhnlich werden die Körbe, die jeweils Tausende von Muscheln enthalten, bis zum nächsten Juli an Flößen befestigt. Die dann einjährigen Muscheln haben nun einen Durchmesser von 2,5 cm und können entweder auf dem rauhen Meeresboden ausgesetzt oder in Körben aus Drahtgeflecht gehalten werden, bis sie ausgewachsen sind und ihre volle Kraft und Leistungsfähigkeit erlangen. Dies ist nach 3 Jahren der Fall. Alte und verwachsene Muscheln werden dann aussortiert, die brauchbaren gereinigt. Danach kommen sie zur Erholung einige Tage lang in die Körbe zurück, bevor das Einsetzen beginnt.
Etwa eine halbe Stunde vor der Operation werden die Austern am Kai ausgeladen. Sie beginnen sich zu öffnen; mit einem Bambuskeil hält man die Schalen auseinander. Mit geeigneten Gerä-

Ein ceylonesischer Minenarbeiter reinigt in einem Waschkorb das Seifenmaterial von Ton und Lehm. Das Ergebnis sind einige wenige Saphire (rechts).

ten und dank einer ausgefeilten Technik geht der Eingriff sehr schnell vor sich, so daß die Muschel nicht allzu sehr geschädigt wird und sich bald im Meer erholen kann. Der kugelförmige Kern, um welchen sich die Perle entwickeln soll, wird in das Innere der Muschel und nicht zwischen Körper und Schale eingesetzt. Er muß in einen Perlsack aus der Haut des Mantels eingenäht sein, denn das normale Gewebe ist nicht in der Lage, Perlmutter abzuscheiden. Die Kerne können aus verschiedenen Stoffen bestehen, doch für gewöhnlich drechselt man kleine Kugeln aus Perlmutter, das übrigens meist aus amerikanischen Flußmuscheln gewonnen wird. In einen kleinen Einschnitt im Fuß der Muschel setzt man den Perlsack mit dem darin steckenden Kern ein, glättet das Gewebe über der Wunde und nimmt den Keil heraus. Die Muschel kann sich schließen und in das Meer zurückgebracht werden. Eine geschickte Kraft – meist wird diese Arbeit von Frauen wahrgenommen – kann bis zu 40 Muscheln in der Stunde operieren.

Mit etwa 250 ihresgleichen wird die Muschel für einige Wochen in Körben in ruhigem Wasser gehalten. Aufseher entfernen dann abgestorbene Tiere und hängen die Behälter mit den überlebenden unter die Zuchtflöße, die je etwa 60 solcher Körbe mit 3500 operierten Muscheln aufnehmen können. Mehrmals im Jahr werden die Tiere wie auch die Zuchtkörbe gereinigt, bis sie drei bis sechs Jahre später reif für die Ernte sind. Die Schalen werden dann vorsichtig geöffnet und die Zuchtperlen – mit eventuellen echten Perlen als Beigabe – herausgenommen, gewaschen, getrocknet und nach Form und Größe sortiert. Dies alles geschieht mit der Hand, um die Perlen nicht zu beschädigen. Zur Sortierung nach der Größe verwendet man Siebe mit entsprechend großen Löchern. Ein Zähler – eine mit einem Griff versehene Kunststoffplatte – gibt Auskunft über die Zahl der in jedem Sieb aufgefangenen Perlen. Da die Platte hundert halbkugelige Vertiefungen aufweist, werden bei jedem Eintauchen in den Perlenbehälter genau hundert Perlen herausgefischt.

Anschließend werden sie nach Farbe und Qualität sortiert und sind dann zum Aufziehen, Fassen in Schmuck oder zum Direktverkauf bereit. Die Produktion, die während des zweiten Weltkrieges zum Stillstand kam, beträgt jährlich mehrere Millionen Perlen.

Es wurde geschätzt, daß die *Pinctada martensii* innerhalb von zwei Jahren nur eine etwa 0,3 mm dicke Schicht von Perlmutter erzeugt. Während dieser Zeit können viele ungünstige Umstände eintreten. Kalte Ozeanströme dringen gelegentlich in die wärmeren Muschelbuchten ein. Wird dadurch das Wasser bis auf eine kritische Temperatur von 11° C abgekühlt, sterben die Muscheln ab.

Auch die Temperatur der Luft im Winter kann ähnliche Folgen haben. Um diese Gefahr zu vermeiden, besteht die Möglichkeit, die Flöße in wärmere Gewässer zu schleppen. Ungewöhnliche Regenfälle können den Salzspiegel unter die Toleranzgrenze der Muscheln senken. Die Körbe selbst, die regelmäßig gesäubert werden müssen, schützen die hilflosen Wesen vor ihren natürlichen Gegnern: Aalen, Tintenfischen, Krebsen und Algen, nicht aber vor ihrem schlimmsten Feind, der sogenannten „roten Flut", der plötzlichen, explosionsartigen Entwicklung eines rotgefärbten Planktons. Der da-

Gegenüber. In Ceylon werden die Edelsteine nach vielhundertjährigen Methoden im Handbetrieb geschliffen, unten rechts eine moderne Schleifscheibe.
Unten links: Katzenauge (Cymophan) von 958 ct., ähnlich dem größten bisher bekannten Exemplar, Ceylon.
Unten: Diamantgewinnung in Brasilien, etwa zur Zeit kurz vor dem Diamanten-„Rush“ in Südafrika.

Gegenüber: Die Kimberley-Mine in Südafrika zu Ende des vorigen Jahrhunderts. Rechts: Gerätschaften zum Schneiden und Schleifen aus der gleichen Zeit. Oben: Handgezeichnete Tafel aus J. Rambosson, Les pierres précieuses, 1870, mit Smaragd, Saphir, Granat u. a.

Oben: Schwimmende Arbeitsbaracke in der Nähe der Zuchtperlen-Kulturen.
Unten: Einsetzen des Perlmutterkerns in die Austern, rechts Zeichnung einer Pinctada martensii, auf der die Zuchtperlenindustrie in Japan beruht.

durch hervorgerufene Sauerstoffmangel führt zum Absterben der Perlmuscheln. Selbstverständlich versucht man beim ersten Anzeichen einer solchen Invasion die Flöße in nicht bedrohte Gebiete zu schaffen.

Überlebt die Muschel, so ist das Ziel ihres Lebens erfüllt und die ganze Mühe war nicht umsonst, denn sie erzeugt eine Perle, die sich, wie gesagt, äußerlich in nichts von derjenigen unterscheidet, die auf *ganz* natürlichem Wege entstanden ist.

Der Smaragd gehört – zusammen mit Diamant und Rubin – zu den wertvollsten Edelsteinen. Zweifelsohne hat Columbien im Laufe der Jahrhunderte Smaragde in ungeheueren Mengen geliefert und die ganze Produktion müßte eher in Tonnen denn in Karat ausgedrückt werden. Ein am Anfang des 20. Jh. an die Regierung Columbiens gegebener Bericht erwähnt „eine Smaragdmine in Muzo, die der Republik Columbien für viele Generationen zum Wohlstand verhelfen soll".

Der Bericht war zu optimistisch, denn die Geschichte lehrt es anders: Die columbianischen Smaragdminen sind für das Land nie eine finanzielle Basis gewesen, sondern eher Anlaß zur Unehrlichkeit, Gier, Bestechung und Korruption, sowohl beim einzelnen als auch im Handel und in der Regierung. Heutzutage sogar wird die staatliche Smaragdproduktion, repräsentiert durch die „Columbian Emerald Enterprise", von der illegalen Smaragdproduktion der „outlaws" in der 20 km von Muzo entfernten Mine von Peñas Blancas bedroht. Man nimmt an, daß nur 10 % der Smaragde im Lande legal verkauft werden.

Fachleute sind sich darüber einig, daß es in den großen Lagerstätten Columbiens Smaragd in ungeheuren Mengen gibt. Während alle anderen Beryllvarietäten unmittelbar an Pegmatite gebunden sind finden sich die Smaragde in mehr oder weniger umgewandelten Sedimenten, allerdings stets in nicht allzu großer Entfernung von solchen pegmatitischen Gesteinen, von denen aus heiße wäßrige Lösungen das Beryllium herbeiführen.

Die columbianischen Smaragde kommen in zwei großen Revieren vor: die Mine von Chivor, etwa 75 km nordöstlich von Bogota gelegen, befindet sich auf einem Berghang in einer Höhe von 2300 m über dem Meeresspiegel in einem schwer zugänglichen, zerklüfteten und düsteren Waldgebiet. Sie ist mit der Mine von Gachala, die 30 km näher bei Bogota liegt, die wichtigste im ganzen Distrikt.

Die Gesteine sind meistens graue bis schwarze Schiefer und Sandsteine. Die Smaragde kommen in spärlichen Adern in Begleitung von Albit, Quarz und Pyrit vor. Das zweite Revier ist das Minengebiet von Muzo, dessen Zentrum etwa 100 km von Bogota entfernt ist. Im Abbau stehen die Gruben von Muzo, Cosquez und Peñas Blancas. Das Muttergestein besteht aus schwarzen Kalkschiefern mit einem hohen Gehalt an organischen, bituminösen Bestandteilen. Zahlreiche Calcitadern und -drusen führen Smaragd und viele interessante Begleitmineralien wie Quarz, Feldspat, Apatit, Pyrit, Parasit und Codazzit. Obwohl beide Gebiete weit auseinanderliegen, sind sie in geologischer und mineralogischer Hinsicht ähnlich. Die Gesteine sind stark zerbrochen, die Smaragde weisen Flecken und, unter anderem, zahlreiche Flüssigkeitseinschlüsse auf; solche Steine werden im Handel „jardin"

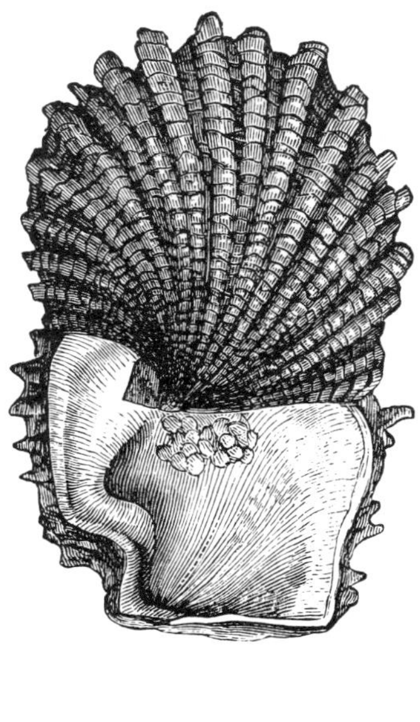

Oben: Smaragdführendes Haufwerk wird von Hand verlesen. Cobra Mine in Transvaal, Südafrika. Rechts: Abbau in einer kolumbianischen Smaragdmine durch Strafgefangene um 1870.

(Garten) genannt. An den Einschlüssen erkennt man oft, ob die Steine aus Muzo oder aus Chivor kommen Erstere enthalten gewöhnlich Spuren dunkler organischer Materie, während in letztere Pyritkriställchen eingeschlossen sind.

Sowohl in Muzo als auch in Chivor sind die Abbaumethoden einzigartig; sie wurden schon angewandt, bevor die Spanier im 16. Jh. in das Land kamen. In den Lagerstätten von Muzo versuchten bereits die Spanier den Abbau in Stollen; in Chivor wurde erst vor einem Jahrzehnt mit dem Stollenbetrieb begonnen. Jedoch ist der ältere terrassenförmige Abbau geblieben. Das weiche Gestein wird mit Brechstangen gelockert und die Smaragde werden ausgelesen, bis die Terrassen mit Gesteinsschutt bedeckt sind. Auf den darüberliegenden Hügeln wird in großen Behältern Wasser gespeichert. Von Zeit zu Zeit öffnet man dann die Schleusen, das Wasser schießt in dafür vorgesehenen Kanälen hernieder und spült den Abraum fort.

Bevor die Spanier ins Land kamen, waren die Lagerstätten in Chivor von den Chibcha Indianern abgebaut worden, und die Edelsteine wanderten von den Inkastädten in den Peruanischen Anden bis zum Hof des Kaisers Montezuma in Mexiko. Der moderne Handel hat zur Verbreitung dieser schönen grünen Edelsteine auf der ganzen Welt beigetragen, aber es sind immer noch die gleichen, prachtvollen Smaragde aus der gleichen Quelle und sie werden immer noch nach den gleichen Methoden gewonnen. Sie haben mit der Zeit weder an Reiz noch an Wert eingebüßt.

Nicht alle Edelsteinvorkommen haben eine so lange, bis in die Jetztzeit andauernde Geschichte wie die Smaragdminen Columbiens oder der südafrikanische Diamantenbergbau. So nahm am Ende des 19. Jh. der Opalbergbau in der östlichen Slowakei mit der Entdeckung der australischen Lagerstätten ein jähes Ende. – Die Fundstellen des Edelopals liegen bei Červenica, südöstlich von Prešov, im Slanské pohorie. Als das Gebiet noch ungarisch war, hieß der Ort Vörösvàgàs, und noch heute ist der Opal aus diesen Vorkommen als „ungarischer Opal" bekannt. Der Sitz der Minenverwaltung und auch der Schleifereien war Dubnìk (ungarisch Opalbànya). Der Opal wurde übrigens in früheren Zeiten aus Ungarn in den Orient exportiert und von dort als „orientalischer Opal" nach Europa zurückgebracht. Er hat eine milchige Farbe, obwohl man auch gelbliche und rote Tönungen beobachten kann, ist durchscheinend bis durchsichtig und entwickelt das für den Edelopal charakteristische Farbenspiel. Doch fehlen die starken Farbkontraste und das lebhafte Schillern, die den australischen Opal auszeichnen. Die Edelopalvorkommen von Červenica stehen seit dem 14. Jh., ja, möglicherweise seit der Römerzeit im Abbau.

Was in der Umgebung von Červenica überwiegend gefunden wird, ist freilich der gemeine Opal mit seinen vielen Spielarten, wie Milchopal, Hyalit, Wachsopal, Hydrophan u. a., die alle für Schmuckzwecke ungeeignet sind. Zusammen mit der edlen Varietät stecken sie in äußerst unregelmäßiger Verteilung in einem stark zersetzten Andesit, einem graubraunen, vulkanischen Gestein. Zum Abbau benützte man grobkörniges Schwarzpulver, da beim Sprengen etwa mit Dynamit der Opal zu leicht zertrümmert würde. Anfangs wurden lediglich die oberflächennahen Vorkommen in kleinen Schächten und offenen Stollen unsystematisch

Federzeichnung der berühmten, früher ungarischen Opalmine bei Červenica (jetzt ČSSR) um 1880. Zu der Zeit waren an die 100 Bergleute mit der Opalgewinnung beschäftigt.

durchwühlt. Es wird berichtet, daß zur Zeit der Kaiserin Maria-Theresia ein Abkommen getroffen wurde, nach welchem die Bauern zwei Tage lang für den Staat und den dritten für sich selbst graben durften. Da die offizielle Kontrolle sehr oberflächlich war, wurden die besten Funde immer am dritten Tag gemacht. 1788 übernahm schließlich die Regierung in Wien die Kontrolle über das ganze Gebiet und versuchte den Abbau zu organisieren, ohne allzuviel Erfolg. Nach 1820 verpachtete die Regierung die Minen, aber die Abbaumethoden blieben primitiv und planlos. 1845 pachtete der Wiener Juwelier Johann Goldschmidt die Gruben, die er und seine Familie bis 1880 betrieben. Während dieser drei Jahrzehnte wurde ein ausgedehntes Netz von Stollen im opalführenden Gestein angelegt. Der Abbau war teuer, aber sehr produktiv. Nicht nur die Regierung zog daraus Nutzen, sondern auch Hunderte von Einwohnern, die als Bergleute, Beamte, Edelsteinschleifer, Facharbeiter oder ungelernte Kräfte Beschäftigung fanden, und – selbstverständlich – auch der Pächter. Der Sohn Louis Goldschmidt reiste ununterbrochen, um den ungarischen Opal auf der ganzen Welt einzuführen. Er nahm an den großen internationalen Ausstellungen in Wien (1873), Philadelphia (1876) und Paris (1878) teil und unterhielt Kontakte zu allen Edelsteinmärkten.

Der älteste Bergbau in diesem Gebiet befand sich am Hang des Simonka-Berges an den südöstlichen Ausläufern der slowakischen Karpathen. Um 1870 erschöpfte sich die Mine und wurde stillgelegt. Nun wurde die Fundstelle am Libanka-Berg im gleichen Gebiet in Betrieb genommen, die weiterhin Edelopal lieferte. Man hatte ausgerechnet, daß diese Mine um 1915 abgebaut sein würde und daß der ungarische Opal zu dieser Zeit eine Seltenheit wäre. Eine intensive Suche nach neuen Fundstellen war ergebnislos geblieben. Schließlich aber hatte die Libanka-Mine keine Gelegenheit, sich zu erschöpfen, da ihre Produktion durch die schöneren australischen Opale verdrängt wurde.

Einige Edelsteinminen erschöpfen sich tatsächlich oder haben nach jahrhundertelangem Betrieb Anspruch darauf, sich für einige Zeit zu erholen, wie zum Beispiel die Türkislagerstätten im Bezirk von Los Cerillos im südwestlichen Teil der USA. Zu diesen gehört der Mount Chalchihuitl, der etwa 30 km südwestlich von Santa Fé, Neu-Mexiko, inmitten einer Wüste liegt. Der Name des Berges bezeichnet in der Indianersprache einen grünen Stein. Wahrscheinlich wurde er hauptsächlich für Jade gebraucht, wohl aber auch für grüne Steine überhaupt. Der Türkis ist meist grünlich, nur die seltensten und besten sind blau. Auf diesem Berg haben sich seit über tausend Jahren mehrere Kulturen mit der Türkisgewinnung beschäftigt. Mit Hilfe einfachster Werkzeuge haben die Indianer ungeheure Gesteinsmassen bewegt. Der ganze Berg wurde abgebaut, so daß an der Nordseite nunmehr eine einzige, etwa 70 m breite, und an manchen Stellen bis zu 45 m tiefe Grube übriggeblieben ist. Von dieser Fundstelle gingen Türkise bis nach Yukatan und Ontario; südlich vom Mount Chalchihuitl liegen keine bedeutende Türkisvorkommen mehr.

Schon lange vor der Ankunft der spanischen Missionare war der Edelstein bei den Indianern sehr verbreitet. In einem 1539 verfaßten Bericht beschreibt der Mönch Marcos de Niza seine Reise nach dem heute unter dem Namen Zuni

Oben: A. Gravierte und mit Türkis besetzte Schale der Venusmuschel. B. Türkis im Gestein von Los Cerillos, New Mexiko/USA.
Unten: Symbole, die die Navajos für ihre Arbeiten in Silber und Türkis verwenden.

bekannten Gebiet in Neu-Mexiko. In jedemDorf fand er so viele Halsketten, Nasen- und Ohrringe aus Türkis, daß er in seinem Text den Edelstein vierzehnmal erwähnt. Der Gemmologe Dr. Kunz berichtet, daß er 1890 einer religiösen Zeremonie der Indianer aus Santo Domingo Pueblo beiwohnte. Vertreter der San-Felipes, Navajos, Isletas, Acomas, Jicarillas und der Apachen waren zugegen. Die Hauptreliquie war eine 1,20 m hohe Holzfigur des Hl. Dominikus, die auf das Jahr 1692 zurückging. Davor waren die für die Indianer wertvollsten Geschenke – Türkisketten und -anhänger – ausgebreitet.

Es gibt keine Angaben über die Menge von Türkis, die zur Zeit der Spanier an diesen Fundstellen gewonnen wurde. Es wird vermutet – ohne Gewähr –, daß der Distrikt allein zwischen 1895 und 1900 Edelsteine im Wert von $ 9 000 000 lieferte. In dieser Zeitspanne wurde die Produktion von den Castilian and Tiffany Mines sowie von einigen weiteren Unternehmen in der Nachbarschaft stark ausgeweitet. Federführend war die American Turquoise Company. Ihr Hauptaktionär und gleichzeitig Hauptabnehmer war Tiffany. Über den Türkisbergbau vom Mount Chalchihuitl erzählt man, wie bei einer so alten Fundstelle zu erwarten, viele Märchen. Als zu Beginn des 20. Jh. die alten Minen wieder in Betrieb genommen wurden, fand man dort Steinhämmer, primitive Werkzeuge und Tongefäße. Ein Hammer aus Stein wog gegen 10 kg; ein Riese muß ihn geschwungen haben. Funde von Holzkohle in großen Mengen weisen darauf hin, daß den alten Bergleuten das Feuersetzen geläufig war: vor Ort unterhält man ein Feuer und begießt das stark erhitzte Gestein, das dann durch die plötzliche Abkühlung springt und leicht abzubauen ist. Das für die Abschreckung, wie auch für die Versorgung unentbehrliche Wasser war wohl das Hauptproblem, da sich die Minen mitten in der Wüste befinden. Glücklicherweise liegen die Türkisvorkommen nicht sehr tief, so daß die Gewinnung im Tagbau möglich war. Dennoch fragt man sich, ob der Türkis eine derart mühsame Arbeit bei rauchenden Feuern und brennender Hitze wert war. Selbstverständlich ereigneten sich immer wieder Unglücke. Nach einem Bericht soll 1680 der ganze Berg eingestürzt sein und achtzig indianische Bergarbeiter unter sich begraben haben.

Im südwestlichen Teil der USA sind große Mengen Türkis vorhanden. Arizona, Nevada und Kalifornien liefern das Mineral, allerdings in geringer Qualität. Deswegen ist die Ausbeutung sporadisch. Der Mount Chalchihuitl mag vielleicht eines Tages wieder zum aktiven Leben erwachen. Zur Zeit führt er aber ein ruhiges Dasein.

Die berühmten Edelsteinvorkommen, die in die Edelsteinliteratur eingegangen sind, haben meist eine ausreichende, marktbeherrschende Produktion. Einige jedoch sind mehr aus historischen Gründen oder weil sie zwar wenige, aber besonders schöne Steine lieferten, bekannt geworden, wie zum Beispiel der Turmalinpegmatit von Mount Mica im Staate Maine. Im Herbst 1820 sollen zwei Jungen, Eliah Hamlin und sein Freund Ezekiel Holmes, schöne, am Boden lose herumliegende Turmalinkristalle entdeckt haben. Heute ist an dieser Stelle außer einem mit Wasser gefüllten Loch nichts geblieben, was an den Fund erinnert. Hamlins Sohn Augustus Choate Hamlin erzählt die Geschichte in seinem 1895 veröffentlichten Buch *History of*

A
B

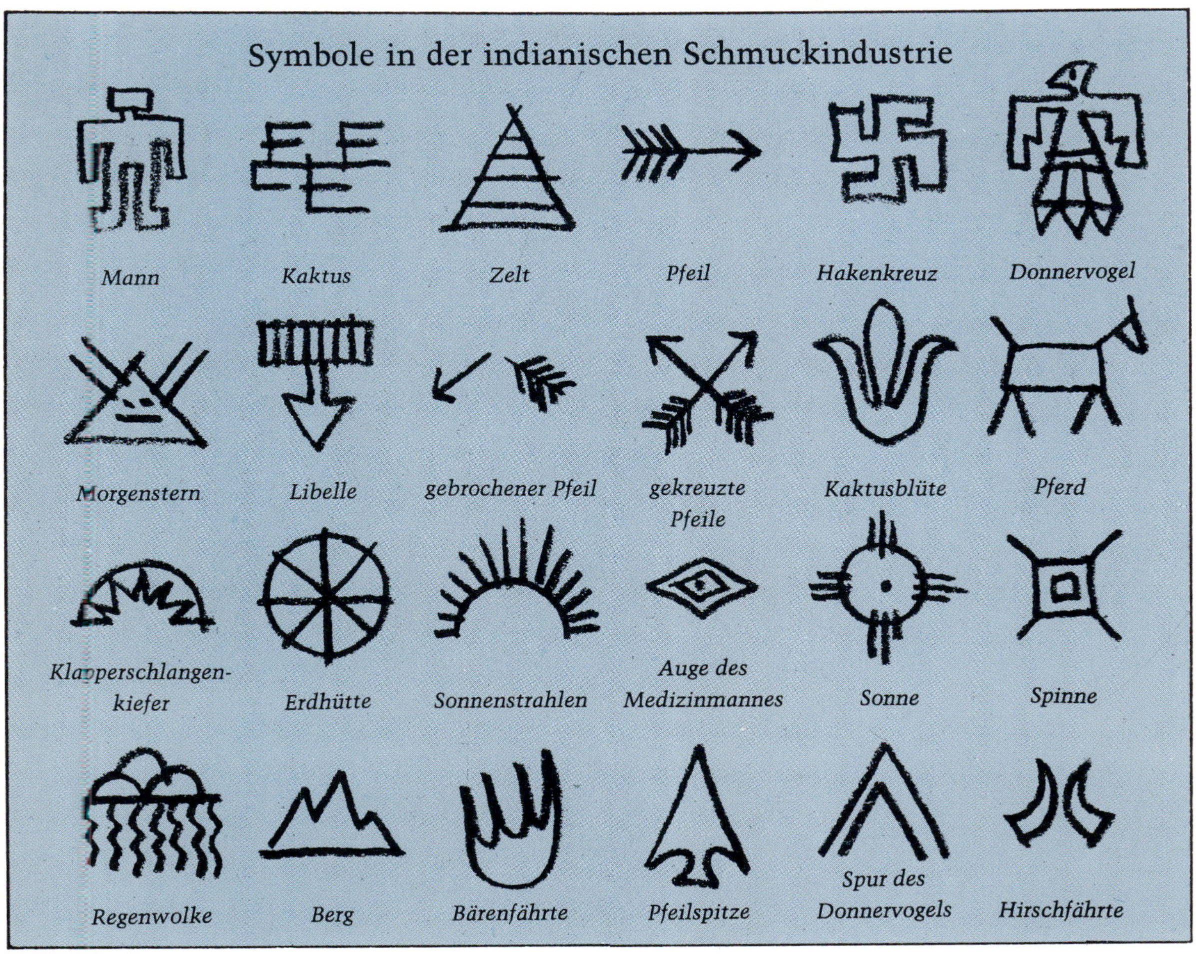
Symbole in der indianischen Schmuckindustrie
Mann
Kaktus
Zelt
Pfeil
Hakenkreuz
Donnervogel
Morgenstern
Libelle
gebrochener Pfeil
gekreuzte Pfeile
Kaktusblüte
Pferd
Klapperschlangen-kiefer
Erdhütte
Sonnenstrahlen
Auge des Medizinmannes
Sonne
Spinne
Regenwolke
Berg
Bärenfährte
Pfeilspitze
Spur des Donnervogels
Hirschfährte

Mount Mica, das inzwischen selbst ein geschätztes Sammlerobjekt ist.
Nach diesem Fund sammelten die Jungen weitere dreißig Steine von bemerkenswerter Qualität und Farbe. 1822 öffneten zwei Brüder Hamlins die erste große Druse im Pegmatit, aus der weitere schöne Turmalinkristalle und andere Mineralien geborgen wurden. Zwischen 1822 und 1864 wurden Hunderte von Drusen freigelegt. Die meisten enthielten zwar keinen Edelsteinturmalin, aber zumindest schöne Stufen für die Sammler. Die Größe der Drusen schwankt zwischen wenigen Zentimetern und über 1 Meter im Durchmesser. Da der Pegmatit stark ausgewittert ist, liegen die Turmalinkristalle lose in einer zersetzten Masse aus Glimmerblättchen, Feldspat und Ton.
Zwei im Smithsonian Institut befindliche Steine zeugen von der glorreichen Vergangenheit dieses Vorkommens: ein prachtvoller grüner, 57 ct wiegender Edelstein, der aus einem 1895 gefundenen Kristall geschnitten wurde, und ein blau-grüner Stein mit 69 1/4 ct, aus einem 1893 entdeckten Kristall. Andere schöne Edelsteine und prächtige Kristalle sind in den Sammlungen des American Museum of Natural History in New York und im Mineralogischen Museum der Harvard-Universität in Cambridge, Massachusetts, zu sehen. Edelsteinturmalin aus dieser Quelle und anderen Vorkommen Neu-Englands wird selten im Handel angeboten und dann nur von Liebhabern oder Sammlern erworben. Vielleicht werden die Fundstellen vom Mount Mica dereinst in begrenztem Maße wieder abgebaut, aber mehr als Liebhaberei und nicht als regelrechtes kommerzielles Unternehmen.

Noch ist es zu früh, um die Zukunft eines in jüngster Zeit entdeckten neuen Edelsteins vorherzusagen. Im Jahre 1967 kamen aus einigen Museen und Laboratorien Berichte von einer seltsamen, sehr schönen Edelsteinvarietät des Zoisits aus unbekannter Quelle in Tansania. Zoisit, ein seit langem bekanntes, eher unscheinbares Mineral, galt bis dato nicht als Edelsteinmineral, wenn auch gelegentlich eine rosa bis rötliche, durchscheinende Varietät gefunden wurde. Der neue Stein fand rasch das Interesse zunächst der Sammler und Händler. Henry Platt, der Vizepräsident und Edelstein-Einkäufer von Tiffany & Co., taufte ihn „Tansanit"; nun wird er durch intensive Werbung populär gemacht und auf dem internationalen Edelsteinmarkt eingeführt.
Seine kräftigen Farben geben diesem Edelstein seinen Reiz, außerdem ist er wegen seines ausgeprägten Pleochroismus interessant. Im Handel pflegen ihn die Schleifer in drei Kategorien einzuteilen: zur ersten gehören die Steine mit starkem dunkelblauen-gelbgrünen und purpurrotem Pleochroismus; zur zweiten diejenigen, die infolge des Pleochroismus hellblau, lavendelfarben und farblos sind; zur dritten zählen solche, die infolge des grünen, purpurroten und hellblauen Pleochroismus bräunlich erscheinen. Die Letztgenannten erhalten durch Erhitzen einen tiefen saphirblauen Farbton. Die anderen brauchen keine Behandlung, da ihre Farben an sich schon kräftig und reizvoll sind.
Das weitere Schicksal des Tansanits hängt von den Liefermöglichkeiten ab. Werden genügende Mengen in regelmäßigen Abständen gefunden, so kann der Edelstein das Juwelierangebot wertvoll ergänzen. Im umgekehrten Fall wird er le-

diglich ein Sammlerobjekt bleiben. Zur Zeit weiß man über seine Lagerstätten zu wenig, um irgendwelche Prognosen aufzustellen. Der Stein wurde im oberen Teil des Umbe-Tals, bei Tanga in Tansania, unweit der Grenze zu Kenya, entdeckt. Der Abbau erfolgt in primitiven Schächten und offenen Schürfen in einem stark verwitterten, Kyanit und andere Mineralien führenden metamorphen Gestein. Bis jetzt wurden so gut wie keine geologischen Untersuchungen durchgeführt, da die Phase der Entdeckung und ersten Produktion noch nicht überschritten ist. Es wird interessant sein, die Geschichte der Entwicklung dieses Edelsteins in unserer Zeit zu verfolgen: Wird der Tansanit normal in den Handel kommen, oder wird er eine Kuriosität bleiben?

← UP
MIAMI FLA

7 Schneiden, Schleifen, Polieren

Vom rohen Kristall oder Kristallbruchstück zum geschliffenen, glänzenden Stein führt ein langer Weg. Entscheidend ist die Kunstfertigkeit des Edelsteinschleifers. Ihm ist es überlassen, für jedes Rohmaterial denjenigen Schliff zu finden, der die Schönheit, die Eigenheit des Steines am besten zur Geltung bringt. Dazu werden heute allerdings im allgemeinen, vor allem für die wertvolleren Edelsteine, bestimmte, eingeführte Schliffarten ausgewählt, während man ehedem ziemlich beliebige Formen hergestellt hat.

Vor dem 17. Jh. pflegte man überwiegend die natürlichen Kristall- oder Spaltflächen nachzuschleifen oder zu polieren, vor allem um die Durchsichtigkeit und den Glanz des Steines zu erhöhen. Bei den undurchsichtigen Farbsteinen wurde gewöhnlich das Oberteil gewölbt, „gemugelt" – das ist der Cabochonschliff. Doch entwickelte sich die Schleifkunst weiter, und bereits im 17. Jh. wußten die Edelsteinschleifer die in einem rohen Stein schlummernden Möglichkeiten schon sehr gut auszunützen.

Dank einer neu in Gebrauch gekommenen, billigen Schleif- und Poliertechnik, dem sogenannten Trommelschliff, sind heute die unregelmäßig geformten „Barocksteine" wieder sehr beliebt. Normalerweise werden sie aus Steinen von geringerem Wert – wie den vielen Achatarten, den farbigen Feldspäten, aus Rosenquarz von minderer Qualität und vielen anderen – gearbeitet und für wohlfeilen Schmuck verwendet. Der Schleifvorgang verläuft etwa so, wie Gerölle in einem Fluß zugerundet werden: in eine Schleiftrommel, deren Größe von der einer Kaffeekanne (für Liebhaber) bis zum Umfang eines schweren Containers schwanken kann, werden rohe Edelsteine zusammen mit einem pulverisierten Schleifmittel und Wasser eingefüllt. Die verschlossene Trommel dreht sich dann tagelang, wobei von Zeit zu Zeit immer feinere Schleifmittel beigefügt werden. Nach mehreren Wochen kommen die Edelsteine in strahlenden Farben heraus, um dann zu Schlüsselanhängern, Armbändern, Halsketten und anderem einfachen Schmuck verarbeitet zu werden. Selbstverständlich kann man auch wertvollere Steine der gleichen Behandlung unterwerfen, aber die größeren und kostbareren Steine werden normalerweise einzeln bearbeitet.

Der schon genannte Cabochon-Schliff wird bei Türkis, Opal, Chrysopras, Bernstein und Jade bevorzugt angewendet. Das Wort kommt vom Französischen „caboche" Kopf oder Nagelkopf, und deutet auf das runde Oberteil der Steine hin. Die meisten Cabochons haben einen ovalen Umriß mit flachem Unterteil. Es gibt einfache Cabochons mit gewölbtem Oberteil und flachem Unterteil, Doppelcabochons, oben und unten gewölbt, und hohle Cabochons mit gewölbtem Oberteil und ausgehöhltem, „ausgeschlägeltem" Unterteil. Achate, deren Farbe sehr tief ist, werden normalerweise zu ausgehöhlten Cabochons geschliffen, um ihre Dicke zu verringern und mehr Licht durchzulassen, damit die Farbe am besten zur Geltung kommt. Im Handel werden oft Cabochons, die den Standardfassungen der Schmuckindustrie angepaßt sind, in größeren Mengen vorgefertigt.

Das Prinzip des Cabochon-Schliffes ist ziemlich einfach. Zuerst wird der Stein mit Hilfe einer dünnen, mit Diamant besetzten Scheibe in Stücke gesägt, deren Größe den künftigen geschliffenen Steinen annähernd entspricht. Mit

Vorhergehende Seiten: Einrichtung zum Edelsteinschleifen, im Vordergrund eine Schleifscheibe, wie sie für Liebhaber dieses Handwerkes im Handel ist.

Hilfe einer Schablone zeichnet der Schleifer den gewünschten Umriß des Cabochons in der günstigsten Position auf das Rohstück. Diese Wahl der Schnittlage beim Cabochon-Schliff erfordert große Erfahrung. Als Markierstift dient ein spitzer Aluminium- oder Kupferstab. Dann wird der Stein auf der Diamantsäge grob vorgerichtet und schließlich mit immer feineren Schleifmitteln geschliffen und zuletzt poliert.

Die durchsichtigeren, vor allem die wertvolleren Steine werden in der Regel mit Facetten versehen. So unwahrscheinlich es sich auch anhört, galt das doch verhältnismäßig primitive Verfahren des Facettierens eines Edelsteins – ja das Schneiden überhaupt – jahrhundertelang als ein strenges Berufsgeheimnis. Auch beim Facettenschliff wird der vorbearbeitete Edelstein mit immer feineren Schleifmitteln behandelt und, im letzten Arbeitsgang, poliert.

Im Laufe der Zeit wurden sehr verschiedene, harte Materialien als Schleifmittel verwendet. Zerstoßener Quarzsand, Granat und Korund erwiesen sich als besonders geeignet; jahrhundertelang war das bevorzugte Schleifmittel gemahlener reiner Korund oder Smirgel, ein natürlich vorkommendes Gemenge von Korund und Magnetit oder Hämatit. Am Ende des 19. Jh. brachte die Einfuhrung des Caborundums oder Siliciumcarbids, eines künstlich hergestellten Schleifmittels, eine gewisse Umwälzung in der Technik des Edelsteinschleifens. Carborundum ist härter (9 1/2) als Korund (9). Zu seiner Herstellung werden 30 % Koks und 70 % Quarzsand gemischt und in einem elektrischen Schmelzofen erhitzt. Die daraus entstehende Verbindung SiC bildet oft wohlgeformte Kristalle mit starken Anlauffarben. Für Schleifzwecke wird das Material gemahlen und nach der Korngröße sehr genau sortiert und mit Nummern eingestuft. Das gröbste Schleifpulver hat die Nummer 100, die Körner haben im Durchschnitt einen Durchmesser von 0,1 bis 0,15 mm.

Das gröbste Pulver wird entweder lose auf einer Stahlscheibe verwendet, oder in gebundener Form als sogenannte Carborundscheibe, und zwar zum Ebauchieren oder Vorschleifen. Beim 220er Pulver sind die Körner halb so groß wie beim 100er usw., bis zu den kleinsten Größen (800–1200), die für das Feinschleifen unmittelbar vor dem Polieren benützt werden.

Poliermittel müssen äußerst feinkörnig und absolut frei von Verunreinigungen sein, um die schon feingeschliffene Fläche nicht zu zerkratzen. Das Polieren ist nicht ausschließlich ein weiteres, feineres Schleifen. Die Oberfläche eines Edelsteins kann auf das schnelle Reiben mit einem Polierpulver auf zwei Arten reagieren: Hat der Stein einen einigermaßen niedrigen Schmelzpunkt, so bildet sich eine sehr dünne Schicht, eine Art Glasur, welche der Oberfläche einen hohen reflektierenden Glanz verleiht. Liegt der Schmelzpunkt zu hoch, entsteht keine derartige Schmelzschicht; in diesem Fall werden die durch die letzte Schleifphase hervorgerufenen, winzigen Risse vom Polierpulver verschmiert. Ohne Schmelzschicht ist es schwieriger, eine schön polierte Fläche zu erhalten. Diese Schmelzschicht – nach G. Beilby, der den Effekt Anfang des 19. Jh. entdeckte, Beilby-Schicht genannt – breitet sich über den Stein aus und füllt die übriggebliebenen Unebenheiten und Risse. Sie hat die gleiche Wirkung wie ein durchsichtiger Kunststoffüberzug, nur reflektiert die Oberfläche viel stärker.

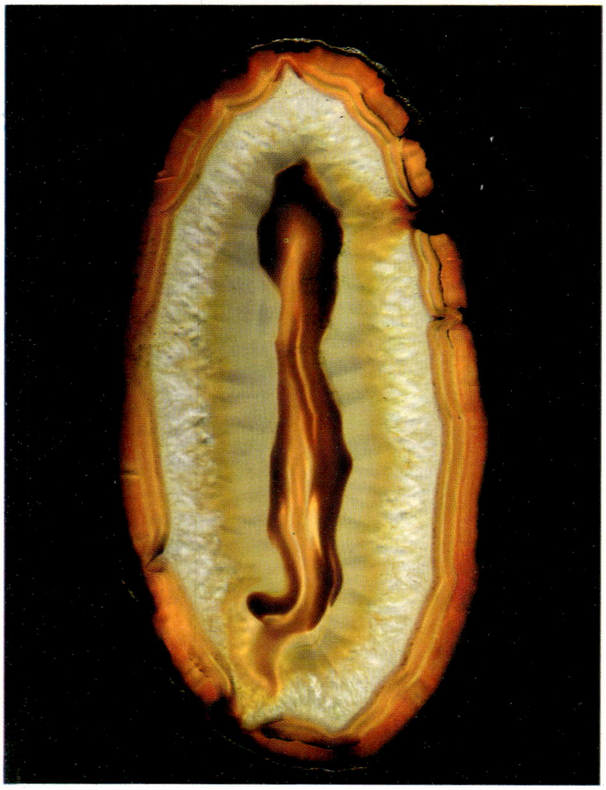

Oben: Kleine Schalen aus verschiedenem Material: links Achat, Mitte Malachit, rechts Chrysokoll.
Links: Geschliffene Scheibe aus einer Achatmandel, z. T. mit Quarz ausgefüllt.
Mitte: 2 Cabochons aus australischem Chrysopras.
Unten: Flacher Cabochon aus schwarz-weißem Achat, sog. Onyx.

Interessant ist, daß das Polierpulver nicht härter zu sein braucht als der zu polierende Stein, solange es nur genügend Reibungswärme entwickelt. Manche Polierpulver sind schon seit sehr langer Zeit im Gebrauch. Polierrot, ein Eisenoxid in Pulverform, ist zwar sehr wirksam, färbt aber auch den Stein, Geräte, Hände und alles, womit es in Berührung kommt, rot. Chromoxid ist nicht ganz so geeignet und hinterläßt dafür intensiv grüne Farbspuren. Tripel, eine Art Kieselerde, ist eines der ältesten Poliermittel und billig, für heutige Schleifverhältnisse jedoch zu grob. Ceroxid, Zinnoxid und Tonerde werden ebenfalls gerne angewandt. Tonerde – vor allem künstlich hergestellte – ist das beste Polierpulver für viele Edelsteine, mit Ausnahme von Chrysoberyll, Saphir, Rubin und Diamant. Das Mittel wird mit größter Sorgfalt hergestellt und muß frei von Verunreinigungen sein.
Auch wenn die Kosten abschreckend sind, bleibt nach wie vor der Diamant, der härteste der bekannten Stoffe, das beste Schleif- und Poliermittel überhaupt. Früher wurde das Diamantpulver in einem ausgehöhlten Eisenblock mit genau eingepaßtem Stößel, der Diamantmühle, vom Schleifer selbst hergestellt und anschließend mit Öl angerieben. Heute sind fertige Pasten zum Schleifen und Polieren im Handel, mit genau eingestellter Korngröße des Diamantpulvers. Die Maßangabe erfolgt nach Maschen, nach jeweils der Maschenweite des Siebes, die das Diamantpulver gerade noch passieren kann. Eine solche Diamantpaste ist für das Polieren von Rubin, Saphir und Chrysoberyll am besten geeignet, der Diamant selbst kann natürlich, wegen seiner Härte, ausschließlich mit Diamantpulver geschliffen und poliert werden.
Schleifpulver, Poliermittel und die Edelsteine selbst liefert die Natur, der Steinschleifer mußte sich nun noch allerlei Geräte einfallen lassen: Schleifscheiben, Haltevorrichtungen usw. Im 10. Kapitel werden einige primitive Werkzeuge, Maschinen und Verfahren beschrieben.
In vielen Gegenden des Mittleren Ostens hat sich übrigens seit den Reisen Taverniers (17. Jh.) in der Edelsteinschleifkunst kaum etwas geändert. Schon damals war das Edelsteinschleifen ein altes Gewerbe. Von einem facettierten Stein ist um 800 n. Chr. zum ersten Mal in einer Beschreibung der goldenen Kappe des Herzogs Tradonico von Venedig die Rede. Der Kopfteil enthielt einen funkelnden Rubin und einen Diamanten mit acht Facetten, sowie dreiundzwanzig geschliffene Smaragde. In den darauffolgenden Jahrhunderten gab es einzelne, sorgfältig geheimgehaltene Neuerungen in der Schleiftechnik und in der Qualität der Produkte. Selbstverständlich brachte im 19. Jh. die Welle der technischen Entdeckungen in Europa und die sich anbahnende industrielle Revolution auch grundsätzliche Neuerungen in der Edelsteinverarbeitung. Dennoch gelang es einzelnen Steinschleifern und auch den Schleifzünften, neue Geräte und das Prinzip ihres Funktionierens geheimzuhalten. Allmählich wurden die Dinge jedoch bekannt – heute beschäftigen sich in den USA Tausende von Liebhabern mit dem Edelsteinschleifen.
Vor 1930 wäre der Amateurschleifer sehr verlegen gewesen, hätte er nach guten Schleifmitteln oder Geräten, oder auch nur nach einschlägiger Literatur gesucht. Die Ergebnisse, die er erzielte, waren das Resultat von Versuchen und Irrtümern mit Hilfe von selbstgebastelten Ersatzein-

richtungen. In den vierziger Jahren änderte sich dies. In den Vereinigten Staaten, wo es sehr viele Schleifer aus Liebhaberei gibt, erfanden diese mehr neue Gerätschaften als in der ganzen langen Geschichte der Edelsteinbearbeitung zuvor. Die alte Steinsäge, die mit Carborundabfall oder einem anderen Schleifpulver und Wasser arbeitete, wurde durch die Diamantsäge ersetzt. Laut, unsauber und äußerst langsam, war sie bald in Vergessenheit geraten. Heute hätte so ein altes Gerät wohl bereits einen Sammlerwert.

Das Sägen ist die Grundlage der Steinschleiferei. Eine Gesteinssäge ist keine „Säge" im üblichen Sinn: sie hat nämlich keine Zähne. Man kann den Finger leicht gegen die Schneide des rotierenden Sägeblattes drücken, ohne sich zu verletzen.

Die Säge besteht aus einem dünnen Blatt aus Bronze oder kalt gewalztem Stahl, das auf einer Achse sitzt, wie eine Kreissäge, und mit verschiedenen Geschwindigkeiten angetrieben werden kann. Es gibt zwei Arten von Blättern: eine mit Kerben am äußersten Rand, in die Diamantsplitter eingeschlagen werden und eine zweite mit einem Kranz aus bestimmten Metallegierungen, in die Diamantstaub eingesintert ist. Sägeblätter werden mit verschiedenen Durchmessern und Stärken hergestellt: Größere, dickere zum Vorrichten der Steine und kleinere, dünnere für das endgültige Formatisieren. Um sehr wertvolle Steine, z. B. Diamanten zu zerlegen, gibt es papierdünne Blätter, die mit hoher Geschwindigkeit laufen. Alle Diamantsägen müssen gekühlt werden, um zu verhindern, daß die Steine oder die Säge selbst beschädigt werden. Meist verwendet man Öle, auch Petroleum; früher hat man eine ausgezeichnete Kühlflüssigkeit aus Kerosin und Motoröl selbst hergestellt. Heute liefern die Ölfirmen weniger gefährliche, spezielle Öle für diese Zwecke.

Bei allen Geräten wird der Stein gegen die Schneide des rotierenden Blattes gedrückt, entweder frei mit der Hand oder mit einer mechanisch geführten Halterung, bis sich die mit Diamant besetzte Schneide buchstäblich durchfrißt. Dies geht rascher als man erwartet. Der Rohstein wird nun in sorgfältig ausgesuchte Stücke von geeigneter Größe zerlegt, deren Gestalt schon der endgültigen Form des künftigen Edelsteins grob entsprechen muß. Das weitere, zunächst grobe Formatisieren, das Ebauchieren, erfolgt auf rotierenden Schleifscheiben, die meist aus Carborundum bestehen, das mit Ton bei hohen Temperaturen zusammengesintert wird. Auch diese Scheiben haben verschiedene Größen: Ihr Durchmesser schwankt zwischen 15 und 25 cm.

Die Schleifscheiben bestehen gewöhnlich aus 100- und 220er Schleifpulver und werden während der Arbeit mit Wasser gekühlt. Es ist sehr schwierig, wenn nicht gefährlich, den Stein mit den Fingern gegen die Scheibe zu halten, wie es in primitiven Schleifwerkstätten der Fall war. Um das Risiko möglichst zu senken, wird der Stein auf einen Stab von ca. 10–15 cm Länge aufgekittet; sein Durchmesser entspricht etwa der Größe des zu bearbeitenden Steines.

Auf das Grobschleifen, d. h. wenn der Stein seine endgültige Form erhalten hat und alle größeren Kratzer und Fehler entfernt wurden – folgt nun das Feinschleifen, d. h. die allmähliche Beseitigung aller sichtbaren Oberflächenrisse und die Verbesserung der Form, jedoch ohne wesentliche Änderung. Einige bevorzugen das nasse

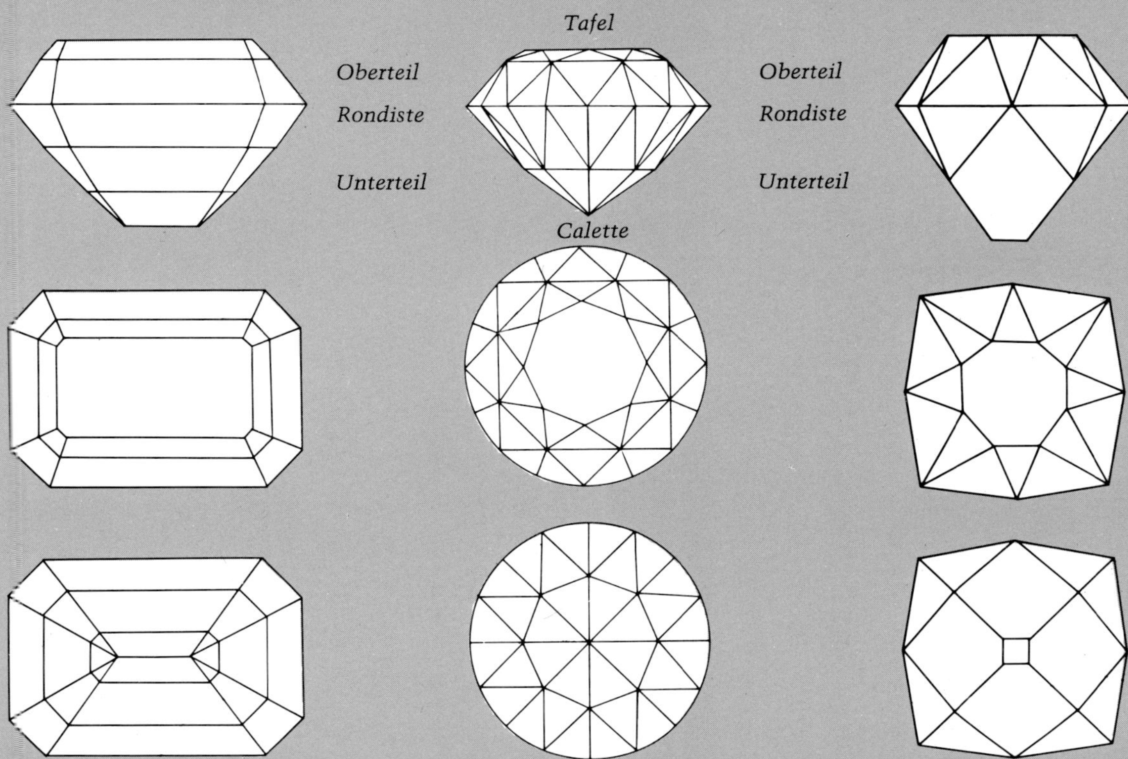

Treppen- oder Smaragdschliff

Brillantschliff

Quadratischer Schliff

Verschiedene ältere Schliffarten

Gegenüber: Eiförmig geschliffener Bergkristall von 7000 ct. aus Brasilien. Der Schliff und der saphirbesetzte Ständer sind Arbeiten des amerikanischen Amateur-Gemmologen John Sinkankas.
Unten links und rechts: Diamantschleifen und -polieren im frühen 19. Jahrhundert.
Ganz unten: Achatschleiferei in Idar-Oberstein.

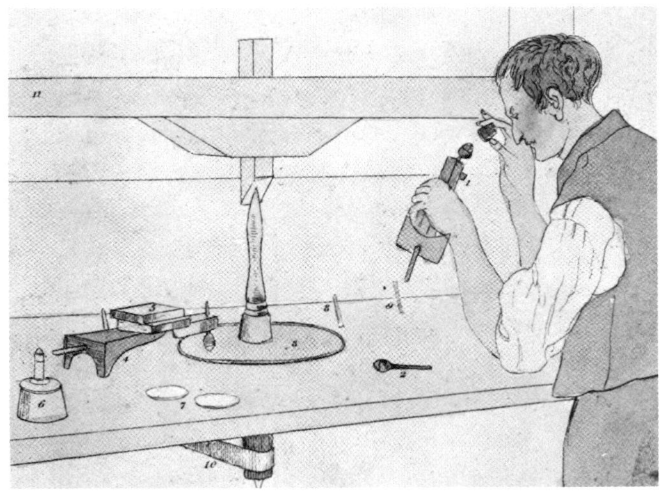

Gegenüber oben: Das Spalten des Diamanten unter Ausnutzung der natürlichen Spaltbarkeit (links), rechts: Sägen mit einer Diamantsäge.
Unten: Facettieren von Diamanten in verstellbaren Halterungen auf einer horizontalen Schleifscheibe.

Feinschleifen, andere das trockene. Auch dieser Arbeitsgang erfolgt meist auf einer rotierenden Scheibe. Das Schleifmittel kann aber auch auf einem Lederriemen aufgetragen sein, der über eine Trommel läuft. Zweckmäßigerweise ist alles so angelegt, daß man beim Wechsel des Schleifmittels zum nächstfeineren einfach die Scheibe oder den Riemen austauscht.
Nun kommt der entscheidende Augenblick des Polierens, in dem sich zeigt, ob das Vorschleifen einwandfrei verlaufen ist. Es gibt viele Arten von Poliergeräten, aber Leder oder Filz, auf Scheiben oder als Riemen, werden gewöhnlich bevorzugt. Das Leder wird mit Wasser angefeuchtet und die Polierpaste aufgetragen. Der Schleifer preßt und bewegt den Stein mit leichtem Druck so lange gegen das Leder, bis er plötzlich merkt, daß er kein gewöhnliches Objekt mehr, sondern einen prachtvollen Edelstein am Ende des Stiftes hält.

Der Facettenschliff

Der Facettenschliff ist die Krönung der Arbeit des Edelsteinschleifers im engeren Sinn. Man unterscheidet, strenggenommen, den Edelsteinschleifer, der nur durchsichtige Edelsteine zu Facettensteinen schleift, vom Lapidär oder Farbsteinschleifer, der alle anderen einschlägigen Arbeiten ausführt. Doch werden beide Tätigkeiten im allgemeinen nicht scharf getrennt. Der Vorgang ist beim Facettieren der gleiche wie beim Cabochon-Schliff, nur erfordert er präziser arbeitende Geräte und eine umfangreichere Ausrüstung. In den USA gibt es Ausstattungen für Amateure, die es jedem ermöglichen, einen Stein zu facettieren, sofern er nur die Fähigkeit hat, die Gebrauchsanweisung zu befolgen. Der wesentliche Unterschied in der Ausrüstung besteht darin, daß alle Vorgänge auf horizontal rotierenden Scheiben erfolgen. Die Scheibe ist von einer Schutzvorrichtung umgeben, einer Pfanne mit hohem Rand, welche herausfliegende Splitter und vor allem die abspritzende Schleifflüssigkeit auffängt. Meist wird ständig Wasser zugetropft. Über der Scheibe befindet sich der Facettierkopf, eine schraubstockähnliche Vorrichtung, die den Stein in verschiedenen, genau festgelegten Stellen hält, damit die Flächen in richtigen Winkelverhältnissen geschliffen werden. Es gibt verschiedene Arten von Facettierköpfen, alle jedoch sind mit einer präzisen Einrichtung zur Einstellung der gewünschten Winkel versehen.
Die traditionelle Facettiertechnik benützte an Stelle des Facettierkopfes einen Stab, den sogenannten Kittstock, auf den der Stein wieder aufgekittet ist. Eine senkrecht stehende Säule trägt ein Stück Hartholz in Form eines Brettes oder eines Kegels, das mit Löchern versehen ist. Das hintere Ende des Kittstockes, an dem der Stein befestigt ist, wird in eines dieser Löcher gesteckt. Wird der Stab dann abgesenkt, berührt der Stein die Schleifscheibe unter genau dem richtigen Winkel. Es bedarf jedoch einer erheblichen Geschicklichkeit und Erfahrung, um das richtige Loch zu wählen und den Stift um den Winkel zu drehen, der für die nächste Facette nötig ist. Bei vielen älteren, geschliffenen Edelsteinen kann man im Winkel oft abweichende, oder kleine, als Korrektur nachträglich eingesetzte Facetten entdecken. Nachdem die Facetten fertig sind, muß der Edelsteinschleifer die gleiche Arbeitsfolge für das Polieren wiederholen.

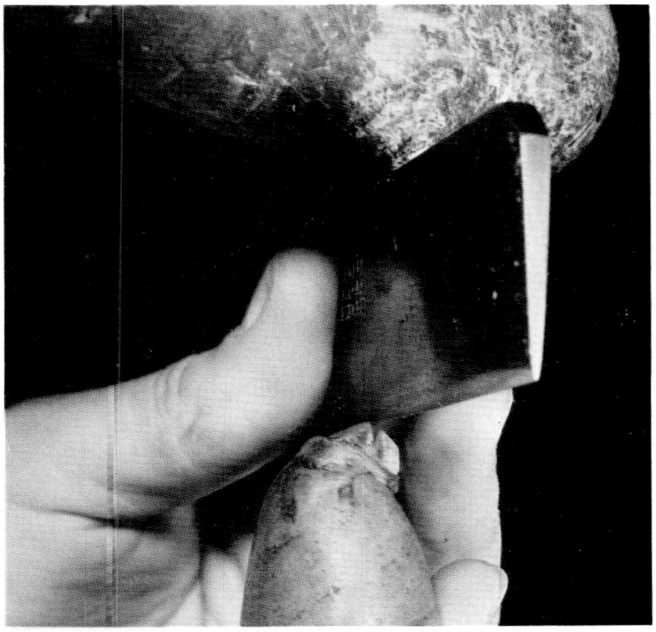

Moderne Arbeiten aus Edelstein:
Oben links: Hahn in Tigerauge geschnitten, Massenproduktion aus Hongkong.
Oben rechts: Citrin im Jubiläumsschliff, 70 ct., Brasilien.
Unten links: Gemme, „Leda mit dem Schwan", gefärbter Achat, ca. 10 cm lang, Deutschland.
Unten rechts: Schnupftabakflasche aus Chrysopras mit Stöpsel aus Rubin.

Beim Diamantschleifen sind die Arbeitsgänge wegen der äußersten Härte des Materials etwas anders als bei den übrigen Edelsteinen. Nur Diamantpulver kommt hier in Frage, und man muß sowohl mit dem teueren Pulver als auch mit dem wertvollen Edelstein sparsam umgehen. In allen Fällen wird der Diamant auf einer schnell rotierenden Drehbank gegen einen an einem vom Schleifer gehaltenen Holzstab befestigten zweiten Diamanten rund gerieben, und damit werden beide Steine vorgeformt. Man nennt diesen Vorgang Reiben oder Grauen. Diamanten, die eine andere Form als den Brillantschliff erhalten sollen, werden nicht gegeneinander, sondern auf einer Scheibe gerieben.

Die weiteren Arbeitsgänge erfolgen je nach dem Edelsteinmaterial auf verschiedenen Schleif- und Polierscheiben aus Stahl, Blei, Letternmetall, Gußeisen oder anderen Legierungen. Diese Metallscheiben können mit verschiedenen Schleifmitteln bestrichen werden, bevorzugt wird jedoch eine mit Diamantpulver besetzte Platte aus kalt gewalztem Kupfer, Polierscheiben können aus Blei, Bronze, Zinn, Hartholz oder sogar aus Linoleum oder Kunststoff sein, auf die beliebige Poliermittel aufgetragen werden. In jüngster Zeit wurden Facettierscheiben mit Diamantpulver in Kunstharzen eingeführt. Sie arbeiten sehr schnell, so daß der Zeitgewinn die höheren Kosten ausgleicht.

Das Endprodukt wurde in diesem Buch immer wieder als Facettenstein bezeichnet. Darunter versteht man einen Edelstein, an welchem flache, reflektierende Flächen sorgfältig angebracht wurden. Die Lage und das Winkelverhältnis der Facetten werden durch die Natur, den Brechungsindex und andere spezifische Eigenschaften des Edelsteins bestimmt. In manchen Fällen ist auch der persönliche Geschmack ausschlaggebend.

Um die Übersicht über die verschiedenen Schliffformen zu erleichtern, denke man sich den Stein in Sektionen geteilt. Die oberste Fläche im Oberteil heißt Tafel, das ganze Oberteil auch Krone. Die Mittellinie zwischen Ober- und Unterteil ist die Rondiste. Eine kleine, im Unterteil parallel zur Tafel geschliffene Fläche heißt Calette. Dem Brechungsindex entsprechend, sind die genauen Winkel für die Anbringung der Facetten für jede Edelsteinart verschieden. Es wurden im Laufe der Zeit so viele Arten von Schliffen entwickelt, daß die durch Form und Natur des Materials gegebenen Einschränkungen für den Edelsteinschleifer nicht unbedingt zwingend sind. Jedoch haben sich zwei Grundformen durchgesetzt: der normale Brillantschliff und der Treppenschliff.

Der Brillantschliff ist rund mit dreieckigen oder annähernd rautenförmigen Facetten. Der Treppen- oder Smaragdschliff ist im Umriß rechtekkig. Die Facetten bestehen aus einer Reihe parallel geschliffener Rechtecke. Die Juwelierkunst kennt viele weitere Schliffarten, wie Baguette, holländische Rose, Fantasieschliff, Epaulette, Pendeloque, Marquis usw. Der geschickte Edelsteinschleifer versteht es, einen Scherenschliff, einen „Jubiläumsschliff", eine Pampel, ein Briolett und noch andere auszuführen.

Cabochons und Steine mit Facetten dürfen eine bestimmte Größe nicht überschreiten. Es gibt zwar riesige Cabochons von mehreren Zentimetern Durchmesser und facettierte Steine, die einige tausend Karat wiegen, dies sind aber dann Ausstellungs- und Museumsstücke. Im Smith-

sonian Institut befindet sich ein facettierter brasilianischer Topas von 7725 ct, also mehr als eineinhalb Kilogramm. Ausschlaggebend für die obere Grenze ist schließlich das Gewicht, das der Edelsteinschleifer noch handhaben kann.

Das Gravieren der Edelsteine

Die Kunst des Steinschleifers beschränkt sich nicht auf die Produktion von Edelsteinen, die in Schmuckstücke eingefaßt werden. Fast alle erdenkbaren Schleiftechniken wurden auch dazu verwendet, rohes Edelsteinmaterial zu Gegenständen zu verarbeiten, die nicht direkt dem persönlichen Schmuck dienen. Eine dieser Techniken, die eher eine künstlerische Ausdrucksweise ist, ist das Gravieren oder die Glyptik, die Steinschneidekunst im eigentlichen Sinne. Beginnen wir mit einem weniger guten Beispiel: Um die Wünsche der Touristen zu befriedigen, werden Unmengen von Edelsteinmaterial von den unermüdlichen Schleifern in Hongkong und anderen Orts zu Elefanten, Goldfischen, Hähnen, Götterfiguren und Buddhas geschnitten.

Gerade Asien ist jedoch die Heimat sehr schöner Edelsteingravierungen, z. B. der Arbeiten in Jade (vgl. Kapitel 10). In Europa hat die Gravierkunst Tradition seit der Römerzeit. Im vergangenen Jahrhundert haben die Aufträge Fabergés aus Moskau in Idar-Oberstein diese Kunstform neu ins Leben gerufen und dort zur Tradition werden lassen. Das plötzliche Interesse an Gravierungen regte immer mehr Künstler an, sich damit zu versuchen. Dies führte zu einem stetigen Angebot von künstlerischen Arbeiten steigender Qualität.

Wie alle anderen Schleifarbeiten, beginnt auch das Gravieren mit dem Formatisieren des Rohsteins durch Sägen oder Reiben, dann überträgt der Graveur seinen Entwurf oder auch den eines anderen Künstlers auf den Stein. Zum Gravieren sind außer der schon erwähnten Schleifausrüstung noch einige zusätzliche Spezialwerkzeuge erforderlich. Darunter befindet sich vor allem ein Gerät, das aus einer schnell rotierenden Welle, einer Art kleiner Drehbank besteht. An einem Ende befindet sich ein Kopf, in den Rädchen oder Kügelchen aus nicht zu hartem Eisen eingesetzt werden. Während der Arbeit wird der gegen die rotierenden Zeiger gehaltene Stein mit einer Paste aus Schleifpulver und Öl bestrichen. Selbstverständlich kann man auch carborund- oder diamantbesetzte Werkzeuge benützen, die jedoch viel teurer sind. Loch- und Röhrenbohrer, Geräte mit biegsamer Antriebswelle usw. gehören zur speziellen Ausstattung des Graveurs.

Die Kunst des Gravierens ist uralt, schon die Sumerer übten sie aus. Rotierende Zeiger sind seit dem 16. Jh. in Gebrauch. Unter den Gemmen – zahllos aus römischer Zeit erhalten – unterscheidet man Intaglien, mit vertiefter Zeichnung, und Kameen, mit erhabenem Bild. Größere figürliche Darstellungen bezeichnet man als Statuetten oder einfach als Plastiken. Selbstverständlich ist ihre Größe durch den Wert und das Format des rohen Edelsteins begrenzt.

Einfache Inschriften oder erhabene Muster auf flachen Stücken erfordern bloßes handwerkliches Können, Kameen oder Intaglien sind viel schwieriger durchzuführen, wenn es sich beispielsweise um Portraitdarstellungen handelt. Eine gute, dreidimensionale Edelsteinplastik ist eine rein künstlerische Arbeit, die nicht nur bildhauerische Begabung, sondern auch die Beherrschung der speziellen Techniken des Edelsteinschneidens voraussetzt. Selbstverständlich sind einwandfreie Steine Voraussetzung.

Der moderne Lapidär findet Gefallen daran, neue Formen zu entwerfen, alte wieder ins Leben zu rufen und neue Techniken und Vorrichtungen zu erfinden, um die Arbeit zu erleichtern. Aus seiner Werkstatt kommen Bücherstützen, Aschenbecher, Tischaufsätze, Leuchter und andere Kunstgegenstände aller Art. Sogar die alte Kunst des Kugelschleifens wurde modernisiert. Kugeln, auch Ellipsoide, bringen die Farben und Eigenschaften einer Vielfalt von Edelsteinen besonders schön zur Geltung: besonders aus Farbsteinen hergestellt, erfreuen sie sich derzeit großer Beliebtheit. Leicht wird freilich die Grenze zum Kitsch überschritten, wenn z. B. Lampenschirme mit bunten Steinen beklebt werden und dergleichen mehr.

8 Steine werden zu Juwelen

Kann man mit gutem Gewissen in Juwelen etwas anderes sehen als Luxusgegenstände? Sicherlich gehören sie, wie viele andere begehrte Güter in einer hochentwickelten Kulturgesellschaft, in diese Kategorie. Aber auch Blumen, modische Kleider, wertvolle Möbel, Gemälde, Autos usw. sind mehr oder weniger Luxus. Es gab jedoch Zeiten, da Juwelen genau so wichtig waren wie Nahrungsmittel, Kleider und Obdach. Man trug Schmuck als Rangabzeichen, um seine Zahlungsfähigkeit zu bekunden, oder auch um eine drohende Krankheit oder Katastrophe abzuwenden. In der heutigen Zeit werden Juwelen vor allem wegen ihrer Seltenheit und Schönheit geschätzt. Sie gehorchen eher dem fröhlichen Diktat der Mode und vielleicht auch der Eitelkeit – nicht so sehr der Notwendigkeit. Die altfranzösischen Wörter „jouel" oder „joiel", woraus sich joie – Freude – ableitet, mögen auch „juwel" ergeben haben. Auch die Ähnlichkeit mit dem Wort „jouer", spielen, ist interessant. Was könnte unserer heutigen Vorstellung eines Juwels besser entsprechen, als die gedankliche Verbindung mit einem angenehmen Spielzeug?

Juwelen im engeren Sinne sind Edelsteine, die in edlen Metallen gefaßt wurden, teils um ihre Schönheit zu steigern, teils damit sie als Schmuck getragen werden können. Allmählich ging man dazu über, bestimmte aus Edelmetall gefertigte Objekte, die gar keinen Edelstein enthielten, auch zu den Juwelen zu zählen. Die Metalle können auch emailliert oder mit Imitationen oder synthetischen Steinen besetzt sein. Auch gewöhnliche Metalle, wie Kupfer, rostfreier Stahl, Messing und schließlich sogar Kunststoffe werden zu Schmuck, Modeschmuck z. T., verarbeitet.

Ein für Schmuckzwecke geeignetes Metall muß nicht nur wertmäßigen Kriterien entsprechen, sondern auch einen hohen Widerstand gegen Abnützung und Einwirkung chemischer Stoffe bieten und sich – nicht zuletzt – entsprechend verarbeiten lassen. Es muß in genügender Menge vorkommen, ohne jedoch allzusehr verbreitet und deswegen uninteressant zu sein. Nur wenige Metalle genügen diesen Anforderungen. An erster Stelle kommt Gold, vor Silber und Platin. Allein diese drei Metalle und ihre Legierungen – das sind Mischungen mit weniger edlen Metallen – kommen bei Schmuck guter Qualität in Frage. Die glänzenden und widerstandsfähigen Metalle: Palladium, Ruthenium und Rhodium werden – wenn auch in ganz geringen Mengen – ebenfalls als Edelmetalle benützt. Ein Zeichen dafür, wie unterschiedlich edle und nicht edle Metalle bewertet werden, ist die Tatsache, daß sie in angelsächsischen Ländern immer noch nach zwei Systemen gewogen werden: Gold, Platin und Silber in Troygewicht, die anderen Metalle in gesetzlichem Handelsgewicht. Eine Troyunze ist etwa 10 % schwerer als die Handelsunze und ein Troypfund enthält nur zwölf Unzen (eine normale Unze ist 28,35 g).

Gold ist chemisch so träge, daß es in der Natur als gediegenes, gelbes Metall gewonnen wird: in seinen natürlichen Vorkommen verbindet es sich nur selten mit anderen Elementen. Das meiste Gold wird (oder wurde) in den Nationalbanken in Barrenform aufbewahrt und im internationalen Handel oder als Guthaben eingesetzt. Jedes Jahr werden jedoch zunehmend größere Mengen von der Schmuckindustrie gekauft. Auch als Legierung behält Gold seine bemerkenswerte Verformbarkeit oder Duktilität.

Vorhergehende Seiten: Zwei berühmte Geschmeide: Diamantenkollier mit dem 98,6 karätigen Bismarck-Saphir aus Ceylon und Ring mit einem herzförmigen, blauen Diamanten von 30 ct., seinerzeit im Besitz der Kaiserin Eugenie.

Es ist so verformbar, daß eine Unze so fein gehämmert oder gepreßt werden kann, daß sie eine Fläche von ca. 2 Quadratmetern bedeckt. Drähte kann man herunter bis zu einem Durchmesser von 0,012 mm ziehen. Solche Extreme gehen natürlich weit über den gewöhnlichen Juwelierbedarf hinaus, weisen aber darauf hin, daß Gold sehr vielen Anforderungen genügt.

Da reines Gold viel zu weich ist, um der Abnützung beim täglichen Gebrauch ohne Schaden zu widerstehen, wird es gewöhnlich mit anderen Metallen wie Silber, Kupfer, Nickel und Zink legiert, die ihm gelbe, weiße, grüne und rote Farbtöne verleihen und zugleich seine Härte steigern. Das Mengenverhältnis einer Legierung wird in „Karat" ausgedrückt: Reines Gold hat 24 Karat. 14karätiges Gold enthält zum Beispiel 14 Teile Gold und 10 Teile anderer Metalle. Meist wird Gold nach dem „Feingehalt" eingestuft, von der Gesamtzahl 1000 = 100 % Gold ausgehend. Eine Legierung aus 85 % Gold und 15 % Kupfer entspräche also dem Feingehalt 850. Gelbe Goldlegierungen enthalten Silber, Kupfer und Zink. Beim Weißgold wird das Silber durch Nickel ersetzt. Rotgoldtöne werden mit mehr Kupfer und weniger Silber als beim Gelbgold erzeugt. Bei einer Grüngold-Legierung ist es umgekehrt: Mehr Silber und weniger Kupfer als beim Gelbgold.

In den Vereinigten Staaten liegt derzeit der offizielle Goldpreis bei etwas über 42 Dollar pro Feinunze, das sind 28,35 Gramm Gold (Frühjahr 1973). Auf dem internationalen Devisenmarkt hat dieser Wert keine Bedeutung mehr, im freien Handel wurden bei stark schwankenden Kursen Mitte Juni 1973 130 Dollar für die Feinunze bezahlt. In Deutschland kostete im Mai 1973 ein Barren von 100 Gramm DM 870,– zuzüglich 11 % Mehrwertsteuer.

Gold war von jeher eine teuere Sache, und so war man stets bestrebt, weniger wertvollen Metallen durch Vergolden das Aussehen und die Widerstandsfähigkeit des Edelmetalls zu verleihen. Es gibt verschiedene Möglichkeiten. Beim galvanischen Vergolden wird eine hauchdünne Schicht aufgetragen und damit die äußerliche Wirkung von Gold erzielt, doch nützt sich der Überzug sehr leicht ab. Auf mechanischem Weg lassen sich auch dickere Auflagen von Gold herstellen, die dann natürlich haltbarer sind. Die Dicke der Auflage und die verwendete Legierung wird durch eine einfache Formel angegeben: so bedeutet $^1/_{10}$ – 14 Karat die Verwendung von 14karätigem Gold in einer Menge von einem Zehntel des Gesamtmetallgewichts.

Ähnliche Verwendung wie Gold findet auch das Silber im Juwelierwesen. Seine schöne, glänzende, weiße Farbe, seine hohe Dehnbarkeit und die Widerstandsfähigkeit gegen Abnützung sind sehr wertvolle Eigenschaften. Leider läuft es unter Einwirkung der in der Luft enthaltenen Schwefelverbindungen leicht an und wird schwarz. Man muß es also regelmäßig putzen, es sei denn, man zieht es vor, die „Patina" zu belassen.

Silber ist, auch hierin dem Gold ähnlich, für die meisten Zwecke zu weich und muß mit anderen Metallen legiert werden. Die Farbe bleibt ziemlich konstant, auch wenn ein größerer Prozentsatz anderer Metalle hinzugefügt wird. Die beliebteste Legierung für Tischgeschirr und Schmuck ist „Sterlingsilber", eine Mischung aus 92 $^1/_2$ % Silber und 7 $^1/_2$ % Kupfer, das die Härte wesentlich steigert.

Unten: Brustschild aus Gold, über 1000 Jahre alt, aus den Ausgrabungen in Panama.
Gegenüber: Gold in Quarz, Virginia/USA.
Unten links: Platin-Nugget aus Kolumbien, fast 50 g schwer, stark vergrößert.
Unten rechts: Römische Münzen, 2. Jahrh. n. Chr.

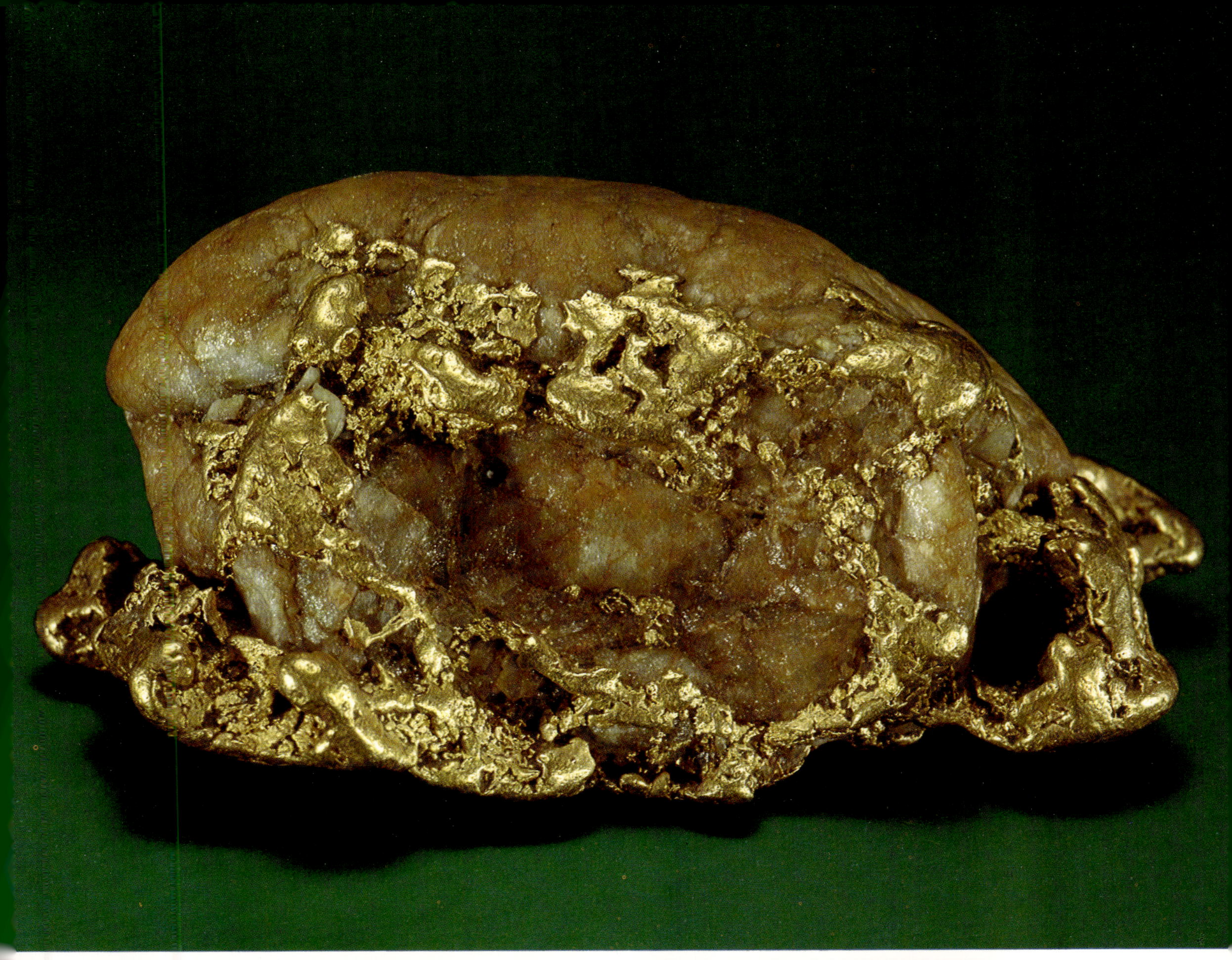

FAVSTINA AVGVSTA

Wenn man eine Platte oder einen Stab dieser Legierung auf ein Zehntel seiner ursprünglichen Dicke auswalzt oder zieht, wird das Metall merklich härter und vor allem auch elastischer, also weniger biegsam, und kann dann für Krawattenclips, Manschettenknöpfe, Ohrclips usw. verwendet werden.

Münzensilber ist weniger „fein", da es nur 90 % Silber und 10 % Kupfer enthält. Eine sehr ähnliche Legierung benützen die mexikanischen und indianischen Silberschmiede für ihren traditionellen Schmuck. Neusilber, auch Alpaka oder Nickelsilber genannt, enthält überhaupt kein Silber, sondern ist eine Legierung aus 45–70 % Kupfer, 10–30 % Nickel und 10–40 % Zink. Hart und chemisch widerstandsfähig, wird es für Silberimitationen und wohlfeiles Besteck benützt. Für ganz billige Imitationen von Silberschmuck verwendet man gelegentlich Weißmetall. Es besteht aus 90 % Zinn, 9 % Antimon und 1 % Kupfer und besitzt einen so niederen Schmelzpunkt, daß man Gummiformen zum Gießen verwenden kann.

Der Preis des Silbers steigt im allgemeinen ziemlich stetig an. Vor zehn Jahren kostete eine Unze einen Dollar, heute wird sie auf zwei geschätzt, das sind etwa 20 Pfennig pro Gramm. Da der Preis gesetzlich nicht geschützt ist, wird er vom steigenden Industriebedarf schnell in die Höhe getrieben. Dennoch ist Silber sehr viel billiger als Gold, da es in wesentlich größeren Mengen vorkommt. Platin liegt am anderen Ende der Wertskala. Sein Preis erfährt auch Schwankungen, wobei der niedrigste doppelt so hoch ist wie beim Gold und das Fünf- bis Sechsfache erreichen kann. Wie die anderen Edelmetalle ist Platin sehr dehnbar und kann gegossen werden. Da aber der Schmelzpunkt viel höher liegt als bei Gold und Silber, läßt es sich auch schmieden. Eine Legierung mit 10 % Iridium, einem noch selteneren Metall, erhöht die Härte. Obwohl Platin wegen seines hohen Schmelzpunktes schwieriger zu bearbeiten ist, wird es aufgrund seiner Haltbarkeit, seiner guten Farbe und absoluten Unempfindlichkeit gegenüber Chemikalien, für hochwertigen Schmuck verwendet, wenn auch weit seltener als Gold. Vor allem Diamanten werden in Platin gefaßt.

Seit Jahrhunderten wurden in jeder Kulturstufe Metalle zu Juwelen verarbeitet. Die Geschichte des Goldes geht am weitesten zurück. Die Tradition der alten ägyptischen, assyrischen und indischen Gold- und Silberschmiede hat sich über Tausende von Jahren erhalten. Heutzutage hat man Armbänder, Ohrringe und andere Schmuckstücke in Filigranarbeit und Ketten, die den in etruskischen und zypriotischen Gräbern gefundenen Stücken sehr ähnlich sind. Bei antikem Schmuck weisen die Erzeugnisse weit getrennt lebender Völker viele Parallelen auf. Teilweise ist dies auf den blühenden Handel bereits in frühgeschichtlicher Zeit zurückzuführen, teilweise auf das Ineinandergreifen der verschiedenen Kulturen, auf das Wandern der Handwerker und auch einfach darauf, daß es nicht allzuviele verschiedene Techniken für die Bearbeitung von Edelmetallen gibt. Gold läßt sich zu sehr dünnen Blättchen hämmern, ziselieren, gravieren, zu zierlichen Filigranarbeiten formen, zu Schleifen und Ketten drehen und biegen und löten, aber nicht schweißen. Alle diese Techniken wurden im Wandel der Mode und der kulturellen Entwicklung reihenweise verwendet, vergessen und wieder entdeckt.

Gold wurde in früheren Zeiten für ornamentale Arbeiten von einerseits mystischer, andererseits praktischer Bedeutung verwendet.
Oben: Alligator als Anhänger, ausgegraben in Chiriqui, Panama.
Links: Ein ornamental gestaltetes Gewicht als Standardmaß der Ashanti in Afrika.

Gegenüber: Collier aus sizilianischem Bernstein.
Oben: Englische Schachfiguren aus dem 19. Jahrhundert, links: „König" (dargestellt ist Heinrich VIII.), vergoldet, mit Diamanten und Rubinen besetzt, und silberner „Turm".
Links: Detail einer Sauciere im Kolonialstil (Nordamerika, 18. Jahrh.), sehr schöne Silberarbeit, das Schlangensymbol „join or die" darstellend.

Moderne Goldschmiedearbeit: Blumen-Bouquet und Vase aus Gold, auf einer Platte aus geschliffenem Kieselholz (Arbeit von Simon Yavitz).

Blattgold wird weniger für Schmuck als zum Belegen von Holz- oder Metallgegenständen verwendet. Es wird in heißem Zustand eingehämmert oder mit verschiedenen Klebemitteln aufgebracht. Dickeres Blattgold läßt sich leicht zu Schmuck verarbeiten. Zum Ziselieren bedient man sich kleiner, stabförmiger Werkzeuge – heutzutage sind sie aus Stahl – mit deren Hilfe ein Ornament in das Blatt eingedrückt wird, indem man das Blattgold gegen einen Bleiblock hält. Das Verfahren erfordert künstlerische Begabung, Geschicklichkeit und Geduld. Bei erhabenen Arbeiten ist der Prozeß ähnlich, nur werden die Objekte von der Rückseite her getrieben.

Zum Gravieren benötigt man Werkzeuge, die sich von den Geräten zum Ziselieren dadurch unterscheiden, daß sie an der Spitze mit einer Schneide versehen sind. Im Gegensatz zum Ziselieren wird nämlich bei der Gravur das Gold nicht getrieben oder anderweitig verformt, sondern die Zeichnung in das Metall eingegraben. Da das Gravieren mit der Hand erfolgt, sind die Werkzeuge immer mit einem Holzgriff versehen. Die Muster werden auf das Metall übertragen und vom Graveur sorgfältig herausgearbeitet.

Durch Ziselieren und Gravieren entsteht aus ebenen Flächen ein Relief. Eine weitere Dimension erreicht die Goldschmiedekunst mit der Filigranarbeit. Gold und Silber lassen sich leicht zu feinen Drähten verschiedener Größen ziehen. Die Drähte können auch mit einem Muster versehen werden, indem man sie in harte Metallformen preßt. Aus solchen dünnen Gold- und Silberdrähten läßt sich eine Vielfalt von Formen drehen, flechten oder löten; diese wiederum können auf eine Goldunterlage aufgesetzt oder miteinander zu offenen Filigranen verarbeitet werden. Filigranarbeiten wirken besonders zierlich.

Beim Löten verbindet man zwei Metallstücke durch ein anderes Metall oder eine Legierung mit etwas niedrigerem Schmelzpunkt. Beide müssen miteinander verträglich sein. Ein „Hartlot" ist eine Legierung mit etwas höher liegendem Schmelzpunkt zur Herstellung einer festen Verbindung. Solche Lote werden bei Silber, Gold und Platin verwendet. In jedem Fall muß die zu lötende Stelle sorgfältig gereinigt sein. Ein „Fluß" oder leicht schmelzender Stoff wie Borax wird aufgetragen, damit die Lötstelle bedeckt und das Oxydieren infolge der starken Erhitzung verhindert wird. Dann bringt man das geschmolzene Lotmetall auf und läßt es erstarren. Es gibt viele Lötmethoden und vielerlei Lote, je nach den Objekten, die gelötet werden sollen. Im Gegensatz zu Gold hat Platin einen sehr hohen Schmelzpunkt (1773,5° C) und oxydiert bei hohen Temperaturen nicht; die Verbindung kann also durch Schweißen hergestellt werden. Enthalten die verwendeten Metallegierungen Kupfer, so laufen die Schmuckstücke bei der hohen Löttemperatur an, weil sich Kupferoxid bildet. Diesen Überzug kann man abbeizen, indem man das Stück in ein Säurebad legt. Dadurch wird das schwarze Kupferoxid und auch der überflüssige, hartgewordene Fluß aufgelöst.

Der Weg vom Entwurf zum fertigen Schmuck erfordert viel Zeit und Mühe. Der Abguß ist eine Methode, die es erlaubt, ein Schmuckstück genau, schnell und ohne hohe Kosten zu reproduzieren. Mit Hilfe eines speziellen, mit Wasser und Glyzerin gemischten Sandes wird nach der

Gegenüber: Phantasiepflanze, Gold und Jade (Beeren) auf einer unbearbeiteten Gipsstufe.
Links: Der Ring (Platin) mit dem Blauen Diamanten (siehe Tafel vor Seite 180) der Kaiserin Eugenie.
Unten links: Ring mit australischem Opal.
Unten rechts: Blumen und Korb, Gold (Arbeiten von Simon Yavitz).

Oben links: Diamant, sogenannter Stern von Südafrika, 48 ct., in einer Tiara, darunter: Zwillings-Diamantenbrosche.
Oben rechts: Entwurf eines Anhängers (Benvenuto Cellini).
Unten: Zuchtperlen in Barockform aus Japan, ungewöhnlicher Ring mit einer schwarzen Perle.

Vorlage eine Form hergestellt, zum Entfernen des Originals auseinandergenommen und wieder zusammengefügt. Dann gießt man durch eine für diesen Zweck ausgesparte Öffnung geschmolzenes Metall. Nach der Abkühlung wird der Abguß herausgenommen, überflüssiges Metall entfernt und der letzte Schliff durchgeführt. Dieses Gießverfahren ist jedoch nur bei Stücken möglich, die relativ einfach sind und keine Unterschnitte aufweisen.

Ein sehr viel besseres Verfahren, das sich für die exakte Reproduktion von zierlichen oder komplizierten Stücken eignet, geht folgendermaßen vor sich: Von dem zu reproduzierenden Stück wird zunächst eine Form aus hochelastischem Kunststoff hergestellt, die man vom Original abziehen kann, wobei auch Vertiefungen und feinste Details mit erfaßt werden. Mit dieser Form stellt man dann Wachsmodelle her und diese werden dann wiederum in Gips (mit einigen Zusätzen) eingegossen. Nach dem Erstarren wird das Modell gebrannt, dabei fließt durch eine vorher angebrachte Öffnung das Wachs ab und man erhält so eine Hohlform mit allen feinen Einzelheiten. Dann wird die Gußform mit geschmolzenem Metall gefüllt und anschließend in einer kleinen Spezialzentrifuge geschleudert, wobei alle, auch die kleinsten Vertiefungen ausgegossen werden. Durch vorsichtiges Zerschlagen der Form wird der Abguß dann befreit. Freilich, auch der beste Abguß ist eben nur ein Abguß, er kann niemals auch nur annähernd die Wertschätzung etwa eines handgefertigten Originals erreichen.

Wann das Gold zum ersten Mal in die Hand des Menschen kam und bearbeitet wurde, bleibt verborgen. In Ägypten scheint es etwas später als Kupfer verwendet worden zu sein, die ersten Kupfergegenstände werden aber um 4500 v. Chr. datiert. In den Karpaten scheint der Goldbergbau bereits um 2000 v. Chr. aufgenommen worden zu sein, vermutlich durch Bergleute aus dem Mittelmeerraum. Zur Römerzeit waren die Hohen Tauern eine wichtige Goldquelle; in Nordwest-Spanien hat man die Reste einiger römischer Minen aufgedeckt. Nach Plinius sollen allein aus Spanien jährlich 6 ½ t Gold nach Rom gebracht worden sein.

Die Geschichte der Juwelierkunst läßt sich, wie die des Goldes selbst, bis zu ihrem Ursprung in Ägypten und in Mesopotamien zurückverfolgen. Die großen Frühkulturen entwickelten sich in den Tälern der Hauptströme: Die sumerische in Mesopotamien zwischen Euphrat und Tigris, Ägypten am Nil, Indien am Indus und China am Ufer des Gelben Flusses. Mit der Entwicklung dieser Kulturen ging die Goldschmiedekunst einher. Es ist erwiesen, daß die Kunstfertigkeit der sumerischen Goldschmiede schon um 3000 v. Chr. einen hohen Stand erreicht hatte. Prächtige Schmuckstücke wurden bei systematischen Ausgrabungen in Ur in Chaldäa entdeckt, einer großen Stadt, die damals das Zentrum der sumerischen Kultur bildete. Im Grab der Königin Schubad fand man einen unglaublichen Schatz. Die Königin selbst hatte eine Art gestickte Decke, die aus Gold, Silber, Lapislazuli. Karneol und anderen Arten von Chalcedon bestand. An ihrer Seite entdeckte man goldene Haarnadeln mit einem Kopf aus Lapislazuli. Sie trug einen verzierten Kopfschmuck aus goldenen Ringen, Blättern und Blumen. Ihre Hofdamen, die mit begraben wurden, trugen goldene Diademe und anderen Schmuck.

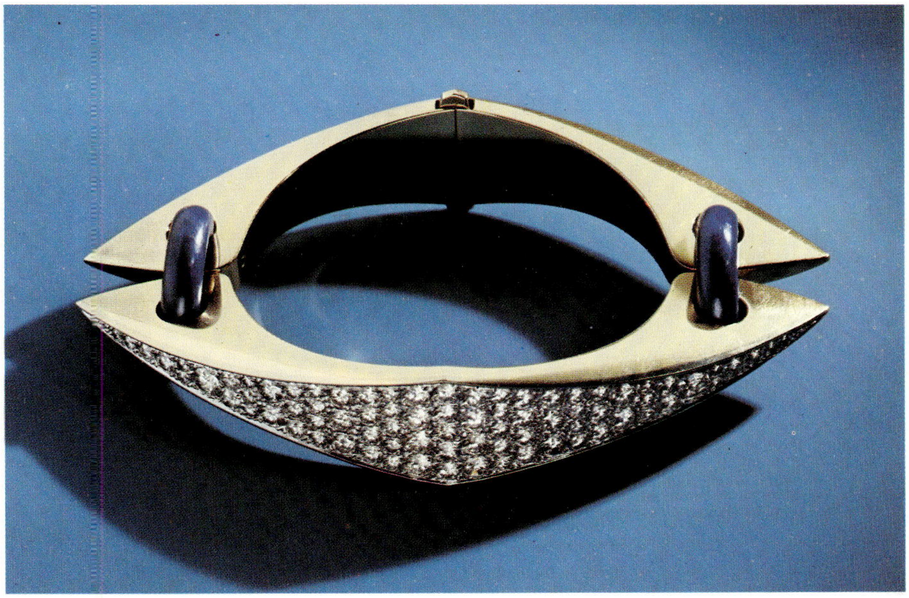

Gegenüber: Brosche und Ring mit Tansanit, gefaßt mit Diamanten und Smaragden, entworfen und hergestellt für Tiffany, New York.
Rechte Seite: Moderner Schmuck, entworfen für einen Wettbewerb (International Diamond Awards Competitions, 1970).

Die Sumerer hatten eine große Vorliebe für Schmuck und entwickelten dabei so viel Geschmack und Geschicklichkeit, daß sie einen starken Einfluß auf die Juwelierkunst anderer Kulturen ausübten. Ihre Kunst wirkte bei den Assyrern und Babyloniern fort. Diese wiederum brachten sie nach Persien. Die Skythen in Südrußland und die Hethiter in Anatolien waren davon beeinflußt. Über die Perser kam sie nach Griechenland und durch die Phöniker in den gesamten Mittelmeerraum.

Gold spielte die größte Rolle im Schmuck der Antike. Die Ägypter und Inder schätzten aber auch farbige Edelsteine sehr hoch ein. Sie kombinierten Glas mit natürlichen Steinen und Emaille. Bergkristall, Achat, Sardonyx, Karneol, Türkis und sogar Smaragd brachten eine farbige Note. Die größte Farbenpracht in der Juwelierkunst entwickelten naturgemäß die Inder, denn die reichsten Vorkommen der Alten Welt an farbigen Edelsteinen fanden sie ja in ihrem Bereich. Fortgeschrittene Kenntnisse in der Metallurgie und eine gut entwickelte Schleiftechnik trugen dazu bei.

Bei den Römern, deren Juwelierkunst auf griechischen und etruskischen Vorbildern aufbaute, wurden die verschiedenen Schmuckstücke hauptsächlich wegen der vielen Edelsteine, die sie enthielten, gepriesen, man erinnere sich an die hohe Wertschätzung des Opals. Auf die Art, wie sie gefaßt waren, legte man relativ wenig Wert. Die byzantinische Juwelierkunst schließlich übernahm zwar die griechischen und römischen Formen, entwickelte aber unter der Anregung des Ostens prächtigere Farben und ausgefallenere Entwürfe. Im Mittelalter fand man hauptsächlich Gefallen an prunkvollem Schmuck. Wuchtige Gürtel und große Broschen waren sehr verbreitet, nicht zu vergessen die ausgedehnte Anwendung von Gold und Edelsteinen in der Sakralkunst. Später leiteten die sozialen, religiösen und politischen Umwälzungen der Renaissance auch auf diesem Gebiet eine Revolution ein. Nun entwarfen große Künstler, wie z. B. der italienische Bildhauer Benvenuto Cellini (1500–1571), der flämische Maler Peter Paul Rubens (1577–1640) und der Florentiner Bildhauer Lorenzo Ghiberti (1378–1455) auch Schmuckstücke, die sie selber herstellten. Ihre Kreationen hoben die Schönheit der Edelsteine und Perlen hervor und steigerten ihre Popularität derart, daß das Gewerbe am Ende des 17. Jh. in die Hände der Edelsteinschleifer und Juweliere überging. Zu Beginn des 18. Jh. erwachte plötzlich das Interesse für komplizierten, überladenen Schmuck. Die Reaktion blieb aber nicht aus und man fand schnell zu den früheren klassischen Formen zurück. Zu gleicher Zeit stieg die Produktion billigerer Schmuckstücke für die neue, sich ausbreitende und reicher gewordene Mittelklasse.

Bis dahin war Schmuck das Produkt kleiner handwerklicher Betriebe gewesen. Im 18. Jh. tauchten plötzlich fabrikmäßig hergestellte Schmucksachen auf. Wie es bei anderen Gebrauchsgegenständen auch der Fall war, sank die Qualität und die Juwelierkunst ging zurück. Dennoch wirkten sich nicht alle Veränderungen negativ aus. Infolge der billigeren Massenproduktion hörte das Schmucktragen auf, ein nur wenigen vorbehaltenes Privileg zu sein. Sicherlich verraten einige sehr teuere Juwelen nach wie vor einen wirtschaftlich höheren Standard, aber es gibt auch schönen Schmuck zu erschwinglichen Preisen. Dank der Mechanisierung wechseln in der Schmuckindustrie die Stile ebenso schnell wie in der Mode. Seltsamerweise hat die größere Verbreitung der Juwelen das Interesse für moderne Designs und für einzelne, handwerklich angefertigte Stücke von neuem angeregt. Jedes Jahr werden originelle in den Wettbewerb der International Diamond Awards eingesandte Entwürfe prämiiert. Unter den preisgekrönten befinden sich immer einige sehr ausgefallene Stücke, die immer mehr geschickte Künstler und Designer anregen sollen, an diesem alten Wettbewerb teilzunehmen.

Die heutige Juwelierkunst verfügt über verschiedenste Verfahren, die erlauben, Gold, Silber, Platin und etliche andere Metalle zu allen erdenklichen Formen zu verarbeiten. Die größtmögliche Skala aller natürlichen Edelsteine der Welt, so wie synthetische Steine mit vielen Farben und verschiedenen Eigenschaften, ebenso wie Glasarten, Kunststoffe und Keramik in verschiedenen Typen stehen ihr zur Verfügung. Bemerkenswert ist, daß auch Künstler und Kunsthandwerker von Rang diesem Gebiet wieder ihre Aufmerksamkeit schenken. Zu gleicher Zeit interessieren sich Tausende von Amateuren, die über die nötige Zeit und die Mittel verfügen, für das Edelsteinschleifen.

9 Schätze der Kaiser und Könige

In der heutigen Zeit gibt es zweifelsohne mehr Königskronen als regierende Monarchen. In seinem Buch *A History of the Crown Jewels of Europe,* erwähnt Lord Twining über 600 Kronen, 187 Zepter, 98 Reichsäpfel und 187 Zeremonienschwerter. Viele existieren noch und werden als Zeuge der Geschichte vergangener Reiche, als Museumsstücke von künstlerischem, ästhetischem und geschichtlichem Interesse oder auch als Insignien für zukünftige Krönungen sorgfältig aufbewahrt.

Das Sinnbild der Krone ist sehr alt und ihre Herkunft verliert sich in den Anfängen der ägyptischen und vorderasiatischen Kulturen. Auf irgendeine Weise und schon sehr früh wurde der kreisförmige Kopfschmuck zum Symbol der Herrschaft, der Würde, der Leistung oder besonderer Eigenschaften des einzelnen. Wohlbekannt ist der grüne Lorbeerkranz, der die Stirn der siegreichen griechischen und römischen Athleten und Dichter zierte. Im Mittelalter schmückten sich die Herrschenden auf der ganzen Welt bei entsprechenden Anlässen mit einer Art Krone, die sich aus dem Diadem entwickelt hatte. Dieses wiederum war ursprünglich ein einfaches Band aus Seide, Wolle oder irgendeinem anderen Material, das um das Haupt des Königs gebunden wurde, um ihn von seinen Untertanen zu unterscheiden. Später wurde aus dem Stoffband ein goldener Reif, der bald mit wertvollen Edelsteinen besetzt und so zum kostbaren, nur den Königen vorbehaltenen Schmuck wurde.

Durch diese Entwicklung ist die Krone mit der Vorstellung der Monarchie eng verbunden, und der Begriff zu einem Ausdruck geworden, der die königlichen Vorrechte bezeichnet. Was ,,Kronkolonien'' und ,,Krongüter'' bezeichnen, ist bekannt. Dementsprechend versteht man unter ,,Kronjuwelen'' die Preziosen im Besitz des regierenden Monarchen. Nicht immer enthalten sie eine Krone.

Die letzte Kaiserkrone wurde für eine Kaiserin angefertigt. Man kann sich die Aufregung der Firma Van Cleef und Arpels in Paris vorstellen, als sie den Auftrag zur Herstellung einer Krone für Farah Diba, die 1967 zur ersten Kaiserin des Iran gekrönt werden sollte, erhielten. Designer und Ausführende schufen eine Krone in bester mittelalterlicher Tradition, indem sie von der sagenhaften Edelsteinsammlung des iranischen königlichen Schatzes reichlich Gebrauch machten. Sie lieferten eine Phantasie in Rot, Weiß und Grün, den Farben des Irans. Der wichtigste Edelstein in der Krone ist ein prachtvoll geschnittener Smaragd von 91,32 ct. Zu ihm gesellen sich 35 weitere Smaragde, 36 Spinelle und Rubine, 105 große echte Perlen von hervorragender Qualität und bis zu 2,5 cm lang, und 1469 Diamanten. Das Fehlen der Steine in der ungeheueren Sammlung fiel kaum auf. Der Iran erwarb diese Schätze in den letzten zweihundertfünfzig Jahren und verwendet sie sowohl als Deckung für seine Währung, als auch für Krönungen. Die Verwendung einiger von ihnen für eine Krone der neuen Kaiserin entspricht einer Tradition, die so alt ist, wie die Geschichte des Landes selbst. Kronen kommen und gehen; sie werden angefertigt, repariert, geändert, beiseite gelegt und wieder entworfen, aber die Edelsteine, die sie enthalten, bleiben und gehen von einer Krone zur anderen über.

Als die Welt noch aus einer Anzahl Reiche bestand, die zusammengefügt, auseinanderge-

Vorhergehende Seiten: Krone, angefertigt zur Krönung des Königs Christian IV. von Dänemark im Jahre 1596. Gold mit Emaille, besetzt mit Perlen und Diamanten.

trennt, erobert und wiederaufgebaut wurden, gab es einen stetigen Bedarf an Krönungsinsignien. Jetzt sind sie kaum mehr gefragt.

Überraschenderweise überlebten mehrere bemerkenswerte Sammlungen ehemaliger königlicher Juwelen. Ebenso selten wie kostbar sind zum Beispiel die funkelnden Kronjuwelen des zaristischen Rußlands in der sogenannten Rüstkammer des Kremls in Moskau. Mit wertvollen Diamanten, Rubinen, Saphiren und Smaragden in Verbindung mit Gold und Platin großzügig umgehend, bestellten die russischen Zaren reichverzierte Kronen, Zepter, Armbänder, Diademe, Spangen, Ohrringe und sogar ganze Edelsteinsträuße. In der schwierigen Zeit nach der Revolution, als Rußland wirtschaftlich ruiniert war, wurde zwar eine Anzahl Kunstschätze, einschließlich wertvollen Schmucks im Ausland gegen Devisen und Verbrauchsgüter verkauft, und 1927 sind sogar einige Juwelen aus dem russischen Staatsschatz bei Christie's Auction House in London versteigert worden, aber die meisten Hauptstücke blieben in Rußland. Peter der Große hatte unbewußt dafür gesorgt, als er zu Beginn des 18. Jh. gesetzlich alle zaristischen Schätze zum Staatsbesitz erklärte. Sie wurden in die Hauptstadt Petersburg und im ersten Weltkrieg aus Sicherheitsgründen in den Kreml gebracht, wo sie sowohl den Krieg als auch die darauffolgende Revolution überlebten.

Wahrscheinlich sind die drei berühmtesten Stücke der russischen Sammlung die große Kaiserkrone Katharinas der Großen, das Zepter und der Reichsapfel. Nach offizieller russischer Angabe ist Katharinas Krone mit 4936 Diamanten, die 2858 ct wiegen, besetzt. Wie eindrucksvoll sie auch ist, muß sie im Vergleich zu den älteren, mit Zobel geschmückten Kronen, sehr unbequem gewesen sein. Die Monomakh-Mütze, eine byzantinische Schöpfung aus dem 14. Jh., die Ivan IV. bei seiner Krönung im Jahre 1547 trug, und die sich jetzt im Kreml-Museum befindet, ist ein typisches Beispiel für die älteren Kronen. Es wäre jedoch falsch anzunehmen, sie seien nicht so prächtig mit Edelsteinen besetzt gewesen. Die mit Zobel bereicherte Mütze des Michael Feodorowitsch (1613–1645) mit dem großen Topas in der Mitte des mit Edelsteinen reich geschmückten Bügels, dem großen, durchbohrten, achteckigen Saphir, den zahlreichen kleineren Saphiren, Spinellen und dem ziemlich guten columbianischen Smaragd war sicherlich prunkvoll genug. Katharinas Krone ist schön und geschmackvoll, aber etwas überladen. Einige der 4936 Diamanten bilden einen im Reif ansetzenden Bogen, der von vorne nach hinten läuft und einen riesigen 398,7karätigen roten Spinell an der Spitze trägt. Auf dem mit Diamanten eingefaßten Spinell sitzt ein kleines aus vier Diamanten bestehendes Kreuz. Die Krone wurde für die Krönung Katharinas II. im Jahre 1762 hergestellt.

Katharina, eine deutsche Fürstin, hatte den Zaren Peter von Rußland geheiratet und sich bei der ersten Gelegenheit selbst zur Zarin erklärt. Mit Hilfe der politischen Geschicklichkeit ihres Günstlings, des Fürsten Grigori Orlow und seiner Brüder, konnte sie sich auf dem Thron halten. Aus verschiedenen Gründen verlor Orlow ihre Gunst. Um seine Stellung zurückzuerobern, schenkte er Katharina einen prächtigen, 199,8karätigen Diamanten, den er zu diesem Zweck erworben hatte. Dieser Edelstein, einer der großen Diamanten der Welt, soll angeblich

Unten: Kelch, mit 1300 Diamanten verziert. Geschenk Katharinas der Großen an Potemkin im Jahre 1791. Gegenüber: Die kaiserliche Staatskrone von Großbritannien mit dem Cullinan II von 317,4 Karat und dem Black Prince's Ruby, darunter das königliche Zepter mit dem Stern von Afrika oder Cullinan I, 530,2 Karat. Beide Steine wurden aus dem größten jemals gefundenen Diamanten, dem Cullinan (3106 Karat), geschnitten.

Die Krone des Kaisers von Österreich, angefertigt im Auftrag des Habsburger Kaisers Rudolf II. Die in Gold gearbeiteten Reliefs zeigen die Krönung Rudolfs zum Kaiser des Heiligen Römischen Reiches Deutscher Nation.

aus einem Auge einer indischen Götterstatue gebrochen worden sein. Was wohl aus dem anderen Auge wurde, ist unbekannt. Von Hand zu Hand gehend und unaufhörlich im Wert steigend, fand schließlich der Diamant seinen Weg nach Europa bis zum russischen Hof. Er hatte zwar nicht die von Fürsten Orlow erhoffte Wirkung, aber Katharina ließ ihn unverzüglich in das Zepter einfassen. In der Form einer Eihälfte beherrscht der sagenhafte Stein das 50 cm lange Zepter aus Gold und Silber, das von einem mit Edelsteinen reichlich besetzten, das russische Kaiserreich symbolisierenden Doppeladler aus emailliertem Metall gekrönt ist. Interessanterweise ist der größte und wichtigste Diamant der russischen Krone (ebenso wie der der englischen Krone) im Zepter eingefaßt. Sicherlich geschah dieses aus praktischen Überlegungen, da beide zu groß sind, um in einen anderen Schmuck zu passen. Der überwältigende Orlow-Diamant ist einer der drei Hauptdiamanten des russischen Schatzes.

Der nächste ist der vor etwa 500 Jahren in Mittelindien entdeckte „Schah von Persien", mit 88,7 ct; er ist stabförmig – etwa dreimal so lang wie dick, nur teilweise geschliffen, trägt drei Inschriften, die viel über seine Geschichte aussagen und ist an einem Ende leicht ausgekehlt. An dieser Auskehlung war zweifelsohne ein seidener oder goldener Faden befestigt, an dem er vor dem Thron des Aurangzeb, Sohns des Schah Jehan, hing. Der berühmte reisende französische Juwelier Tavernier berichtet, daß er ihn 1665 dort hängen sah. Die erste Inschrift lautet „Bourhan-Nizam-Schah-II", was darauf hinweist, daß er 1591 dem damaligen Herrscher über die Provinz Achmednager in Indien gehörte. Auf der zweiten kann man lesen: „Sohn des Jehangir Schah – Jehan Schah, 1641". Dieses eingravierte Datum bestätigt Taverniers Bericht über seinen Besuch beim Hof in Neu-Delhi. Die dritte Inschrift, worauf der Titel des Schahs von Persien im Jahre 1824 „Kadjar Fath Ali Schah" zu sehen ist, erinnert an die Plünderung Neu-Delhis, als die persischen Eroberer mit den Juwelen des Groß-Moguls abzogen. Als Friedensangebot wurde der Diamant 1829 dem Zaren Nikolaus I. geschenkt, um die Ermordung des russischen Botschafters in Persien zu sühnen.

Ein dritter berühmter Diamant – keineswegs der größte der Sammlung – ist ein dünnes, abgeplattetes Täfelchen, von unregelmäßiger Form, das ein abgespaltenes Stück aus einem größeren Stein zu sein scheint. Dieser indische Diamant, der etwa 25 ct wiegt, ist in einem nach indischer Art in Gold und Emaille gearbeiteten Armband eingefaßt. Was die anderen Hauptdiamanten betrifft, sind viele im 1925 veröffentlichten Verzeichnis *Rußlands Diamanten und Edelsteinschatz* angeführt, einschließlich geschliffener Steine mit 57, 55, 47 und 40 ct.

Das dritte wesentliche Symbol der Kaiserherrschaft in den russischen Kronjuwelen, der Reichsapfel, unterscheidet sich von vielen seiner Gegenstücke kaum. Aus Gold mit einem breiten Kranz von Diamanten am Äquator und einem ähnlichen Band, das in einem Bogen über den Nordpol führt, ist er von einem riesigen, tiefblauen, mit Diamanten eingefaßten Saphir gekrönt, der wiederum ein Diamantenkreuz trägt.

Diese Beschreibung gibt eine Vorstellung der prachtvollen, russischen Kronjuwelen, mit denen es wenige aufnehmen können – abgesehen

die englischen und die persischen. Ohnegleichen ist der Schatz an riesigen Diamanten höchster Qualität unter den englischen Kronjuwelen. Obwohl sich seit Jahrhunderten berühmte Diamanten darunter befanden, kamen die großartigsten erst zu Beginn des 20. Jh. hinzu. 1905 entdeckte der Direktor der Premiermine in Südafrika, Frederick Wells, den 3106 ct schweren Cullinan. Nach Sir Thomas Cullinan, der die Mine entdeckte, genannt, ist er der größte Diamant, der je gefunden wurde. 1907 wurde er von der Regierung Transvaals König Edward als Geburtstagsgeschenk überreicht. Ascher in Amsterdam erhielt den Auftrag, ihn zu spalten, und es entstanden neun prachtvolle große Steine und eine Anzahl kleinerer. Der größte ist der tropfenförmige Stern von Afrika mit 530,2 ct. Das zum ersten Mal 1661 von Karl II. benützte königliche Zepter wurde entsprechend geändert, um ihn aufnehmen zu können.

Die Spange, die den Stein hält, ist so geschickt konzipiert, daß man sie öffnen kann, um den

Die Krone der Kaiserin von Persien, Farah Diba, entworfen und hergestellt 1967 von Van Cleef und Arpels, Paris. Im Mittelpunkt steht ein 91,32karätiger, gravierter Smaragd.
Unten: Die Kiani-Krone des Schah Mohammed Ali (1906–1909) enthält einen 80karätigen Smaragd.

Diamanten herauszunehmen, wenn man ihn als Anhänger tragen will.

Mit nur 317,4 ct ist der zweite Cullinan immer noch der zweitgrößte geschliffene Diamant der Welt. Er ziert die Stirnplatte der 1838 ursprünglich für Königin Viktoria angefertigten Kaiserlichen Staatskrone. Trotz seiner Größe zieht nicht ausschließlich er die Aufmerksamkeit des Betrachters auf sich, denn auf der Nackenplatte befindet sich der wunderbare Saphir, der ehemals die Krone Karl II. zierte. An beherrschender Stelle aber, in einer mit Diamanten besetzten Platte über dem großen Diamanten sitzt der glänzende rote „Rubin" des Schwarzen Prinzen. Dieser prächtige Spinell von fast 5 cm Durchmesser gehört seit 1367 zu den englischen Kronjuwelen und ist einer der am meisten geschätzten Steine überhaupt. Der schwarze Prinz, Sohn des Königs Eduard III. hatte ihn vom König von Kastilien, Don Pedro, als Geschenk erhalten, und er wurde anläßlich der Krönung seines Sohnes Richard II. im Jahre 1377 zu den Kronjuwelen hinzugefügt. Sir George Younghusband zählt in seinem Buch *The Crown Jewels of England* in der Staatskrone neben den großen Steinen 4 Rubine, 11 Smaragde, 16 Saphire, 277 Perlen, 2783 Diamanten auf.

Interessanterweise wird nicht die Kaiserliche Staatskrone bei der eigentlichen Krönungszeremonie der englischen Monarchen getragen, sondern die symbolbeladene Krone König Eduard des Bekenners, die er bei seiner Krönung im Jahre 1043 trug. Sie ist in verschiedenen Urkunden beschrieben. Zur Zeit der protestantischen Revolution und der stürmischen Herrschaft Karls I. widerfuhr jedoch Juwelen und König zugleich ein trübes Schicksal. Karl wurde am 30. Januar 1649 geköpft und am 9. August des gleichen Jahres der königliche Schatz Treuhändern anvertraut, die den Auftrag erhielten, „die Güter des verstorbenen Königs völlig auseinander zu legen, das Gold und Silber einzuschmelzen und die Juwelen auf das Vorteilhafteste für den Staat zu verkaufen". Dadurch ging die Krone Eduards des Bekenners verloren. Als Karl II. 1660 auf den Thron seines Vaters kam, mußten ganz neue königliche Insignien geschaffen werden. Die Krone wurde bald in einer Form wiederhergestellt, die dem Original so nah wie möglich kam. Deshalb blieb der Symbolgehalt der Krone trotz ihrer Zerstörung erhalten.

Der dritte aus dem großen Cullinan geschnittene Stein ist, wie der größte der Gruppe auch, tropfenförmig. Er wiegt 94,4 ct und schmückt die Krone, die aus Anlaß der Krönung der Königin Mary, Gemahlin Georg V. angefertigt wurde. Er sitzt an der Spitze der Krone in einem Kreuz, das selbst von einer mit Diamanten besetzten Kugel getragen wird. Am unteren Teil der Krone gegenüber dem Reif befindet sich der als Brillant geschliffene Cullinan IV mit 63,6 ct. Jeder dieser Steine läßt sich leicht herausnehmen und kann als Anhänger getragen werden. Dennoch können beide Edelsteine nur mit Mühe ihren Rang in der Krone halten, denn vorne befindet sich an beherrschender Stelle, genau über dem Reif, der sagenhafte, 108,93 ct schwere Kohinoor, der „Berg des Lichts".

Die Ostindische Kompanie überreichte den historischen Stein 1850 der Königin Viktoria. Er war nach der Beendigung des Sikh-Aufstandes als Kriegsbeute in den Besitz der Ostindischen Kompanie übergegangen. Nach alten Berichten hatte er um 1304 dem Radscha Ala Ud-Din, dem

Herrscher von Malwa gehört. Anfang des 16. Jh. brachte ihn der Sohn des Sultans Babur, der der Begründer der Mogul-Dynastie war, in seinen Besitz. 1739 eroberten die Perser, unter Nadir Schah, Indien; bei der Gelegenheit entwendete der Schah den Diamanten dem Großmogul durch eine List und nannte ihn Kohinoor. Nach der Ermordung des Nadir Schah wurde der Stein gestohlen, fiel in die Hände afghanischer Könige und kam schließlich in den Besitz des Randjit Singh in Lahore, wo ihn die Engländer fanden. Zunächst wurde der ursprünglich 186 ct schwere, runde indische Stein zu einem ovalen Brillanten mit 108,9 ct umgeschliffen. Aus der

Krone der Königin Mary wanderte der ruhelose Diamant in diejenige der Königin Elisabeth, in welcher er an ähnlicher Stelle sitzt. Die Lücke in der Krone der Königin Mary schloß der beste Diamant, der verfügbar war, der 18,8 ct schwere, herzförmige Cullinan V. Auch dieser ist so gefaßt, daß man ihn als Brosche tragen kann.

Einen anderen höchst wertvollen Schatz bilden die schon erwähnten iranischen Kronjuwelen. Seltsamerweise waren sie bis zu unserem Jahrzehnt in der Welt ziemlich unbekannt. 1961 wurden sie zum ersten Mal in der Markasi Bank in Teheran öffentlich ausgestellt. Der größte Teil stammt aus der Kriegsbeute, die auf die Eroberung Delhis durch Nadir Schah im Jahre 1739 zurückgeht. In einem 1747 von Abbé de Claustre verfaßten Bericht über die Ereignisse liest man von einer großen Anzahl Goldbarren und von dreizehntausend Truhen voll Gold- und Silbermünzen, sowie von „einer unglaublichen Menge weiterer mit Diamanten, Perlen und anderem Schmuck gefüllten Truhen". Obwohl vieles hinzugefügt und anderes weggenommen wurde, ist im großen und ganzen die Sammlung das gleiche 240 Jahre alte Raubgut geblieben. Weder Nadir Schah noch seine Nachfolger sahen in diesem Schatz etwas anderes als eine finanzielle Rücklage. Sie hatten wenig Sinn für die prächtigen Schmuckstücke, die man aus Edelsteinen und -metallen machen konnte. Der Hauptteil der Sammlung besteht aus Diamanten, Smaragden, Rubinen, Saphiren, roten Spinellen, Perlen und Türkisen; einige Beispiele anderer Edelsteinarten sind auch darunter.

Manche Kleinodien sind berühmt geworden, darunter die Pahlevi-Krone, die Kiani-Krone und die schon erwähnte Krone der Kaiserin Farah. Bewundernswert ist aber auch der Nadir-Thron, eine der wertvollsten Sitzgelegenheiten der Welt. Er besteht im Grunde aus einem 1,20 m hohen Holzstuhl, dessen Teile mit Blattgold überzogen und abnehmbar sind. Zusätzlich ist er mit Tausenden von Edelsteinen in komplizierten, symmetrischen, typisch persischen Mustern geschmückt. Wahrscheinlich wurde dieser Thron für Fath'Ali Schah aus der Dynastie der Kadjaren, dessen Herrschaft 1798 ansetzt, angefertigt. In der Mitte der hohen, verzierten Lehne ist der wichtigste Stein überhaupt, ein Smaragd von etwa 225 ct, eingesetzt. Rundherum sind vier weitere große Smaragde angeordnet, die zusammen 550 ct wiegen. Spinelle, Rubine, Smaragde, Diamanten sind in Hülle und Fülle vorhanden. Viele blaue Saphire beherrschen das untere Feld, das einen ruhenden Löwen darstellt. Der Thron wurde 1967 bei der Krönung des Muhammad Reza Pahlevi Aryamihr zum Schahinschah von Persien wieder benützt.

Während der Krönung waren viele Blicke auf die Kaiserin Farah Diba gerichtet, dennoch blieben der Schahinschah und seine Krone Mittelpunkt der Zeremonie. Angefertigt wurde die Pahlevi-Krone für Schah Reza, den Vater des jetzigen Schah, der 1925 die Macht übernahm. Er und sein Sohn verschmähten die ältere Kiani-Krone der Kadjaren-Herrscher. Die neue Krone ist so reich an Gold- und Edelsteinverzierungen wie sich jedweder Monarch nur wünschen kann. Angeblich wurden 3383 Diamanten nur als Hintergrundmuster eingefaßt. Die Kontur der Spitze und des Kopfbands ist mit 369 großen Perlen betont. Ein 60 ct schwerer, blaßgelber Brillant bildet den Mittelpunkt einer mit Edelsteinen besetzten Rosette auf der vorderen Seite. Darüber befindet sich ein 10karätiger, farbloser Diamant in Marquisenschliff. Wahrhaft prächtige Steine sind die beiden Hauptsmaragde; der größere, der etwa 100 ct wiegen mag, sitzt auf der Rückseite, während der andere, mit 65 ct, wunderbar geschliffen, in die Spitze der Krone eingesetzt ist. Der hintere Smaragd ist von zwei 20 ct schweren Saphiren flankiert.

Die Kiani-Krone ist schwer und verhältnismäßig plump. Sie ist um einen hohen, im oberen Teil abgerundeten Hut aus steifem Tuch aufgebaut. Die Edelsteine sind entweder direkt auf den Stoff genäht oder auf Metallplatten montiert, die ihrerseits eingenäht sind. Fast 1800 passende echte Perlen wurden dazu verwendet, alle Kanten zu besetzen, und sie bilden ein breites, festes Band um die Mitte der Krone, das lediglich von anderen Edelsteinen unterbrochen ist. Der größte Smaragd, mit 80 ct, krönt die Spitze. Der beste Diamant ist ein feiner rosa Stein von etwa 23 ct, der vorne in der Mitte an beherrschender Stelle sitzt. Die Krone ist außerdem von Hunderten von kleineren Smaragden, Diamanten und Rubinen überzogen. Nach dem rosa Diamanten ist der bedeutendste Edelstein ein sehr schöner 120 ct schwerer dunkelroter Spinell an der Spitze des abgerundeten Teils der Krone. Eingravierungen weisen darauf hin, daß er sich ursprünglich im Thron des Aurangzeb befand, an welchem Tavernier den Schah-Diamanten hängen sah. Zweifelsohne gehörte der Spinell zu dem von Nadir Schah eroberten indischen Schatz.

Keine andere staatliche Edelstein- und Juwelensammlung kann sich rühmen, vergleichbar wertvolle Objekte zu enthalten. Nach ästhetischen, historischen und künstlerischen Maßstäben zu urteilen, gibt es jedoch noch so viele andere Schätze, daß ihre Beschreibung Bände füllen würde. Wien, Kopenhagen, München, Dresden und viele andere europäische kleine und große Städte besitzen eine Schatzkammer. In fast jeder Stadt oder Kathedrale befindet sich ein Edelsteinschatz, der der Großzügigkeit des Adels oder des Königshauses zu verdanken ist.

Dicht neben dem Botanischen Garten in Kopenhagen liegt Kongens Have – der Königsgarten, in dem sich der reizvolle Märchenpalast Rosenborg befindet, dessen Bau 1606 unter König Christian IV. begonnen und 1663 wesentlich ausgebaut und vielen Königen, die auf den Namen Christian und Frederick hörten, ein angenehmer Aufenthaltsort wurde. König Christian war der letzte, der dort lebte, wenn auch mit Unterbrechungen, als die englische Flotte im Jahre 1801 zum Angriff überging. Heutzutage ist der Bau, der seinen ursprünglichen Reiz nicht eingebüßt hat, zu einem Museum geworden, das die „alte königliche Kunst- und Kuriositätensammlung" beherbergt. Darunter befinden sich die Staatsjuwelen, eine hübsche, aber bescheidene Sammlung, die seit der Krönung Christians VIII. im Jahre 1840 nicht mehr gebraucht wurde. Obwohl gering in der Zahl, sind die Kronen besonders ansprechend. Dort kann man die 1596 angefertigte Krone Christians IV. bewundern, eine herrliche, viele Zinnen aufweisende, luftige Fantasie in Gold und bunten Emailarbeit mit Perlen und Diamanten. Sie wurde bei der Krönung zweier Könige – Christians IV. und seines Sohnes Frederick III. – benützt. König Christian V. ließ sich eine eigene Krone anfertigen, als er 1671 zum ersten absoluten Monarchen Dänemarks wurde. Diese neue Krone diente drei Christians und vier

Aus dem Kronschatz von Dänemark im Rosenberg-Palais in Kopenhagen: Kelch Christian IV., in Gold getrieben und mit Emaille eingelegt, die Krone der Königin aus dem Jahre 1731, Juwelen der dänischen Königinnen mit Diamanten, Smaragden und Perlen.

Fredericks. Sie ist etwa im englischen Stil entworfen, mit acht bogenförmigen, zur Spitze reichenden Diademen, die eine blaue Emailkugel und ein Diamantenkreuz trägt. Die Krone ist auch mit kleineren Diamanten besetzt, die schönsten Edelsteine sind jedoch zwei große rote Spinelle und zwei ebenso bedeutende tiefblaue Saphire, die vorne und hinten im Reif eingefaßt sind.

Die Krone der Königin wurde erst 1731 angefertigt und hat im großen und ganzen die gleiche Form wie diejenige des Königs, jedoch ohne die eingefaßten, großen Edelsteine. Zusammen mit der Krone Ihrer Majestät sind Kleinodien ausgestellt, die mit Diamanten, Smaragden und Perlen besetzt sind und der regierenden Königin zur Verfügung stehen. Der König darf auch die mit Edelsteinen besetzten Sterne und goldenen Ketten des Elefanten- und Dannebrogordens anlegen. Für die Taufe königlicher Nachkommenschaft stehen traditionelle Goldgegenstände bereit. Alle Stücke der Rosenborg-Sammlung stehen der heutigen königlichen Familie zur Verfügung, da sie immer in ihrem Besitz blieben, sogar als die absolute Monarchie zu Ende ging. Die dänischen königlichen Insignien erlitten, trotz mancher Regierungswechsel, relativ wenig Verluste. Der umgekehrte Fall trifft für die von den Habsburgern angesammelten Schätze zu. Dennoch kann man an den in Wien übriggebliebenen Kleinodien erkennen, wie überwältigend sie einst gewesen sein müssen. Die Juwelen und Insignien des Hauses Habsburg wurden teilweise durch historische Ereignisse und infolge von Eheschließungen angesammelt. Teilweise sind sie auch der starken Neigung der Familie, ihre Sammlungen mit immer neuen Kunstwerken zu bereichern, zu verdanken. Erzherzog Ferdinand, Regent von Tirol, der 1602 einen illustrierten Katalog seiner Sammlung herausbrachte, war der erste große Sammler unter den Habsburgern. Er erwarb eine umfangreiche Kollektion historischer Waffen und Wappen, eine riesige Sammlung gemalter Porträts und viele kunstgewerbliche Gegenstände, darunter Werke von Cellini. Sein Neffe, Kaiser Rudolf II. baute in Prag eine ungeheure Sammlung auf, die Gemälde, Plastiken, kunstgewerbliche Objekte aus Edelmetallen und Edelsteinen, Tiere, Pflanzen, Mineralien und eine Fülle anderer Gegenstände umfaßte, die man am besten als Kuriositäten bezeichnet. Ein Teil der Sammlung ging nach Wien, das meiste wurde jedoch während der Zerstörung Prags durch die Schweden im Jahre 1648 zerstreut.

Ein Teil der von der Familie regelrecht erworbenen Schätze stammte aus dem Heiligen Römischen Reich. Mit der Krönung Karls des Großen im Jahre 800 n. Chr. entstanden, überlebte das Reich Jahrhunderte ununterbrochener Konflikte und Kriege. 1438 übernahm Albrecht II. von Habsburg die Macht und damit alle kaiserlichen Insignien. Um 1804 hatte der Kaiser des Heiligen Römischen Reiches aus der Habsburger Linie, Franz II., sich unter dem Namen Franz I. als Kaiser von Österreich ausrufen lassen, gerade als sich Napoleon zum Kaiser der Franzosen erklären ließ. Dadurch wurden die Königreiche Ungarn und Böhmen vereint und fielen unter seine Herrschaft. Böhmen und Ungarn waren schon 1515 durch Heirat und 1526 durch den Tod des männlichen Erben beider Kronen dem Habsburger Geschlecht zugefallen. Später kam Mähren hinzu.

1477 war Karl der Kühne von Burgund in der Schlacht bei Nancy gefallen. Seine Tochter Maria heiratete den Erzherzog Maximilian von Habsburg; so ging der sehr wichtige mittelalterliche Schatz der Burgundischen Herzöge auf die Habsburger über. 1736 wurden einige der schönsten mit Diamanten und anderen Edelsteinen reich besetzten Schmuckstücke anläßlich der Vermählung des Franz Stephan von Lothringen mit Maria Theresia von Habsburg der Sammlung hinzugefügt. Der bedeutendste Diamant aus den Schätzen Franz Stephans war der Florentiner. Dieser 137,27 ct schwere, hellgrüngelbliche Stein hatte einst den Medicis gehört. Er wurde zunächst in die Habsburger Krone eingesetzt und zierte später einen Hut. So kam ein Schmuckstück nach dem anderen hinzu. Um 1730 wurden sie alle in die Alte Burg gebracht und was davon übrigblieb, ist immer noch dort. Der erste Weltkrieg hatte nicht nur das Reich vernichtet und den Habsburgern die Macht genommen, sondern auch Österreich ruiniert und völlig entkräftet. 1918 ging die Familie ins Exil mit allen ihren persönlichen Schätzen, einschließlich des Florentiners. Zwei Jahre darauf forderte Italien die Insignien, die Napoleon als König Italiens benützt hatte, zurück. 1932 verlangte Ungarn die Rückgabe der Insignien des Stephansordens und anderer Staatsschätze. Hitler brachte die Kleinodien des Heiligen Römischen Reiches nach Nürnberg, doch wurden sie später zurückerstattet. Was nach solchen wiederholten Verlusten übrigblieb, bildet die eindrucksvolle Sammlung, die man heute sehen kann. Wie durch ein Wunder überlebte der größte Teil der Wiener Schätze auch den zweiten Weltkrieg, obwohl die Stadt weitgehend zerstört wurde und viele ihrer großen Bauten schwere Schäden erlitten. Der denkwürdigste Edelstein allerdings, der Florentiner Diamant, überlebte die Flucht ins Exil nicht. Er wurde gestohlen und man weiß nicht, wo er sich heutzutage befindet. Die Vermutung liegt nahe, daß er umgeschliffen und verkauft wurde.

In der Schatzkammer der Alten Burg ist der Schatz in eine weltliche und eine kirchliche Sammlung aufgeteilt. Unter Joseph II., dem Sohn der Maria Theresia, waren die Schätze der Kirche und der Krone unter die Obhut des Schloßkaplans gestellt worden. Die Hauptkronen befinden sich in der weltlichen Abteilung. Die eindrucksvollste ist die Krone des Heiligen Römischen Reiches (Reichskrone). Obwohl sie oft als die Krone Karls des Großen bezeichnet wird, wurde sie wahrscheinlich im Jahre 962 in Rom angefertigt. Der Bügel, der des Kriegers Helm symbolisieren soll, wurde zur Zeit des Kaisers Konrad (1024–1039) zugefügt.

Sehr berühmte Steine zieren die Goldplatten der achteckigen Krone nicht, aber sie ist über und über mit Edelsteinen und Perlen besetzt und enthält vier Tafeln mit religiösen Figuren in Emaille. Sie ist recht eindrucksvoll in ihrer Altertümlichkeit und Symbolik.

Selbstverständlich sind die österreichische Kaiserkrone, der Reichsapfel und das Zepter die wesentlichen Stücke der Sammlung. Die Krone hat die Form einer Bischofsmütze mit dem traditionellen Einzelbügel. Verziert mit einem Relief, das die Krönung des Kaisers des Heiligen Römischen Reiches und von Österreich, Rudolf II., darstellt, ist sie auch mit Diamanten, Rubinen und Perlen großzügig besetzt. An der Spitze der Krone, wie auch des Zepters und des Reichsapfels, sitzt ein sehr großer Saphir. Seltsamerweise besteht der Schaft des Zepters aus einem etwa 60 cm langen Stück Narwalhorn. – Kelche, Kreuze, Kronen, Gewänder, Reliquien, Ketten, Ornamente – alle in Gold gearbeitet und mit vielen Edelsteinen geschmückt – geben eine Vorstellung vergangenen Reichtums.

Gewöhnlich ist man der Meinung, daß nur die Herrscherhäuser ehemaliger oder noch existierender Kaiserreiche prächtige Schätze besaßen. Eine der größten, reizvollsten und eindrucksvollsten Sammlungen befindet sich in dem früheren Königreich Bayern. Es gehört der Vergangenheit an, seine Schatzkammer ist jedoch immer noch vorhanden. Die Kleinodien überlebten und sind fast vollständig in München ausgestellt. Die sich dort befindenden Kronen gehen bis auf das Jahr 1000 zurück, und andere Objekte sind noch älter. Bis 1565 gab es keine richtig geordnete Sammlung. Zu dieser Zeit ließ Herzog Albrecht V. von Bayern die von seinem Geschlecht, den Wittelsbachern, angesammelten Schätze in seine Residenz nach München bringen, wo sie aufgestellt wurden. Dort blieben sie bis zum zweiten Weltkrieg. Sie wurden dann in einen sichereren Ort gebracht, glücklicherweise, denn die Residenz wurde durch Bomben sehr beschädigt und erst um 1958 nach der alten Vorlage wiederaufgebaut. Jetzt ist der Schatz wieder öffentlich ausgestellt.

In der Sammlung ist die älteste Krone diejenige der Kaiserin Kunigunde, Gemahlin Heinrichs II., der über das Heilige Römische Reich 1002–1024 herrschte. Sie besteht aus einem einfachen Reif aus fünf gebogenen durch Scharniere aneinanderhängenden Goldplatten, die mit Saphiren, Amethysten und Topasen geschmückt sind. Sie ist zwar hübsch, aber grob gearbeitet, mit schlecht geschliffenen und ungeschickt eingefaßten Edelsteinen zweitrangiger Qualität, und bildet einen auffallenden Gegensatz zu den herrlichen Fassungen, die 1806 anläßlich der Krönung Max Josephs zum König Bayerns auf Befehl Napoleons angefertigt wurden. Die Königskrone entspricht dem traditionellen Entwurf mit dem verzierten Reif, der durch acht goldene Bügel verbunden ist, die sich bogenförmig an der Spitze vereinen, wo eine mit Juwelen besetzte Kugel ein einfaches mit Diamanten besetzes Kreuz trägt. Rubine, Smaragde, Perlen und Diamanten sind im Überfluß vorhanden, der größte Stein ist aber ein tiefblauer in der Kugel gefaßter Saphir. Die Krone der Königin Karoline, die zum gleichen Anlaß angefertigt wurde, entspricht dem gleichen Entwurf, ist aber reicher verziert. Große Perlen überwiegen neben einer Anzahl von Rubinen, Saphiren, Smaragden und Diamanten.

Die Jahre zwischen der Herrschaftszeit der Königin Kunigunde und der eben beschriebenen Periode widerspiegelnd, enthält die Sammlung in der Schatzkammer eine Fülle von in kostbarem Metall verarbeiteten und reichlich mit Edelsteinen besetzten Kronen, Diademen und Bischofsmützen jeglicher Art, die die lange Linie verwandter Könige und Königinnen veranschaulichen.

Einst hatte Frankreich prachtvolle Staatsjuwelen. Louis XIV. schätzte Diamanten außerordentlich. Tavernier berichtete in Einzelheiten über etwa tausend Diamanten, die er dem französischen König verkauft hatte. Darunter befand sich der große französische Blaue Diamant, der ursprünglich 112 1/4 ct gewogen hatte, als er

Diademe, die Kaiser Napoleon Bonaparte seinen kaiserlichen Gemahlinnen schenkte.
Oben: Diamant-Diadem, Geschenk an Josephine im Jahre 1806.
Unten: Diamant-Diadem der Kaiserin Marie Louise, enthielt ursprünglich Smaragde, die später durch Türkise ersetzt wurden.

1644 aus Indien zurückgebracht wurde. Für seine Majestät wurde er zu einem 67 1/2 ct schweren Stein in Tropfenform umgeschliffen. Die französischen Krönungsinsignien waren nach altem Brauch in der Saint-Denis-Abtei bei Paris aufbewahrt. Sie wurden zum letzten Male 1755 anläßlich der Krönung Ludwigs XVI. in Reims verwendet. Einige Jahre später zerstörten die Revolutionäre die Abtei und nahmen die Juwelen mit. Zum Glück wurden welche wiedergefunden und während der Revolution im Garde Meuble aufbewahrt. Überraschenderweise überlebten etliche große Edelsteine den revolutionären Ansturm, darunter der berühmte Regent- oder Pitt-Diamant. Von Thomas Pitt in Indien als 410 ct schwerer Rohdiamant erworben, wurde er zu einem schönen Brillanten von 140 1/2 ct geschnitten und dem Herzog von Orléans, dem damaligen Regent Frankreichs, verkauft. Nachdem er die ersten politischen Unruhen überlebt hatte, wurde er jedoch mit sämtlichen Edelsteinen und Schmuckstücken, die im Garde Meuble in den Tuilerien gerettet worden waren, weggefegt. Ein Teil der geraubten Juwelen war öffentlich ausgestellt. An einer Stahlklammer befestigt, die selbst an einer festen Kette hing, durfte der Diamant des Regenten von auserwählten Volksvertretern angefaßt werden. Dem Anschein nach war alles gesichert und in bester Ordnung. Sogar der in den Orden des Goldenen Vlieses eingesetzte Französische Blaue Diamant schien unter diesen epochemachenden Schätzen in Sicherheit. Leider waren die Sicherheitsvorrichtungen gut ausgedacht, aber wenig effektiv. Die Innentüren waren gut verschlossen und bewacht; die Diebe drangen also durch ein unverriegeltes Fenster ein und plünderten den Schatz drei Nächte lang. Schließlich wurde der Raub aufgedeckt und einige Gegenstände wiedergefunden. Der „Regent" wurde im Balkenwerk eines Pariser Speichers entdeckt, der Blaue Diamant blieb verschwunden.

1793 beschloß der Nationalkonvent, daß „alles Gold und Silber, sei es in Münzen oder in anderer Form, alle Diamanten, Juwelen, Litzen usw., die in der Erde vergraben oder in Kellern, Wänden, Dachböden, unter Pflastern, in Feuerstellen, Essen oder in anderen Verstecken verborgen gefunden würden, zugunsten der Republik konfisziert werden sollten. Jedem, der solches entdeckte, würde ein Zwanzigstel des Wertes bezahlt". Zweifelsohne kamen dadurch viele Edelsteine und Schmuckstücke zurück, indessen wurde das meiste zu Münzen geprägt oder versteigert. – 1887 wurde der neu aufgebaute Kronschatz schließlich in London versteigert, mit Ausnahme des Regenten, der heute im Louvre zu besichtigen ist.

Liest man über die vielen prächtigen Staatssammlungen von Edelsteinen und Kronjuwelen, so entsteht leicht der Eindruck, alle großen, berühmten Edelsteine, die Kronen und die königlichen Preziosen befänden sich in staatlichen Schatzkammern und Museen. Ganz im Gegenteil sind viele Kleinodien immer noch im Umlauf. Einige gehörten einst Königshäusern, viele dagegen nie, obwohl sie durchaus dessen würdig gewesen wären.

Die kostbarste und berühmteste Krone, die nie für einen König bestimmt war, ist vermutlich die Krone der Anden. Der Beschreibung nach hat diese große Goldkrone einen durchbrochenen Reif mit acht Bügeln; sie ist mit eng verflochtenen, erhabenen Akanthusranken verziert. In diese Ornamente sind Smaragde im Tafelschliff eingesetzt, in Fassungen, die zu stilisierten Blüten und Knospen ausgearbeitet sind. An der Basis sind acht weitere große Smaragde in gleichen Abständen in einem schmalen Band kleiner Steine gefaßt. Die ähnlich gestalteten Bügel sind von einer durchbrochenen Kugel gekrönt. Darauf erhebt sich ein mit Smaragden besetztes Kreuz. Unter der Kugel hängen siebzehn Smaragde in Tropfenform. Die Geschichte dieser Krone beginnt 1580, als Columbien von Pocken heimgesucht wurde. Die Stadt Popayan, an der Quelle des Caucas, war ein blühendes Kulturzentrum. Alle Einwohner beteten für die Befreiung von der tödlichen Seuche und wurden verschont. Als Dank stifteten sie Gold und Smaragde für eine der Jungfrau geweihte Krone. Voraussetzung war, daß „sie die Kronen aller regierenden Monarchen auf Erden in Schönheit und Wert übertreffe, sonst sei sie kein würdiges Geschenk für die Königin des Himmels". 1559 wurde sie auf eine Statue der Heiligen Jungfrau in der Kathedrale zu Popayan gesetzt. Zu Beginn des 20. Jh. beschloß man, die Krone für den dringenden Bau eines Waisen- und Krankenhauses, sowie eines Altersheimes zu verkaufen. Der Sturz des russischen Zaren unterbrach die Verhandlungen über einen Ankauf; sie wurde schließlich im Oktober 1914 von einem amerikanischen Syndikat erworben, in dessen Besitz sie sich immer noch befindet.

Auch im Privatbesitz gibt es sehr bedeutende Diamanten, wie zum Beispiel den Jubilee. Er wurde 1895 in der Jagersfontein Mine in Südafrika als abgeplattetes Stück von 650,8 ct gefunden. 1897 wurde der Rohstein anläßlich des sechzigjährigen Regierungsjubiläums der Königin Viktoria zu einem 243,3 ct schweren Brillanten von prächtiger Farbe, Brillanz und Reinheit geschliffen. Es ist wahrhaftig ein bemerkenswerter Diamant, der drittgrößte geschliffene auf der ganzen Welt. Kurz nachdem er 1900 in Paris ausgestellt wurde, erwarb ihn Dorab Tata, ein Eisen- und Stahlmagnat aus Indien, der ihn bis zu seinem Tod behielt. 1939 wurde er aus seinem Nachlaß an Paul-Louis Weiler, einen wohlhabenden Förderer der Kunst verkauft. Mit seiner Erlaubnis wurde der großartige Stein 1960 zum zweiten Mal öffentlich ausgestellt, und zwar im Smithsonian Institut.

Bedeutende Edelsteine dieses Ranges, die sich jetzt in Privatbesitz oder bei Edelsteinhändlern befinden, bleiben im Umlauf – manchmal mit langen stillen Perioden, bis sie schließlich in einer Museumssammlung ihre endgültige Bleibe finden. Die Geschichte des im frühen 17. Jh. in Golconda, Indien, entdeckten „Idol's Eye" ist typisch. Seine Farbe und Reinheit sind ausgezeichnet und er wiegt 70,2 ct. 1607 wurde er von der East India Company wegen einer Schuld gepfändet und dreihundert Jahre lang aus dem Verkehr gezogen. Zu dieser Zeit war er bekanntlich in einem Tempel in Benghazi. Gestohlen und in Paris versetzt, gelangte er wieder in Privatbesitz in Spanien. Später erwarb ihn ein Edelsteinhändler in Europa, der ihn schließlich an Harry Winston aus New York verkaufte. (Viele der größten und schönsten Steine der Welt gingen durch die Hände Harry Winstons, der mit dem Ankauf und Verkauf bedeutender Edelsteine vertraut ist. 1958 stiftete er den 44 1/2 ct stahlblauen Hope-Diamant dem Smithsonian Institut.) Das Auge der Götter verkaufte er 1947 an

Mrs. Stanton aus Denver. 1962 wurde dann der Stein bei der angesehenen Parke-Bernet Gallerie in New York versteigert und von Mr. Harry Levinson, einem bekannten Juwelier aus Chicago, erworben. Dieser Edelstein ist nun seit fast vierhundert Jahren im Umlauf.

Die größten derzeit bekannten Diamanten sind, dem Gewicht nach geordnet, folgende: *Cullinan*, Südafrika 1905, 3106 ct. *Excelsior*, Südafrika 1893, 995,2 ct. *Großmogul*, Golconda 1640, 807,17 ct. *President Vargas*, Minas Geraes 1938, 726,6 ct. *Jonker*, Südafrika 1934, 726 ct. *Jubilee*, Südafrika 1895, 650,8 ct. *Goiás*, Brasilien 1906, 600 ct. *De Beers*, Südafrika 1896, 575,83 ct. *Premier*, Südafrika 1954, 426,5 ct.

Der Preis für 1 Karat eines Rohdiamanten betrug, je nach Qualität, im Jahre 1968 DM 1000,– bis 8000,–.

10 Jade – der seltene grüne Stein

Es wurde so viel über Jade geschrieben, daß man eigentlich denken sollte, über diesen Stein wäre seit langem alles bekannt. Im Gegenteil: Es gab viele Legenden, Irrtümer, Spekulationen – nicht einmal das Geschlecht des Wortes Jade ist ganz sicher, man kann sowohl der als auch die Jade hören oder lesen. Richtig ist der Jade. Solche Irrungen und Wirrungen finden sich bei so manchen Edelsteinen mit so langer Geschichte: Jade ist über 7000 Jahre bekannt und stets von wirtschaftlichem wie auch künstlerischem Interesse gewesen – und dies in sehr verschiedenen Kulturen. Einiges davon, Richtiges und Falsches, zeigt ein Zitat aus Dutens *Abhandlung von den Edelsteinen* (Übersetzung ins Deutsche, 1779): „Vom Nierenstein. Der Nierenstein ist ein grünlichter Stein, von der Natur des Achats und des gemeinen Kieselsteins. Er ist so hart, daß man ihn kaum mit Diamantstaub arbeiten kann. Man nannte ihn ehedessen den göttlichen Stein, den nephritischen Stein, und schrieb ihm viele Eigenschaften zu, an die man heut zu Tage nicht mehr glaubt. Seine Kennzeichen sind, daß er ausnehmend hart, rauh anzufühlen, körnigt im Anbruch und dicht wie der Flintenstein ist, daß er am Stahl Funken giebt, daß er trüb, wie Oel, anzusehen ist, eine bleichgrüne, oder olivengrüne, oder milchartige Farbe, mit einer geringen Mischung von Blau hat, und daß er endlich, wegen seiner dunkeln Farbe, keine sehr glänzende Politur annimmt. Man findet ihn auf der Insel Sumatra, und bey den Topayen an den Ufern des Amazonenflusses. In der Türkey und in Polen schäzt man diesen Stein sehr hoch; man macht Griffe an Couteaux, an Säbel und andre Instrumente daraus ...

Der hellgrüne Nierenstein. Sein Grün ist olivenfärbigt oder Celadon. Diesen nennt man vorzüglich den göttlichen, oder nephritischen Stein.

Der dunkelgrüne Nierenstein. An Farbe kommt er der Prime des dunkelgrünen Smaragds sehr nahe. Man nennt ihn auch den Amazonenstein, weil er von den Ufern des Amazonenflusses herkommt."

Die Sache beginnt schon mit den vielen Namen und dem Vielerlei, was darunter zu verstehen ist. Wir begegnen einer ganzen Reihe von Bezeichnungen und einer Anzahl von Mineralien, die „Jade" sein können oder wenigstens dafür gelten. Zunächst das Wort selbst: Jade kommt vom spanischen piedra de ijada, das bedeutet Lenden- oder Leistenstein – wegen der Heilwirkung für Hüft- oder auch Nierenleiden, die diesem Stein zugeschrieben wurde.

Folgende Mineralien können „Jade" sein: Da ist zunächst der *Jadeit*, ein Natrium-Aluminium-Silikat, der zu der Gruppe der Augite oder Pyroxene gehört. Eine Abart ist der *Chloromelanit*, das bedeutet etwa grünschwarzer Stein; ein Jadeit, der zusätzlich Eisen, Calcium und Magnesium enthält. Ist Chrom zugegen, so entsteht unter günstigen Umständen der so sehr geschätzte *Imperial Jade*. Die zweite wichtige Mineralart ist *Nephrit*, ein wasserhaltiges Calcium-Magnesium-Silikat, das zu den Strahlsteinen, im weiteren Sinne zu den Hornblenden zählt. Reines Calcium-Magnesium-Silikat wäre weiß, stets ist aber mehr oder weniger Eisen, das für die grüne Tönung sorgt, vorhanden. Beides, Jadeit wie Nephrit, sind an sich Minerale mit eher langfaseriger Struktur, doch sind in den „Jade"-Varietäten die Fasern winzig klein und wirr verfilzt – übrigens die Ursache für die unge-

Vorhergehende Seiten: Jade-Schnitzereien aus der Ts'ing-Dynastie (1636 bzw. 1644 bis 1912), aus der Sammlung Vetlesen, jetzt im Smithsonian Institut. Zum Größenvergleich: die beiden zylindrischen Schriftrollenbehälter sind ca. 30 cm hoch.

heuere Zähigkeit dieser Steine. Jadeit ist z. T. etwas körnig in der Struktur. Jadeit und Nephrit stellen, wenn man so will, den „echten" Jade. Es gibt aber noch eine ganze Reihe von anderen grünlichen Mineralien, die als „Jade" genommen werden oder auch als Imitation untergeschoben werden. Da ist zunächst der *Serpentin*, der zumindest in der Spielart Edelserpentin als Ersatz dient, ja im Grunde genommen bei guter Qualität als fast gleichwertig anzusehen ist, er ist nur wesentlich weniger hart und zäh. Feinst kristalliner, grünlicher *Granat*, Grossular vor allem, kann dem Jade ähnlich werden, ist aber wegen seiner höheren Härte schwerer zu bearbeiten. Auch *Amazonenstein* (grünlicher Kalifeldspat) kann in jadeartiger Qualität auftreten, ferner bestimmte *Chlorite (Pseudophit)*, das sind glimmerartige Magnesium-Aluminium-Silikate mit wechselndem Eisengehalt. Jadeartig ist dann der *Californit* (siehe Seite 138), manche *Chalcedone* und noch weitere. Schließlich wird als Ersatz der sehr weiche *Agalmatolith* oder Bildstein verwendet, der erst durch Brennen Härte und Dauerhaftigkeit erhält.

Wenn wir uns nun gar den Namen fremder Völker zuwenden, so sind die Schwierigkeiten, zu erkennen, welche Mineralart jeweils darunter verstanden wird, fast so groß wie bei der Identifizierung der Steinnamen der Schriftsteller des Altertums.

Im Chinesischen findet sich die Bezeichnung des himmlischen Steines *Yü*, freilich für alle möglichen harten Steine, die sich zum Gravieren eignen, einschließlich des Jade. Später wird im Chinesischen strahlend grüner Jade, wohl meist der „echte", als *fei-ts'ui* bezeichnet, das ist der Name des Eisvogels, dessen Federn von gleichem Grün sind. *Chalchihuitl*, ein Name aus dem vorspanischen, mittelamerikanischen Kulturkreis bedeutet grüner Stein, natürlich auch Jade, jedoch ebenso Türkis und sicherlich noch andere.

Die Ableitung des Namens Jade, in Spanisch-Amerika geprägt, also weit vom klassischen Land der Jadeverarbeitung, von China, entfernt, wurde oben gegeben. Piedra de ijada wurde im Französischen zu pierre de l'éjade, daraus, durch einen Schreibfehler wohl, le jade und so entstand das deutsche und englische Wort Jade bzw. jade. Nephrit kommt von lapis nephriticus, soviel wie „Nierenstein", denn auch dieser Stein galt als Heilmittel für Nierenleiden.

Es waren verschiedene Gründe, die die spanischen Eroberer nach Mexiko, Mittel- und Südamerika führten: Forscherdrang, Abenteuerlust und, in allererster Linie, die Gier nach Gold. Das fanden sie, und sie fanden aber auch grüne, sehr widerstandsfähige Steine, die die Einwohner dieser Länder höher einschätzten als das Gold. Diese grünen Steine wurden von den Azteken so hoch verehrt, daß ihr Besitz den Herrschern und den hohen Beamten vorbehalten blieb. – Wie alle anderen kulturellen Errungenschaften in Mittel- und Südamerika, so verschwand auch die Kunst der Jadeverarbeitung bald nach der spanischen Eroberung. Die vorhandenen Kunstwerke fielen der Plünderung anheim und wurden in alle Welt zerstreut, die Lagerstätten vergessen.

Die Spanier hatten jedoch Jade nach Europa gebracht und erkannten, daß er einem von portugiesischen Händlern aus China importierten grünen Material sehr ähnlich war. Mitgebracht wurde auch der Glaube an geheimnisvolle Kräfte, die die Azteken dem Jade zugesprochen

Jadefiguren von ca. 25 cm Höhe aus dem modernen China, in birmesischer Jade ausgeführt. Die Qualität der Arbeit und die geschickte Ausnutzung der Farbänderungen im Jade beweisen, daß die Kunstfertigkeit der alten chinesischen Jadeschnitzer am Leben geblieben ist.

hatten, und mitgekommen war der Name, der nun auf die chinesischen Steine übertragen wurde.

Der Zufall wollte es nun, daß in Amerika überwiegend Jadeit, in China aber Nephrit verwendet wurde, und so war *ein* Name für *verschiedene* Mineralien geprägt worden.

Das meiste, was als „echter" Jade galt und gilt, besteht aus einem dieser beiden Mineralien. Jadeit und Nephrit haben nun in Wirklichkeit gar nicht so viel Gemeinsames. Manchmal sehen sie einander zwar sehr ähnlich und beide sind zähe, widerstandsfähige Mineralien. Bei näherer Betrachtung sieht man aber, daß die grüne Farbe bei beiden Unterschiede aufweist, auch wenn sie gut ist. Die Spanier verwechselten gelegentlich Jadeit und Smaragd; das ist möglich, weil Jadeit und Smaragd die gleiche grüne Farbe haben können. Eine solche Verwechslung wäre mit dem eher spinatgrünen Nephrit ausgeschlossen. Der unterschiedliche Farbton ist dadurch zu erklären, daß Nephrit seine Farbe dem an der Zusammensetzung teilhabenden Eisen verdankt, während das Grün des Jadeit – wie auch des Smaragdes – auf den Chromgehalt zurückzuführen ist.

Nephrit und Jadeit entstehen beide als Folge metamorpher Vorgänge. Man findet sie indes selten an der ursprünglichen Stelle, sondern gewöhnlich als Verwitterungsprodukt in der Form von Kieseln und Flußsteinen im Schotter der Flußbetten, also in Seifen. Nephrit, übrigens das weitaus häufigere Mineral, tritt oft in Verbindung mit metamorphen Gesteinen, wie Hornblende- und Talkschiefern, auch mit dem ihm ähnlich sehenden Serpentin auf. Auch der Jadeit ist meist mit Serpentin verbunden. Jadeit und Nephrit sind indessen fast nie in unmittelbarer Nähe voneinander entdeckt worden, was einen gewissen Beweis für die unterschiedlichen natürlichen Verhältnisse, unter welchen sie sich bilden, liefert.

Die Härte von Nephrit liegt bei 6 1/2, das ist nicht besonders hoch. Die auf das wirrfaserige Gefüge zurückzuführende Zähigkeit ist dennoch so groß, daß die zierlich geschnittenen Objekte längst nicht so zerbrechlich sind, wie sie aussehen. Es war ein ideales Material für primitive Werkzeuge, die bis zu einem gewissen Grad widerstandsfähiger, weil zäher, waren, als die ersten in die chinesische Kultur eingeführten Geräte aus ungehärtetem Eisen. Nephrit ist dreimal so dicht wie Wasser, aber sein spezifisches Gewicht schwankt zwischen 2,90 und 3,01, je nach der Zusammensetzung und den Verunreinigungen der ausgewählten Muster; diese Dichte entspricht leider auch derjenigen der meisten Imitationen, bis auf diejenige des Jadeits. Manchmal ist Nephrit grün, und die bekanntesten und beliebtesten Steine haben auch diese Farbe. Weiß, braun und grau bis Schwarz sind aber genauso häufig. Es gibt sogar blauen Nephrit. Fast alle diese Farben sind, wie schon erwähnt, auf das Vorhandensein von Eisen in der Zusammensetzung zurückzuführen. Seltsamerweise wurde auch heller Nephrit mit einem auffallend hohen Eisengehalt gefunden. Weshalb diese Jadeart nicht stärker gefärbt ist, bleibt ein Geheimnis.

Im Gegensatz zu Nephrit ist Jadeit nicht ganz so feinfaserig verfilzt; er hat teilweise eine eher kompakte, körnige Struktur. Infolge dieses Unterschieds ist Jadeit nicht so zäh wie Nephrit, aber etwas härter (Stufe 7). Er ist auch deutlich dichter als Nephrit; sein spezifisches Gewicht schwankt zwischen 3,30 und 3,36. Die Farben des Jadeit sind nicht sehr unterschiedlich von denjenigen des Nephrits; allerdings kann rein weißer oder fast weißer Jade nur Jadeit sein. Blaugrüne, rötliche und lavendelfarbige Töne sind ebenfalls zu finden.

Nach wie vor steht der Jadeschnitzer und -sammler vor der schwierigen Frage der Unterscheidung zwischen Jadeit, Nephrit und sehr ähnlichen Unterschiebungen. Die volkstümlichen Methoden zur Identifizierung sind wertlos: Jadearbeiten fühlen sich angeblich kühl an, aber das tun viele andere Steine auch. Man kann einfache Tests durchführen, und nach langjähriger Erfahrung ist es wohl auch möglich, Jade mit bloßem Auge als Jadeit bzw. Nephrit zu erkennen.

In schwierigen Fällen führen selbst die von Experten durchgeführten einfachen Untersuchungen nicht zum Ziel. Selbstverständlich gibt es komplizierte Methoden, mit Hilfe geeigneter Einrichtungen, die absolut sicher sind.

Die Härte ist kein gutes Kriterium: Nephrit erreicht die Stufe 6–6 1/2, Jadeit 6 1/2–7. Es gibt außerdem eine gute, grüne Serpentinvarietät, Bowenit, die Nephrit sehr ähnelt und dessen Härte fast erreicht. Die Härtestufen liegen zu nah beieinander. Der alte Trick, der darin besteht, einen kleinen, unsichtbaren Kratzer mit dem Taschenmesser zu machen, ist nutzlos, wenn es darum geht, Jadeit von Nephrit zu unterscheiden. Er bewährt sich nur bei der Unterscheidung von weicheren Varietäten wie Serpentin, Bildstein usw. Die Feststellung der Dichte ist insofern günstig, als sie keine Beschädigung erfordert. Zum Glück ist der Unterschied zwischen der Dichte des Jadeits (3,3–3,5) und derjenigen des Nephrits (2,96–3,10) groß genug, um jede Verwechslung auszuschließen. Die Unterscheidung des Nephrits vom Bowenit, dessen Dichte knapp unter 3,0 liegt, ist damit nicht möglich. Das geübte Auge vermag im Jadeit eine gewisse kristalline Struktur zu erkennen, die andere Steine vermissen lassen, so auch Nephrit und Serpentin. Eine polierte Nephritfläche sieht eher fettig als glasig aus.

Die schnellste und leichteste Identifizierungsmethode bleibt nach wie vor die Bestimmung mit Hilfe des Polarisationsmikrokops oder des Refraktometers. Durch das Mikroskop erkennt der Fachmann die verschiedenen Jadeitvarietäten und kann sehr schnell Jadeit von Nephrit oder von anderen ähnlichen Mineralien unterscheiden. Dazu braucht er nur wenige winzige Körnchen Materials, die an einer weniger sichtbaren Stelle des Objektes abgenommen werden. Der Hauptnachteil dieses Verfahrens besteht darin, daß es sowohl eines mit den Methoden der Kristalloptik vertrauten Fachmannes wie auch einer teueren Ausrüstung bedarf.

Das genaueste Verfahren ist die Röntgenuntersuchung, die ebensowenig Material erfordert wie die optische Untersuchung. Ein Röntgenstrahl wird durch das Material gesendet und zeichnet dann ein Muster auf einen Film, den man mit Filmen von bekannten Proben von Nephrit, Jadeit und anderen Mineralien vergleicht. Über diese Methode ist in Kapitel 2 mehr berichtet.

Ein kurzer Überblick über die auffälligen und nicht auffälligen Ersatzstoffe des Jade – darunter werden viele ohne betrügerische Absicht verwendet – zeigt, wie komplex das Problem der

Identifizierung ist. Nur sehr wenige Stoffe lassen sich schwer von Jade unterscheiden. Jadeähnliches Glas, Kunststoffe, Seifenstein und weichere Varietäten des Serpentins sind leicht zu erkennen, da ein Taschenmesser aus gutem Stahl reicht, um sie zu ritzen. Jadearbeiten aus alten Gräbern lassen sich zwar auch leicht ritzen, weil ihre Oberfläche durch die jahrhundertelange Zersetzung weicher geworden ist, ebensosehr alte, aus der Frühzeit der Kulturen stammende Stücke. Im Zweifelsfall wird die Röntgenuntersuchung des die Oberfläche bedeckenden Pulvers zeigen, um welches Mineral es sich handelt. Überdies sind, da Jadeit erst relativ spät in China eingeführt wurde, alte chinesische Arbeiten in der Regel aus Nephrit.

Unter den härteren, schwierig zu identifizierenden Jadeersatzstoffen sind der Bowenit, der Californit und allenfalls weitere grüne Silikate schwer zu erkennen. Bei einigen reicht die Feststellung des spezifischen Gewichtes, sonst ist das Ermitteln des Brechungsindex erforderlich. Es empfiehlt sich, die Identifizierung dieser Silikate geübten Mineralogen und Edelsteinfachleuten zu überlassen.

Die Bewertung des Jade wird durch die künstliche Färbung schwach getönten Materials, um grüne Steine höchster Qualität vorzutäuschen, erschwert. Manche Färbungsverfahren sind nicht leicht festzustellen und bestimmte sind sogar so raffiniert, daß man sie nur im Labor durch chemische Untersuchungen aufdecken kann. Zum Glück handelt es sich meistens um nicht sehr verbreitete, kleinere Jadearbeiten. Die Federal Trade Commission bietet dem Sammler in den USA einen gewissen Schutz, indem sie vorschreibt, daß solche Stücke mit der Inschrift „dyed jade", das bedeutet „gefärbte Jade", zu versehen sind.

Der Käufer muß nun feststellen, ob die Datierung der Objekte stimmt. In seinem Buch über Jade gibt Richard Gump, der über eine langjährige Erfahrung im Handel mit Jadearbeiten verfügt, mehrere Richtlinien an, so z. B.: „Der Stil und das Design einer Jadearbeit geben gewöhnlich Aufschlüsse über die Periode, in der sie entstand. Prüfen Sie die genauen Details des Entwurfs. Handelt es sich um ein Han-Gefäß in Ming- oder Sung-Design, stimmt etwas nicht. Auch das Material gibt gute Anhaltspunkte. Bei einer vor 1784 datierten Arbeit aus Jadeit ist Vorsicht geboten. Wird sie als Ch'ien Lung angepriesen, obwohl aus spinatgrünem, unverkennbar russischem Jade bestehend, der erst 1920 auf den Markt kam, gibt es gute Gründe, an ihrer Echtheit zu zweifeln." An solchen Ratschlägen kann man ersehen, wie kompliziert die Identifizierung einer Jadearbeit ist und welches Maß an Erfahrung sie erfordert.

Hat man sich endlich die notwendigen Kenntnisse über die Eigenschaften des Jade angeeignet, drängt sich eine andere Frage auf: Aus welchen Quellen kommt das ganze Rohmaterial, das so viele verschiedene Kulturen in solchem Ausmaß verarbeitet haben? Bis in die jüngste Zeit waren viele Wissenschaftler der Meinung, alle Jadearten des alten Mittelamerika seien aus China gekommen. Diese Vorstellung ist auf jeden Fall insofern falsch, als Jade – wie überraschend es auch klingen mag – nie in den Kernländern Chinas gefunden wurde. Viertausend Jahre lang arbeitete die Jadeindustrie mit importierten Steinen. Man vermutet, daß nur die allerersten Arbeiten aus einem Stein bestan-

Gegenüber: Figurengruppe in Edelserpentin, dem, oft als Ersatz gebraucht, einige der besonderen Eigenschaften des Jade fehlen. Rechts: Cabochons und Armreif, die Farbvariationen der Jade zeigend. Unten links: Schnupftabak-Fläschchen aus Jade, Ts'ien-Lung-Periode, 1736–95. Rechts: Moderne Arbeit aus Alaska-Jade im frühchinesischen Stil.

den, der im Lande selbst vorkam, und daß Rohjade dann in großem Umfang eingeführt wurde, als sich die Vorkommen erschöpft hatten.
Vieles spricht dafür, daß der größte Teil des chinesischen Jade aus Minen in der Provinz Sinkiang, die heute allerdings zu China gehört, kam. Die chinesische Literatur über diese Quelle geht bis auf das Jahr 200 v. Chr. zurück. Man weiß, daß sich in den Flußtälern auf der Südseite des K'un-lun-Gebirges (auch Kuen-Lun) Jademinen befanden, die mindestens zweitausend Jahre im Betrieb standen. 1272 berichtete Marco Polo von einem Jadetransport unterwegs nach der nächstgelegenen Stadt Khotan. Große Mengen abgerollter Jadestücke wurden in diesem Gebiet auch in den Flußbetten gefunden. Weiter im Westen, in der Nähe von Yarkand, besonders am „Jadeberg", gibt es weitere Jadevorkommen. Bei diesem Jade handelt es sich stets um Nephrit von weißer, grüner (meistens in bleichen Schattierungen) und schwarzer Farbe. In der UdSSR gibt es eine weitere Nephritquelle, die den Chinesen erst zu Beginn des 20. Jh. bekannt wurde. Sie befindet sich südlich des Baikalsees und liefert spinatgrünen Nephrit mit schwarzen Chromeinschlüssen. Dort gibt es auch weißen oder grüngeäderten Nephrit. Die Russen selbst verwendeten ihn schon Ende des 18. Jh. als Schmuckstein, und er wurde auch von dem berühmten Edelsteinschleifer Carl Peter Fabergé verarbeitet.
Für die chinesischen Jadeschnitzer war die einzige andere bedeutende Quelle für Jade guter Qualität Birma. Dieser Jade wurde erst im 13. Jh. entdeckt und gelangte nicht vor dem 18. Jh. nach China; seine Eigenschaften mögen wohl die dortigen Künstler verwirrt haben. Es ist nämlich Jadeit, der sich nicht ganz wie Nephrit verhält und andere Eigenschaften und Farben aufweist.
In Birma haben sich die Methoden zur Jadegewinnung seit Anbeginn kaum geändert. Die besten Vorkommen wurden in den Hügeln nördlich des Flusses Uru gefunden. Der Jadeit befindet sich dort in Serpentin und auch in Seifen, die allerdings zu Konglomeraten verfestigt sind. Man setzt Feuer, um den Jade zu lockern, der sich dann mit dem Hammer oder einem Keil abbauen läßt. Große Mengen werden auch in Schottern am Ufer des Uru und im Fluß selbst gefunden. Oft ist das Material, das nicht durch Feuersetzen gewonnen wird, von besserer Qualität. Der größte Teil des birmesischen Jade ist hellgrün bis weißlich und weist manchmal deutlich grüne Flecken auf. Viel seltener sind die begehrten rein grünen Stücke – etwa die smaragdfarbenen oder noch dunkleren; die seltenste Tönung ist Lavendel. Der kostbare Imperial Jade kommt ausschließlich aus Birma.
In Polynesien liegen einige Jadequellen zerstreut, und man hat dort viele kunstgewerbliche Gegenstände aus Jade entdeckt. In Neukaledonien befindet sich eine Nephritlagerstätte. Auf Celebes wird Jadeit und in Neuguinea Chloromelanit gewonnen. Als die Maoris im 14. Jh. nach Neuseeland kamen, entdeckten sie bald ergiebige Nephritlagerstätten an verschiedenen Orten. Sie nahmen vor allem die Lagerstätten am Mount Cook und im Süden der Insel in Betrieb. Den Nephrit bezeichneten sie als „punamu", ein Wort, das wörtlich „grüner Stein" bedeutet, gleichzeitig aber einen gewissen Wert voraussetzt. Für die noch im Steinzeitalter lebenden Ureinwohner war er als Werkstoff von höchster Wichtigkeit. Der meiste Jade ist dun-

Zeremonien- oder Tanzäxte aus Jade; Zeichnungen aus dem Katalog der Sammlung des Kaisers Kao'tsung (1127–1162). Die Axt links war blaßgelb und weiß, die Axt rechts weiß mit grünen Flecken.

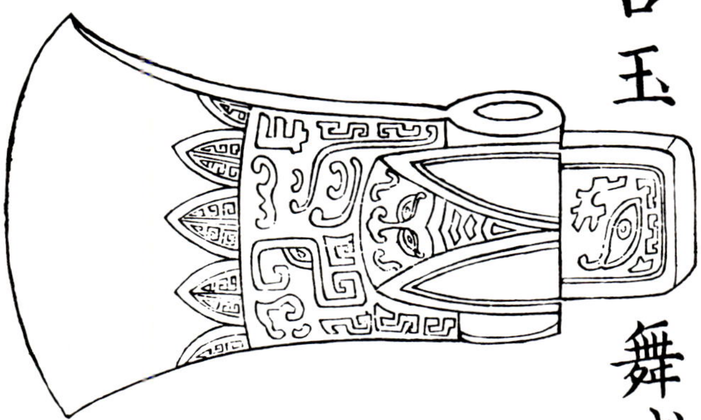

古玉

舞戚

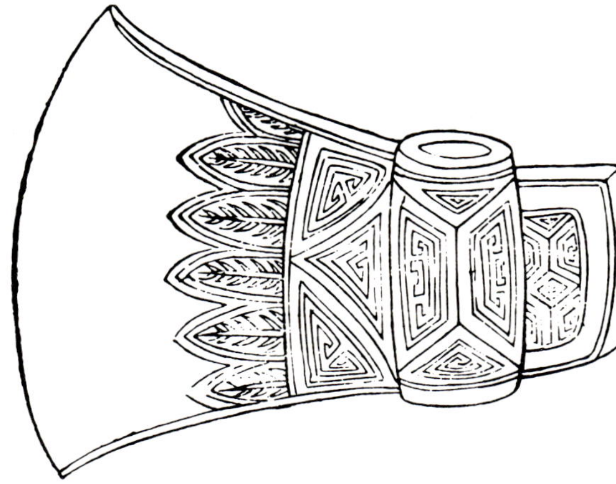

kelgrün. Da die Ausfuhr von unverarbeitetem Jade jetzt in Neuseeland verboten ist, spielen diese Lagerstätten keine Rolle auf dem internationalen Markt.

Um die Liste der Jadequellen im östlichen Teil der Welt zu vervollständigen, müssen wir noch ein unbedeutendes Jadeitvorkommen in Japan und eine Fundstelle in Taiwan, die zum größten Teil dunkelgrünen Nephrit liefert, erwähnen. Jade aus Taiwan gelangte auch auf westliche Märkte.

Wie steht es nun mit dem westlichen Teil der Welt? Ein kurzer Überblick zeigt, daß es sich um ein ungewöhnliches Mineral handelt, von dem einmal gesagt wurde: ,,Wenn die Wissenschaftler sagen, Jade sei geologisch eine zufällige Erscheinung und die Chinesen sie als ein Geschenk des Himmels betrachten, meinen sie mit anderen Worten genau das Gleiche.''

In Europa ist Nephrit selten und war lange überhaupt unbekannt. So gab die Auffindung Tausender von Nephrit-Gegenständen in den jungsteinzeitlichen Pfahlbaudörfern im Bodenseegebiet – Nephrit wird in älteren Sammlungen deshalb geradezu als Beilstein bezeichnet – allerlei Rätsel auf. Man dachte an Handelswege bis nach Innerasien. Es fanden sich dann aber doch

Die chinesischen Dynastien

Prähistorische Periode	von ? bis ca. 1800 v. Chr.
Hsia Dynastie (mythologisch)	ca. 1800 –1500 v. Chr.
Schang Dynastie	ca. 1450 –1050 v. Chr.
Tschou Dynastie	ca. 1050 – 256 v. Chr.
Ts'in Dynastie	221 – 206 v. Chr.
Han Dynastie	206 v.Chr.– 220 n. Chr.
Zeit der drei Reiche, der westlichen, östlichen, nördlichen und südlichen Dynastien	220 – 589 n. Chr.
Sui Dynastie	589 – 618 n. Chr.
T'ang Dynastie	618 – 907 n. Chr.
Zeit der fünf Dynastien und der späteren Liang, T'ang, Ts'in, Han, Tschou Dynastien, Nördl. und Südl. Sung Dynastie	907 –1279 n. Chr.
Yüan Dynastie (Mongolen)	1260 –1368
Ming Dynastie	1368 –1644
Ts'ing Dynastie (Mandschu)	1644 –1912
Republik	1912 –

Die ältere Geschichte beruht nicht auf schriftlich überlieferten Daten, bis zum Jahre 841 n. Chr. Die vorhergehenden Jahreszahlen können um 150–200 Jahre schwanken. Das Auf und Ab der chinesischen Geschichte, die wechselnde Vergrößerung und Verkleinerung des Territoriums bringt weitere Unsicherheiten mit sich, zumal auch das Überschneiden der Dynastien usw.

einige Vorkommen, so bei Jordansmühle in Polen, im Frankenwald, im Apennin, bei Poschiavo und vor allem im Oberhalbsteiner Tal in der Schweiz, wo Nephrit anstehend, aber auch in Geröllen im Fluß vorkommt – wahrscheinlich die Hauptquelle für die Pfahlbauern. Ein Teil der Werkzeuge besteht übrigens gar nicht aus Nephrit, sondern einem anderen grünen, zähen Gestein.

Es ist unbestritten, daß die Kunst der Jadeverarbeitung in Mittelamerika und in China ihren Höhepunkt um die gleiche Zeit in der Geschichte erreichte. Während der Eroberung durch die Spanier ging jede Spur amerikanischer Quellen verloren. Jahrhundertelang blieb die unerklärlich hohe Entwicklung der Jadekunst in Mittelamerika ohne sichtbare Materialquellen ein Geheimnis. Wiederum schloß man, daß Jade auf seit langem verlorengegangenen Wegen aus anderen Teilen der Welt eingeführt wurde. 1955 löste die Entdeckung einer Jadelagerstätte in Guatemala, die offensichtlich die gleiche Art grünen Diopsid-Jadeit lieferte, die die Maya, Azteken und andere verwendeten, die Frage.

Weiter im Süden, längs des Amazonas, verwendeten die Ureinwohner Nephrit zur Herstellung von Werkzeugen. Eine unbedeutende, primäre Lagerstätte wurde in Brasilien gefunden. Jadegegenstände wurden auch an anderen Orten in Südamerika entdeckt, aber man weiß von keiner anderen sichtbaren Quelle, außer den schon erwähnten.

Die Indianer der USA entwickelten keine Jadeindustrie. Obwohl man vor kurzem in den westlichen Staaten bedeutende Vorkommen gefunden hat, kamen dort keine Kunstgegenstände zum Vorschein. Der wohl wichtigste Fund ereignete sich 1942 in der Landschaft um Lander, Wyoming. Hier konnte Jade in Schottern gesammelt werden, darunter tonnenschwere Blöcke. Das meiste hat eine auffallend regelmäßige Struktur und hohe Qualität und stellt ein ideales Material dar. Die Farbskala ging von schönem Grün bis zu Pechschwarz über Grünbraun und Grau. Das beste Material ist anscheinend schon erschöpft. Sporadische Funde in Kalifornien hielten das Interesse wach. Nephrit und Jadeit wurden gleichzeitig dort gefunden, aber in geringeren Mengen und von mäßiger Qualität. 1936 wurde eine Jadeitlagerstätte am Clear Creek, San Benito County/Californien entdeckt, die aber nur wenig zur Verarbeitung geeignetes Material liefert.

Größere Hoffnungen setzt man auf Westkanada und Alaska. Schon früher hatten Reisende an der Küste Alaskas, im Yukon, im Gebiet östlich vom Mackenzie und an der Küste Britisch Columbiens Nephrit gefunden, der von den dort lebenden Indianern und Eskimos verwendet und zu kunstgewerblichen Gegenständen verarbeitet wurde. Der berühmte Reisende Captain Cook und später Vancouver und La Pérouse wurden sehr beeindruckt, als sie sahen, wie die Eingeborenen den unglaublich zähen Stein bewältigten. Die in Alaska lebenden Eskimos, die Nephrit als Gerölle im Flußbett des von Point Barrow nach Westen fließenden Kobuk sammelten, wußten von einem ganzen Berg am Ufer des Flusses, der den grünen Stein enthielt. Um 1883 erreichte Lt. Georg T. Emmons dieses schwer zugängliche Gebiet und entdeckte den „Jadeberg" wieder; damit bestätigte sich der von den Eskimos gelieferte Hinweis. Der ganze Berg ist grün, da er weitgehend aus Serpentin besteht,

Zylinder in quadratischen Kästchen, sogenannte Ts'ung, das sind rituelle Gegenstände. Zeichnungen nach ca. 2000 Jahre alten Stücken, das linke Gefäß in gelbem, das andere in weißem Jade mit rotbraunen Flecken.

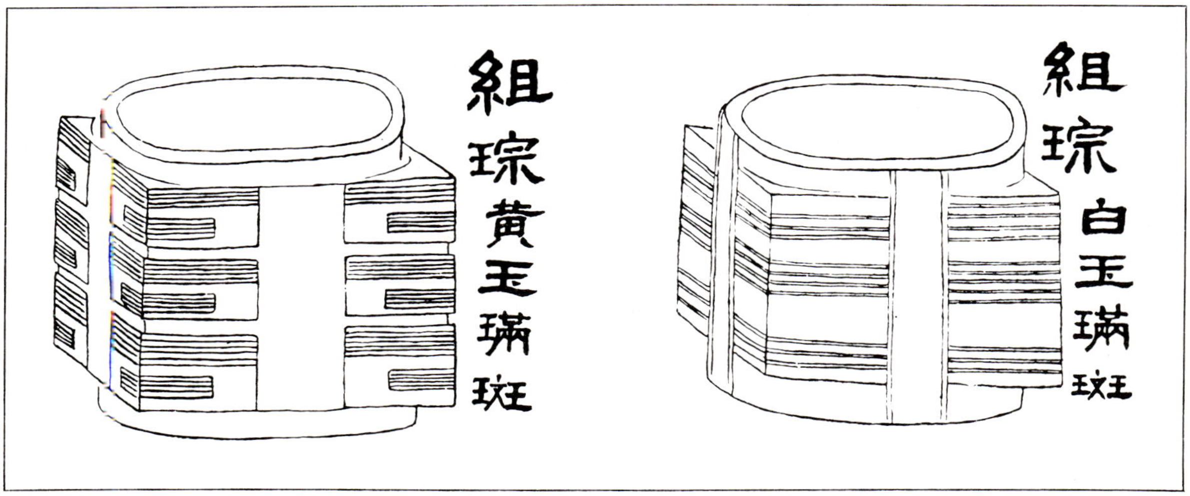

und enthält Massen von Nephrit, der in den reizvollen Farben Olivgrün, Gelbgrün, Graugrün und Schwärzlichgrün auftritt.

Der aus Britisch Columbien kommende Nephrit wurde zum größten Teil in einem weiten Gebiet am unteren Fraser als Geröll gefunden. Die Lagerstätten sind unglaublich ausgedehnt, und nach jedem Frühlingshochwasser kommt neues Material zum Vorschein. Jadeit taucht in diesem Teil Nordamerikas nicht auf.

Jadearbeiten

In unserer Zeit der Fließbandarbeit und der Serienherstellung von Kunstwerken kann man sich kaum vorstellen, daß manche chinesische Jadearbeit bis zu ihrer Vollendung ein ganzes Leben erforderte. Wenn man bedenkt, mit welchen Schwierigkeiten die Entstehung einer kleinen Jadeplastik verbunden sein kann, ist der Gedanke überwältigend, daß zur Zeit des Kaisers Ch'ien Lung (1736–1795), des großen Förderers der chinesischen Jadekunst, Blöcke mit einem Gewicht bis zu sieben Tonnen zu Plastiken verarbeitet wurden. Plastiken, die wahrscheinlich zu den schönsten in der langen Tradition der Jadekunst überhaupt gehören.

Wann der Mensch den Jade entdeckt und zu verarbeiten begonnen hat, ist unbekannt. Die ältesten Jadegegenstände, die entdeckt wurden, sind Steinbeile, Klingen und Schaber, also Werkzeuge. Wegen der besonderen Zähigkeit behalten Geräte aus Nephritjade ihre Schärfe länger als andere Steinwerkzeuge. Somit lohnte sich der zusätzliche Aufwand, den das Aufsuchen des nicht häufigen Materials und die sehr schwierige Verarbeitung mit sich brachte. Merkwürdigerweise ist übrigens die Masse der Nephritbeile, die gefunden wurde, auffallend klein, so daß sie sich für ihre eigentliche Bestimmung nicht immer sonderlich eigneten. Denkbar wäre, daß es sich um Kult- oder Tauschgegenstände handelte.

Nephritjade ist so zäh, daß es fast unmöglich ist, einen Block bloß zu zerschlagen. Entsprechend mühselig war das Schleifen.

Der Bericht eines Augenzeugen über die Nephritgewinnung und -verarbeitung bei den Maoris läßt ahnen, auf welche Weise die Steinzeitmenschen dieses schwierige Material bewältigten. Mit einem großen Steinhammer (*kuru*) zerlegt der Bergmann den Nephritblock (*punamu*), in den er vorher mit einem plattig brechenden Glimmerschiefer oder Quarzit (*kiripaka*) Kerben gefeilt hat, um den Bruch vorzuzeichnen. Dann folgt das eigentliche Schleifen auf einem harten Stein (*hoanga*) vermutlich Quarzit oder Sandstein. Auch den Bohrer setzten die Maoris ein: den einfachen Voll-Lochbohrer mit Sand und Wasser.

Indessen scheint es, daß die Chinesen Steinbohrgeräte erst entwickelten, als die Jadeverarbeitung schon einige hundert Jahre alt war. Sie verwendeten den Hohlbohrer aus Schilf- und Bambusrohr, und später aus Metallen, der, in rasche Umdrehungen versetzt, mit Hilfe von Schleifpulver und Wasser aus dem Stein einen Kern bohrt, der dann durch einen kräftigen Schlag, eventuell unter Verwendung eines Holzkeiles, herausgebrochen wird. Dieses Verfahren erfordert einen sehr viel geringeren Aufwand als eine Vollbohrung, da ja weit weniger Material durch Schleifen herausgenommen werden muß. An unvollendeten Stücken, in denen der Kern noch steckt, läßt sich dieses Vorgehen studieren. Der Antrieb des Bohrers erfolgte wohl nach dem Schnur-und-Bogen-System, das auch die Indianer, die Eskimos und andere Völker zum Feuerbohren anwenden. – Man darf wohl vermuten, daß auch die Steinschleifer Mittelamerikas nach diesen Methoden gearbeitet haben. In ähnlicher Weise arbeiten übrigens Edelsteinbohrgeräte noch heute.

Die ersten chinesischen Jadearbeiten wurden gewöhnlich aus Platten geschnitten, deren Stärke höchstens 1,5 cm betrug. Es ist schwierig zu sagen, ob diese dünnen Jadeplatten auf Materialknappheit, auf die Schwierigkeit, größere Objekte zu gestalten oder einfach auf die Mode zurückzuführen waren. Alle Kulturen, die sich mit der Jadekunst abgaben, fingen damit an, das Material zu zersägen. Die im Fraser-Gebiet in Britisch Columbien gefundenen kunstgewerblichen Gegenstände zeigen, daß die Eingeborenen zum Sägen des Jade eine dünne Tafel aus plattig spaltendem Sandstein benützten. Dieses Verfahren muß entsetzlich langwierig gewesen sein und viel Material ging dabei verloren. Das Jadestück wurde zuerst auf einer Seite eingesägt und dann von der anderen Seite her; der Steg zwischen beiden Schnitten wurde anschließend mit einem heftigen Schlag gebrochen, was mehrere Sägestunden sparte. Die rauhen Kanten wurden durch Schleifen geglättet. Die spätere Einführung der Bandsäge war ein entscheidender Fortschritt. Ein hin- und herbewegtes Metallband, dem ständig Schleifmittel und Wasser zugeführt werden, schneidet harte Steine ertaunlich schnell. Auch heute wird noch nach diesem Prinzip gesägt, wobei das Band durch einen Draht ersetzt wurde, bzw. ein ganzes Gatter aus solchen Bändern läuft, wenn es gilt, große Blöcke in Platten zu zerlegen.

Im Laufe der Jahrhunderte hat sich allein die chinesische Jadekunst weiterentwickelt, während sie in Mittelamerika endete, als die Spanier ins Land kamen. Im China des 18. Jh. erlebte sie eine Blüte. Die Gründung des kommunistischen Staates beendete sie keineswegs.

Obwohl wir also nicht viel über die frühen

Techniken und Werkzeuge wissen, scheinen Gravierspitzen verschiedener Art, Sand als Schleifmittel und viel Zeit und Geduld alles gewesen zu sein, was den Alten zur Verfügung stand. Die Einführung der Gravierbank, einer Art von leichter Drehbank, ermöglichte ihnen plastischer und mehr ins Detail gehend zu arbeiten und Hohlgegenstände wie Vasen und Tabakdosen zu kreieren. Sie werden immer zuerst ausgehöhlt, bevor die äußere Fläche bearbeitet wird. Zum Drehen des Bohrers bilden Bogen und Fußpedal die einzigen mechanischen Verbesserungen seit tausend Jahren.

Das erste Schleifmittel war Quarzsand, der immer und überall leicht zu erhalten ist. Auch heute wird er noch verwendet. Das viel härtere, scharfkantige Granatpulver scheint bereits Jahrhunderte vor Christus bekannt zu sein. Der Hauptvorteil bestand im Zeitgewinn, indessen die Kontrolle der Ausführung infolge der erhöhten Schneidgeschwindigkeit geringer war. Metallwerkzeuge wurden im letzten Drittel der Tschou-Dynastie, um 500 v. Chr. eingeführt. Zu dieser Zeit hatte die Kunstfertigkeit bereits eine solche Höhe erreicht, daß nahezu jede gewünschte Arbeit in Jade ausgeführt werden konnte.

Fünfzehn oder sechzehn Jahrhunderte später kam wiederum ein neues Schleifmittel, Korund und Smirgel, in Gebrauch. Wie im vorangegangenen Fall war der Zeitgewinn der Hauptvorteil. Die letzte Änderung in der Schleiftechnik ergab sich zu Ende des 19. Jh. mit der Einführung des künstlichen Carborundums in China. Diamantpulver wäre natürlich noch besser, kommt aber wegen der zu hohen Kosten für die chinesischen Kleinbetriebe nicht in Frage.

So ist es heute möglich, auch sehr komplizierte Stücke in relativ kurzer Zeit zu erzeugen. Kenner behaupten jedoch, daß die älteren Arbeiten viel besser waren. Die sorgfältig geschnittenen, handgeschliffenen, alten Jadearbeiten haben eine glattere Oberfläche und weisen viel weniger sichtbare Schneidefehler, wie rauhe Kanten und unregelmäßige feine Linien auf. Es heißt, es hätte in alten Zeiten keine schlechte Jadearbeit gegeben. Die Arbeit war so schwierig und ging so langsam vor sich, daß viel Zeit übrigblieb, um über das Stück nachzudenken. So kam es kaum vor, daß ein falscher Schnitt eine Änderung der Konzeption erforderte. Ein Blick auf die heutigen Jadegeschäfte in Hongkong reicht, um zu zeigen, wie sehr die hohe Kunst der Jadeverarbeitung durch die schnelle Massenproduktion mit Diamantpulver und modernen Maschinen verdorben wurde.

Was die von den chinesischen Steinschneidern gebrauchten Methoden und Materialien auch waren, ihr Ziel ist deutlich: Jade ist ein Material, das sich bestens eignet, der Philosophie, die die Triebkraft der chinesischen Kultur war und im hohen Maße immer noch ist, einen künstlerischen Ausdruck zu verleihen. Taoismus war eine Philosophie, die die Welt als Ergebnis eines Urgrundes, des Taos, ansah. Aus der Tao-Philosophie und -Mystik entwickelte sich schließlich eine einfache, auf die Natur bezogene Religion, die die Sonne, die Erde, die Sterne, den Himmel, den Norden, den Süden, den Osten, den Westen usw. anbetete. Obwohl die so verehrten Objekte relativ beschränkt in der Zahl und leicht begreiflich waren, wurde die Symbolik doch allmählich so komplex, daß das Verständnis dafür verlorengegangen ist und ihr künstlerischer

Zwei Gefäße aus der Ts'ing-Lung-Periode: Unten, ca. 17 cm hohe Dose aus smaragdfarbenem Jadeit, rechts, Flasche, ca. 36 cm hoch, aus lichtgrünem Jade. Gegenüber: Entwürfe zu Symbolen von Drachen und Hydra, für Gürtelanhänger.

Ausdruck in den Jadearbeiten nicht mehr erfaßbar ist.

Das Yin-Yang-Symbol ist am einfachsten zu erkennen und zu deuten. Es stellt die beiden entgegengesetzten, sich bekämpfenden Kräfte dar, die jede Handlung bestimmen und für die Dynamik der Welt verantwortlich sind. Yin ist weiblich, negativ und durch den Mond symbolisiert, Yang ist männlich, positiv und wird durch die Sonne dargestellt. Yin und Yang wirken hauptsächlich durch Fünf Elemente: die Erde (Saturn), das Wasser (Merkur), das Feuer (Mars), das Metall (Venus) und das Holz (Jupiter), die unter Führung der Planeten mit Sonne und Mond die Sieben Herrscher bilden. Jedes Element kann entweder Yin oder Yang sein, so daß ihre Kombination zu einer großen Anzahl astrologischer Konstellationen führt; jede von ihnen ist symbolisch darstellbar und ihr Sinnbild war oft in Jade eingraviert.

Es gibt auch noch andere Symbolgruppen von hohem Alter. Am bekanntesten sind die Zwölf Ornamente, deren Herkunft sich in der grauen Vorzeit verliert. Sie bestehen aus Sonne, Mond, Stern, Berg, Drache, Vogel, Kelch, Wasserpflanze, Flamme, Reiskorn, Beil und dem Symbol der Würde. Das Tragen der Ornamente war durch den gesellschaftlichen Rang festgelegt und nur der Kaiser durfte alle zwölf tragen.

Eine andere in Jade verewigte, oft auf die Nachkommen übertragene Gruppe bildeten die Acht Hexagramme. Für die westliche Welt schwer zu

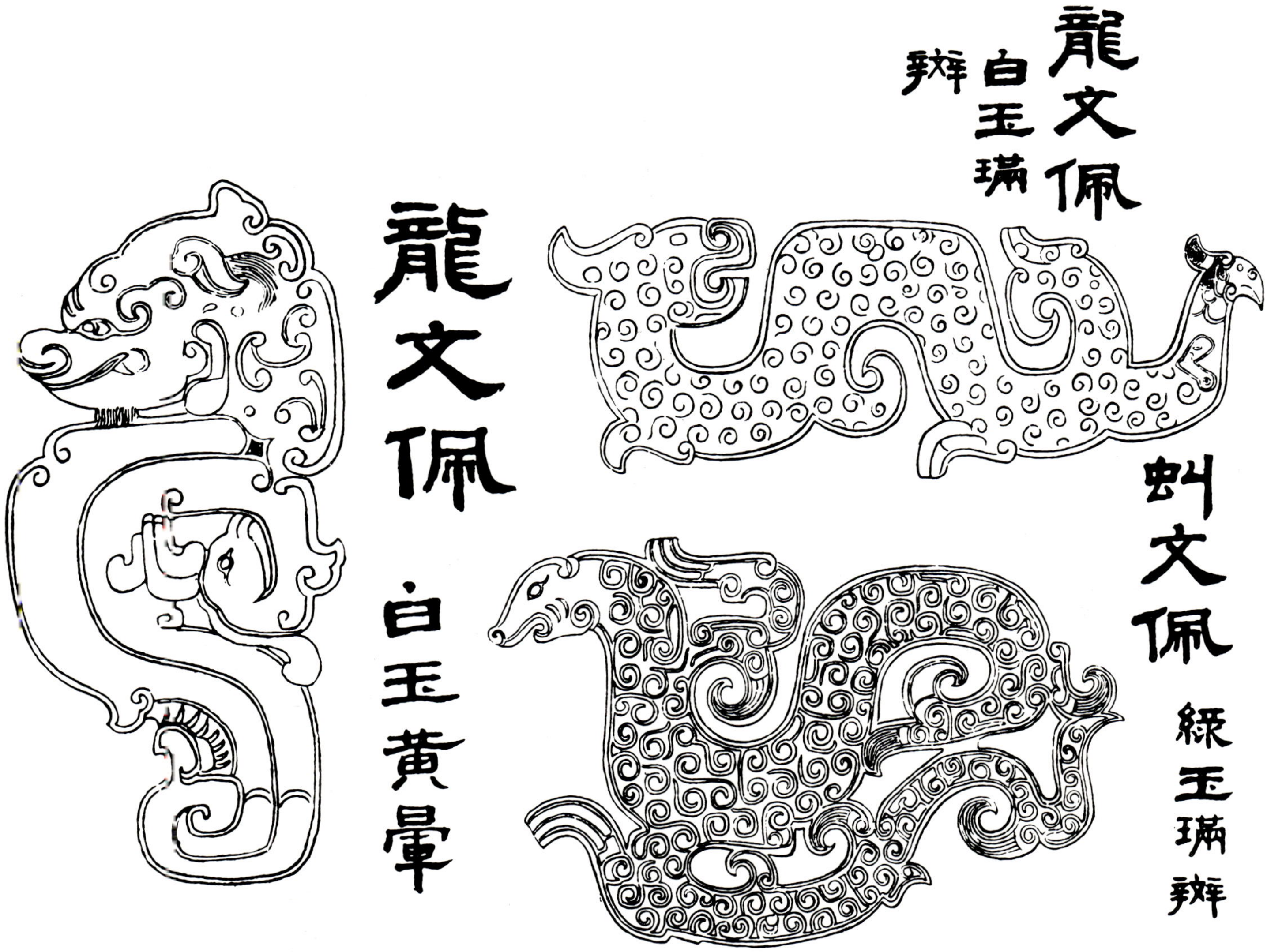

deuten, scheinen sie eine Brücke zwischen dem Yin-Yang-Prinzip und den fünf Elementen gebildet zu haben. Die Symbole bestehen in Reihen von drei bis sechs in einem Kreis oder offenen Quadrat symmetrisch angeordneter langer und kurzer Stäbe.

Diese Symbole, die vor dem Taoismus entstanden, sind vielleicht die allerältesten und gehen mit Wahrscheinlichkeit sehr, sehr weit in die prähistorische Periode zurück. Seit 1100 vor Christus wurden sie ununterbrochen von den Jadeschneidern dargestellt.

Zwei weitere Figurengruppen, die „Zehn Himmelstämme" und die „Zwölf Erdzweige" sind in der Jadekunst außerordentlich wichtig. Die Stämme sind Sinnbilder, die die Fünf Elemente mit jeweils einem Naturkörper und einem von Menschenhand bearbeiteten Gegenstand in Beziehung bringen. So hat Holz zum Beispiel ein Symbol als Baum und ein anderes für gefälltes Holz, Metall hat ein Symbol für Erz und ein anderes für den Kessel. Die Zwölf Zweige sind eine Art chinesischen Tierkreises.

Schon sehr früh wurden die Sterne in zwölf Zonen aufgeteilt, deren jede von einer einem Tier zugeordneten Konstellation beherrscht wurde: Ratte, Rind, Tiger, Hase, Drache, Schlange, Pferd, Bock, Affe, Hahn, Hund und Eber. Im Gegensatz zu dem uns von den Griechen überlieferten teilweise mythologischen Tierkreis, besteht der chinesische ausschließlich aus Tieren. Die Kombinationen von Stämmen und Zweigen

穀璧

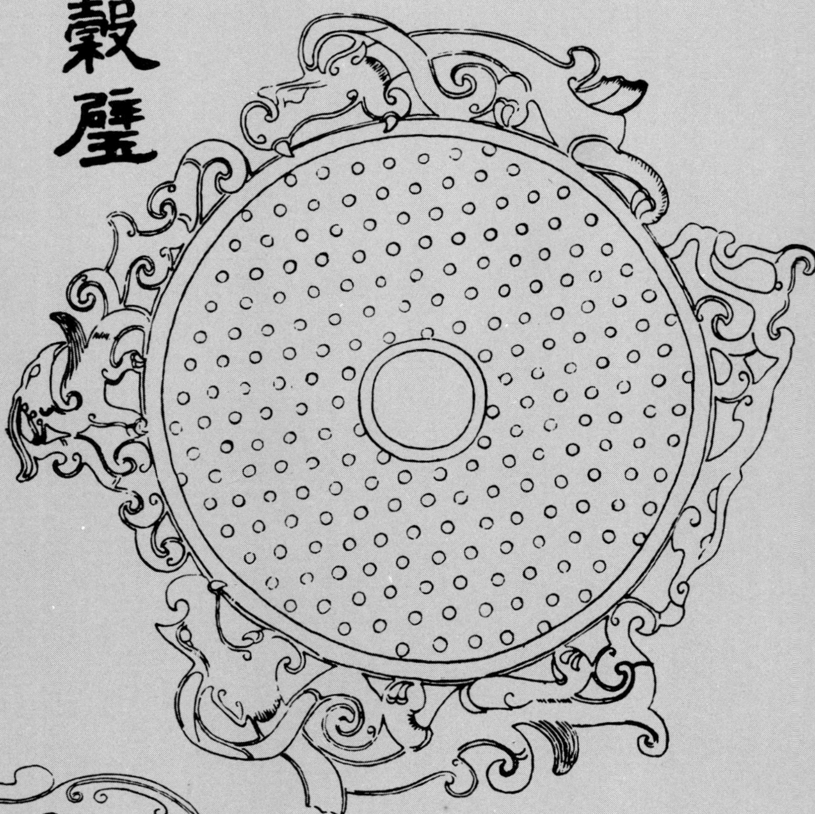

穀璧

璜

Beispiele für Gravierungen aus der Han-Periode (206 v. Chr. bis 220 n. Chr.), unter anderem: Pfauenpaar als Geschenk zwischen Liebenden, kreisförmiges Drachensymbol (Mitte) als Regenzauber, Weidenzweig („wir müssen uns trennen") und von Fischen („aber wir bleiben Freunde").

wurden sogar schon im 27. Jh. v. Chr. verwendet. Zur Zeit der Han-Dynastie bestanden sie im chinesischen Kalender aus einem Zyklus von sechzig Kombinationen aus beiden. Das Jahr des Blitzes (Stamm) – Ratte (Zweig) wird also vom Jahr des brennenden Weihrauchs (Stamm) Rind (Zweig) – ping tsu von ting tsch'ou gefolgt usw. Als ob die oben erwähnten Symbole nicht genug wären, wuchs ihre Zahl im Laufe der Jahrhunderte ununterbrochen. Der Buddhismus brachte die Acht Glücklichen Omen und die Sieben Edelsteine. Der Taoismus fügte die Acht Embleme der Unsterblichen hinzu. Es gibt noch die „Hundert Altertümer", die „Acht kostbaren Dinge", und andere Gruppen. Dazu kommen noch Einzelsymbole wie das Hakenkreuz, das Buddhas Lehre, oder öfters Buddhas Herz darstellt, und die Lotosblume, die für die buddhistische Erleuchtung steht.

Die Form der Jadearbeiten ist oft genauso bedeutungsvoll wie die daraufgeschriebenen Symbole selbst. Am bekanntesten unter den alten Jadeplastiken symbolischer Form sind vermutlich die sechs Rituellen Jaden. Das um 1100 v. Chr. entstandene und Tschou Kung zugeschriebene Buch der Riten hilft uns, die frühen religiösen Vorschriften zu verstehen. Die Übersetzung einer Stelle aus dem Buch in der Ausgabe aus dem 14. Jh., die Li Ki zu verdanken ist, besagt:

Mit einem himmelblauen Pi wird der Himmel angebetet,
Mit einem gelben Ts'ung die Erde
Mit einem grünen Kuei der Osten
Mit einem roten Tsch'ang der Süden
Mit einem weißen Hu der Westen
Mit einem schwarzen Huang der Norden.

Der den Himmel symbolisierende Pi ist eine einfache, flache kreisförmige Scheibe mit einem runden Loch in der Mitte.

Der Ts'ung ist komplizierter, aber von genauso schöner Form. In seiner einfachsten Ausführung besteht er aus einem hohlen Zylinder, der so geschnitten ist, daß er den Eindruck erweckt, er sei in ein Kästchen mit quadratischem Querschnitt eingefügt. Die Herstellung eines Ts'ung erforderte viel mehr Geschick und Hingabe als der einfache Pi. Wie bei fast allen sechs Rituellen Jaden sind die Gründe, die ursprünglich die Formen bestimmten, unklar; von Anfang an hat aber der Ts'ung immer die Erde symbolisiert. Später, als diese Jadearbeiten bei Begräbnissen verwendet wurden, befestigte man den Ts'ung auf der Brust und den Pi auf dem Rücken des Verstorbenen, der sich dann genau zwischen Himmel und Erde befand.

Kuei, Tsch'ang, Hu und Huang sind alle flach, wie der Pi. Vermutlich von der Form einer primitiven Messerklinge abgeleitet, war der Kuei in seinen frühen Versionen ziemlich einfach. Da er den Osten oder Frühling und die kaiserliche Macht symbolisierte, pflegte man später sinnbildliche Figuren darauf zu schneiden, wie zum Beispiel die Zwölf Zweige, die Zwölf Ornamente und eine Anzahl symbolischer Figuren. Leider ist Form und Herkunft der den Süden oder Sommer verehrenden Jadesymbole ein Geheimnis geblieben, da wir keinen authentischen Tsch'ang kennen. Die ursprüngliche Gestalt des Hu wandelte sich im Lauf der Zeiten, sie hatte zuerst das Aussehen eines stark stilisierten Tigers, eines der wenigen Tiersymbole übrigens, die vor der Han-Dynastie geschnitten wurden. Zuerst als Sinnbild für den Westen oder den Herbst entworfen, symbolisierte er bald auch die

Maske in Jade geschnitten, aus der 3000 Jahre alten Olmeken-Kultur, der ersten der großen mittelamerikanischen Zivilisationen.

militärische Macht und die Autorität. Im Prinzip ist der Huang ein halber Pi, und er diente zur Anbetung des Nordens oder Winters. Um den gebogenen, flachen Gegenstand zu verschönern, begann man ihn allmählich zu einem Drachen oder Fisch auszugestalten.

Im Laufe der Jahrhunderte wurden Blumen, Insekten, Vögel und viele andere lebende Wesen in Jade gearbeitet. Der Schmetterling, Symbol der Unsterblichkeit, die Fledermaus, Symbol des Glücks und der Langlebigkeit, und die dreibeinige Kröte, Sinnbild des Unerreichbaren, sind typische Beispiele dafür. Der Pfirsich war ein Sinnbild der Langlebigkeit, der Granatapfel der Fruchtbarkeit, die Lotosblume der Reinheit und sogar der einfache Pilz – vielleicht der *Pachyma cocos* – ein anderes Symbol der Langlebigkeit. Viele wurden nach und nach geschaffen, um die geistige Substanz der Legenden, der Lehren, der Geschichte und der Religion zu bewahren und weiterzuentwickeln. Die menschliche Gestalt jedoch vermißt man gänzlich, so merkwürdig das klingt.

Erst sechzehn Jahrhunderte nach der Geburt Christi begannen die Taoisten, ihren abstrakten Göttern menschliche Gesichter zu geben.

Die erste geschnittene Figur stellte wahrscheinlich Lao-tse, den Gründer des chinesischen Taoismus dar. Der Impuls kam vom Buddhismus, der um 67 vor Christus aus Indien nach China kam. Die neue Religion brauchte fast zwei Jahrhunderte, um Wurzel zu schlagen; schließlich wurde sie so eng mit dem Taoismus verflochten, daß sie aufblühte, in der alten Religion gänzlich aufging und über ihre indische Herkunft hinauswuchs. Die bekanntesten taoistischen Figuren sind die Acht Unsterblichen, die während der Ming- und Ts'ing-Dynastien so berühmt wurden:

Tschung-li Tsch'uan, der Führer der Acht Unsterblichen, der auf dem Jadeberg lebte und dadurch berühmt wurde, daß er sich völlig auf die Natur einstellte. Er ist als dicker, halbnackter kleiner Mann mit einem Bart dargestellt und hält einen Fächer und einen Pfirsich oder Pilz, Sinnbild der Unsterblichkeit.

Lu Tung-Pin ist als älterer Mann in Gelehrtengewand dargestellt. Er trägt ein Zauberschwert und wird als Zauberer und gleichzeitig als deren Schutzpatron verehrt.

Tschang Kuo-Lao, ein berühmter Zauberer, wird oft auf einem Esel reitend – manchmal rückwärts – dargestellt. Er trägt immer den Yu Ku, eine Art röhrenförmiger Trommel.

Ts'ao Kuo-tschiu ist der Jüngste unter den Unsterblichen. Gewöhnlich mit einem Bart dargestellt, trägt er meistens prächtige Kleider, einen Hut oder eine Kappe und hat immer ein Paar Kastagnetten in der Hand.

Offensichtlich ist Han Hsiang-tse Musiker, denn er spielt unentwegt auf seiner Zauberflöte.

Ho Hsien-ku ist die einzige Frau unter den Unsterblichen. Der Sage nach kam sie in die auserwählte Gruppe, nachdem sie einen der Zauberpfirsiche gegessen hatte, die unsterblich machen. Ihr Emblem ist eine Lotosblume.

Li T'ieh-kuai wird immer als verkrüppelter Bettler mit einer Krücke dargestellt. Er hatte das Unglück, als Geist aus dem Himmelreich zu spät zurückzukehren, um die Zerstörung seines leeren Körpers zu verhindern. Rasch schlüpfte er in den Körper eines sterbenden Bettlers, dessen äußere Hülle für den Rest seines irdischen Lebens die seine wurde.

Lan Ts'ai-ho ist eine Zwitterfigur, die gewöhnlich in ein blaues Gewand gehüllt ist; sie pflegte durch die Straßen zu wandern und Lieder über die Freuden der Unsterblichkeit zu singen. Er – oder sie – (der Legende nach ist er eher männlich) trägt immer einen Korb voll Blumen; oft wird er mit einem Fuß auf einem Spaten ruhend dargestellt.

Der Buddhismus brachte auch seine eigenen Symbole mit, und man pflegte zur Zeit der Ming- und Ts'ing-Dynastien Buddhas, Lohans und Bodhisattvas zu schneiden. Es gibt unzählige Buddha-Figuren, der traditionelle Shakyamuni (der Herr), Maitreya (der lachende Buddha) und Ananda (der lehrende Buddha). Die achtzehn Lohans, oder Jünger Buddhas, wurden häufig in Jade geschnitten. Die Beliebtesten unter den Jüngern Buddhas sind die Bodhisattvas. Sie sind die einzigen, die den Gipfel der seelischen Vollkommenheit erreichen, aber sie wiesen ihre Belohnung zurück und ziehen es vor, zurückzubleiben, um ihren Mitmenschen zu helfen. Zu diesen gehört Kwan Yin, der als grazile, heitere, liebenswürdige Figur dargestellt ist.

Dieser kurze Überblick über die scheinbar unendlichen Jahrhunderte chinesischer Jadekunst, die einen solchen Reichtum an künstlerisch hochwertigen Arbeiten hervorbrachten, läßt uns noch nicht das unglaubliche Aufblühen dieser Kunst unter dem Kaiser Ch'ien Lung während der Ts'ing-Dynastie ahnen.

Persönlich hatte er eine Vorliebe für kleinere, hervorragend gearbeitete Objekte. Dies hinderte ihn aber nicht, die Schaffung einer Anzahl großer, überaus reich verzierter Jadearbeiten, die zu den schönsten überhaupt gehören, anzuregen. Viele ausgezeichnete Kopien alter Bronzeplastiken wurden in seinen Ateliers hergestellt und mit dem kaiserlichen Siegel versehen. Alles, was Reichtum und Kunstfertigkeit hervorbringen konnten, wurde eingesetzt, um höchste Qualität zu erzielen. Als die Herrschaft Ch'ien Lungs 1795 zu Ende ging, begann für die Jadekunst und andere typisch chinesische Künste eine Periode des raschen Niedergangs. Die Geschichte des Jade war zwar nicht zu Ende, aber sie hatte ihren Höhepunkt überschritten. Mit dem Ende der Ts'ing-Dynastie und dem Sturz der Mandschufürsten und der Entstehung der Republik im Jahre 1912 verschwanden Hunderte von Jadearbeiten aus dem kaiserlichen Schatz. Viele sind bei europäischen Händlern wieder aufgetaucht und bereichern private oder staatliche Sammlungen.

Die Kunst der Jadebearbeitung der mittelamerikanischen Kulturen erreichte zwar nicht den Rang derjenigen der Chinesen. Dennoch fanden die phantasiereichen Jadearbeiten im westlichen Teil der Welt gleichfalls großen Anklang. Viele archäologische Zeugnisse belegen die Existenz einer blühenden Steinschleifkunst bei den mehrere Jahrhunderte vor Christi am Golf von Mexiko lebenden Olemeken. Altersbestimmungen datieren sie sogar auf 1500 v. Chr. Scheinbar entwickelten und verbesserten die Chinesen und die Olmeken alle grundsätzlichen Schneidetechniken etwa um die gleiche Zeit. Viele der von den Olmeken hergestellten Jadearbeiten sind erhalten geblieben, weil sie vergraben worden waren. Mit am bekanntesten sind die kühnen und eindrucksvollen menschenähnlichen Masken und Figuren. Anatomische Einzelheiten wurden kaum berücksichtigt, aber der Ausdruck eines weinenden Kindes, einer furchterregenden Mensch-Jaguar-Maske oder das Gesicht einer leidenden Frau sprechen für sich. Während fast alle anderen Zeugnisse der Kultur der Olmeken verschwunden sind, sichern ihnen diese prächtigen Plastiken einen gebührenden Platz in der Geschichte der Kunst. Man hat Versuche unternommen, um eine Verbindung zwischen der Jadeverarbeitung in Mittelamerika und in China zu entdecken. Offensichtlich aber entwickelten sie sich völlig unabhängig voneinander. Die zeitlichen und örtlichen Grenzen zwischen den verschiedenen mittelamerikanischen Kulturen sind nie ganz deutlich geworden, so daß die Arbeiten und Stile, die der einen zugeschrieben wurden, genausogut von einer anderen stammen könnten. Leider neigt man immer dazu, Jade meist in Verbindung mit den Azteken zu sehen, weil sie sie besonders schätzten und den Spaniern als Geschenke überbrachten, wie man bei vielen zeitgenössischen Autoren nachlesen kann. Jedoch wurde Jade von Anfang an von allen Kulturen: Olmeken, Mayas, Tolteken, Mixteken, Zapoteken und Azteken geschätzt und gesammelt. Namentlich die Mayas stellten auf der Höhe ihrer Entwicklung Ohrgehänge, Armbänder, Fußringe und Ketten her. Viele dieser Gegenstände waren mit Menschen- und Tierfiguren ebenso wie mit schönen Schriftzeichen verziert. Als die Spanier ankamen, war die Maya-Kultur schon im Untergang begriffen, aber es gab eine aufblühende Kolonie von aztekischen Steinschleifern, die die Kunst in jene Stadt gebracht hatten, die heute Mexiko heißt.

Schon von Anfang an muß Jade von guter Qualität in Amerika ziemlich selten gewesen sein, denn Material, das aus der Zeit vor den Azteken und Tolteken stammt, ist von schönerer Farbe und regelmäßiger Struktur. Die Spanier entdeckten nur fertige Erzeugnisse im Besitz der Eingeborenen und nie Rohjade. Die Azteken hoben Qualitätsunterschiede durch eigene Bezeichnungen hervor: Quetzal chalchihuitl war ein kostbarer weißer Jade mit grünlicher Schattierung, Tlilavotic chalchihuitl eine grün bis schwarze Art. Der allerbeste war Tolteca-iztli mit einem klaren, durchscheinenden Grün. Alle Ureinwohner Mittelamerikas waren der Meinung, daß die magischen Kräfte des Jade auf ihre Farbe und Seltenheit zurückzuführen wären. Die besten Anhaltspunkte über die Jadequellen lieferte die Aztekenregierung. Jeder Herrscher stellte eine Abgaberolle auf, die eine Liste aller tributpflichtigen Städte enthielt. Einige Städte waren gehalten, Jade zu schicken.

Als die Nachfrage nach Jade immer größer wurde, erschöpften sich die Quellen. Zum Schluß war er so kostbar, daß ältere, größere Jadearbeiten an der Rückseite ausgehöhlt wurden, um Material für neuere Plastiken zu gewinnen. In seinem Buch *The Indian Art of Mexico and Central America* beschreibt Miguel Covarrubias das berühmte königliche Grabmal bei Palenque in Chiapas, Mexiko: „Die Figur, für welche das Grab gebaut wurde und deren zerbrökkelnde Gebeine in einem riesigen, wuchtigen, aus einem Einzelblock gehauenen Sarkophag gefunden wurden, war mit Jadegegenständen bedeckt, deren kräftiges Grün sich von dem Zinnober, mit dem der Körper bemalt worden war, abhob. Auf dem Kopf trug er ein Band mit breiten Jadeplättchen. Seine lockigen Haare waren in Jaderöhren geordnet; eine prächtige in einem Jademosaik bestehende Maske mit Augen aus

Jadeschnitzereien aus 2500 Jahren vorkolumbianischer Kultur in Mittelamerika. Gegenüber: 12 cm hohe Figur aus der Zeit der Olmeken (ca. 1000 v. Chr.) Unten: Alligator, 7,5 cm lang (ca. 500 v. Chr. bis 300 n. Chr.). Rechts: Aztekischer Anhänger aus Jade und Gold (ca. 1450–1520).

Muscheln und Obsidian bedeckte sein Gesicht; an seinen Ohren hingen geschnitzte Ohrringe. Ein großer Kragen, bestehend aus einer Reihe rohrförmiger Jadeperlen bedeckte seine Schultern, und er trug ein kostbares Halsband in Form von Kalebassen, die mit Jadeblüten alternierten. Seine Handgelenke waren von langen Bändern aus Jadeperlen, die Manschetten bildeten, umschlossen, und er trug an jedem Finger einen Jadering, wobei neun von ihnen einfach waren, während der zehnte in der Form eines hockenden, kleinen Mannes äußerst fein geschnitten war. In einer Hand hielt er eine große Jadekugel, einen viereckigen Jadewürfel in der anderen. Man konnte noch eine hübsche Jadespange und einen Lendentuchschmuck bewundern; neben seinen Füßen stand eine Jadestatuette des Sonnengottes."

Gebrauchsgegenstände aus Jade waren bis zum Ende der Aztekenkultur üblich. Jadekeile, -Speere, -Äxte, und -Messer wurden bis zum 16. Jh. verwendet. In Mittelamerika vollzog sich der Übergang von der Stein- zur Metallzeit praktisch nie. Metall-Werkzeuge wurden bei der Jadeverarbeitung nicht benützt, und sogar der gelegentlich gebrauchte Bohrer kam über ein einfaches Bambusrohr, das zwischen den Händen gedreht wurde, nicht hinaus.

Mit Hilfe von Bambus, hölzernen Poliergeräten und Schleifmitteln aus Quarzsand, zerstoßenem Jade, Granat und Hämatit gelang es den mittelamerikanischen Steinschneidern, wunderbare Objekte herzustellen. Götterfiguren, wie Kinich Ahau, der Sonnengott, Xolotl, der erschreckende Führer der Toten durch die Unterwelt, und der geflügelte Schlangengott sind drei Beispiele unter vielen. Geschnittene Jaguare und Schädel zeigen die Neigung zur Betonung des Erschreckenden und Grotesken. Axtgötter, die grob die Form einer Axt aufwiesen, waren in der oberen Hälfte als Figur geschnitten, während der untere Teil aus einer gebogenen Klinge bestand. Fledermäuse und Vögel mit Schnabel, Platten und Anhänger und sogar Zahnfüllungen aus Jade, Ohr-, Lippen- und Nasenringe und alle erdenklichen Gegenstände wurden zu Tausenden hergestellt. All dies wurde durch den plötzlichen Ansturm einer fremden Kultur weggeschwemmt.

Eine späte Steinzeitkultur entwickelte sich nach der Besiedlung beider Inseln von Neuseeland um das Jahr 1000 n. Chr. Die Maoris fanden dort Jade und verwendeten ihn zu Messern, Beilen und Angelhaken und dachten erst viel später daran, Ornamente zu entwerfen. Auch hier wurden die Werkzeuge schließlich selbst zu Kultgegenständen, Zahlungsmitteln und dergleichen. Eine seltsame, merkwürdig gewundene Menschenfigur – die Hei-tiki – mit mißförmigem Kopf, schiefen Augen und krummen Beinen wurde auch als Anhänger getragen. Dies und einige geschnittene Angelhaken und Schlangen ist etwa alles, was diese Jadekultur anzubieten hatte, als Captain Cook 1769 dort landete. Heutzutage wird Jade von den Nachkommen dieses Volkes mit mechanischen Werkzeugen und Carborund, nicht mehr mit den primitiven Geräten ihrer Vorfahren geschnitten.

Auf der ganzen Welt ist die Zeit der Jadekulturen vorüber. Heute suchen Sammler und Liebhaber nach einer anderen Kunstform. Dennoch übt dieser schöne, magische Stein nach wie vor die gleiche Anziehungskraft aus. Dies kann man an den unerschwinglich hohen Preisen für Jadearbeiten von guter Qualität feststellen.

Literatur

BAUER, J. und F. TVRZ, Der Kosmos-Mineralienführer. Stuttgart 1972

BAUER, M. und K. SCHLOSSMACHER, Edelsteinkunde, 3. Auflage, Leipzig 1932

BIEHN, H., Juwelen und Preziosen, München 1965

BÖGEL, H., Knaurs Mineralienbuch. München 1968

BÖRNER, R., Welcher Stein ist das? Kosmos-Naturführer. Stuttgart 1968

CHUDOBA, K. F. und E. J. GÜBELIN, Echt oder synthetisch. Stuttgart 1956

CHUDOBA, K. F. und E. J. GÜBELIN, Edelsteinkundliches Handbuch. Bonn 1966

CORRENS, C. W., Einführung in die Mineralogie. Berlin-Heidelberg 1968

FISCHER, W., Praktische Edelsteinkunde. Kettwig/Ruhr 1953

HURLBUT, C. S., Dana's Manual of Mineralogy. New York 1971

LANGE, C., Die Halbedelsteine aus der Familie der Quarze. Kreuznach 1868

LIEBER, W., Der Mineraliensammler. 6. Auflage, Thun und München 1973

LIEBER, W., Kristalle unter der Lupe. Thun und München 1972

LÜSCHEN, H., Die Namen der Steine. Thun und München 1968

NICKEL, E., Grundwissen in Mineralogie. Thun und München 1971

PARKER, R. L. und H. U. BAMBAUER, Mineralienkunde. Thun und München 1973

RAMDOHR, P. und H. STRUNZ, Klockmann's Lehrbuch der Mineralogie. Stuttgart 1967

SCHLOSSMACHER, K., Edelsteine und Perlen, Stuttgart 1969

SCHWAN, Ch., Die praktische Edelsteinkunde. Berlin 1966

SINKANKAS, J., Gemstone & Mineral Data Book. New York 1972

Der Aufschluß:

18. Sonderheft, Edelsteine. Heidelberg 1968

19. Sonderheft, Idar-Oberstein. Heidelberg 1970

Bildnachweis

10–11, 14, 15: Lee Boltin. 17: *Diamant et Pierres Précieuses*, J. Rothschild, Paris, 1881. 18: Boltin. 21: German Amber Industry Guide, R. Klebs (oben), *Hortus Sanitatis*, 1491. 22: Boltin (oben), *Diamant et Pierres Précieuses* (unten links), *Book of the Pearl*, G. F. Kunz & C. H. Stevenson, London, 1908 (unten rechts). 24: *Gems & Precious Stones of North America*, G. F. Kunz, New York, 1890. 25: *Book of the Pearl* (links), *Hortus Sanitatis* (rechts). 26: Boltin/Smithsonian. 27: New York Public Library. 28: *Curious Lore of Precious Stones*, G. F. Kunz, Philadelphia, 1913. 29: New York Public Library. 31: *Mineralogie in Sachsen von Agricola bis Werner*, W. Fischer, Dresden, 1939 (oben), Smithsonian Institution (unten). 34–35, 38: Boltin/Smithsonian. 43: *Grundriß der Edelsteinkunde*, P. H. Groth, Leipzig, 1887. 44: Smithsonian. 45: *Grundriß der Edelsteinkunde*. 46: Boltin/Smithsonian. 47: Boltin/Smithsonian, ausgenommen oben links, N. W. Ayer. 54: Boltin. 55: New York Public Library. 56: Smithsonian. 57, 58: *Grundriß der Edelsteinkunde*. 59: *Minéralogie appliquée aux arts*, C. P. Brard, Paris, 1821 (oben), *Grundriß der Edelsteinkunde* (unten). 62–63, 66: Boltin/Smithsonian. 67: Gemological Institute of America, N. Y. 68: Foote Prints. vol. 32, no. 1, 1960. 69: *Synthèse du Rubis*, E. Fremy, Paris, 1891. 70: Foote Prints, vol. 32, no. 1, 1960. 72: Bell Telephone Laboratories, Murray Hill, N. J. 73, 74: Gemological Institute of America. 76–77: *Synthèse du Rubis*. 79: Boltin/Smithsonian. 86: Boltin/Metropolitan Museum. 90–139: All Boltin/Smithsonian. 142–143, 146, 148: R. W. Read. 149: *Les Pierres Précieuses*, J. Rambosson, Paris, 1870. 150: G. Switzer (oben und unten links). 154: G. Becker (oben), *Les Pierres Précieuses*. 157: Smithsonian. 159: *Gems & Precious Stones of North America* (oben), *Jewelry, Gemcutting & Metalcraft*, W. T. Baxter, New York, 1938. 162–163: Boltin/L. Slagle. 166: Boltin/Smithsonian. 169: Smithsonian (oben), *Precious Stones*, W. R. Cattelle, Philadelphia, 1903. 173: N. W. Ayer. 175: Boltin/Smithsonian. 178–179, 183 (oben und unten links), 191 (oben und unten links), 192 (unten): Boltin/Smithsonian. 182, 183 (unten rechts), 185, 187, 189, 190, 191 (unten rechts), 194. Boltin. 180: *Tears of the Heliades*, W. A. Buffum, New York, 1900. 192 (oben): *Mani-Mala*, R. Tagore, Calcutta, 1881. 195: N. W. Ayer. 198–199: Smithsonian. 202: Boltin/Smithsonian. 203: Her Majesty's Stationery Office, London. 205, 206; *Book of the Pearl*. 207: Van Cleef & Arpels, New York. 210: Smithsonian. 214: Van Cleef & Arpels, New York. 218–219, 222, 226–227: Boltin/Smithsonian. 229, 231, 235, 236: *Jade*, B. Laufer, Chicago, 1912. 234: Smithsonian. 242–243: Boltin/André Emmerich.

Register

Seitenzahlen in Kursiv verweisen auf Abbildungen